设计必修课

室内装饰构造与施工

理想·宅 编

SHINEI ZHUANGSHI GOUZAO YU SHIGONG

U0387941

化学工业出版社
·北 京·

本书主要介绍了建筑内部墙面、顶棚、地面、门窗及楼梯的装饰构造做法，并在此基础上阐述了装饰构造的设计原理。同时充分考虑了建筑装饰行业的最新发展趋势以及国家有关规范和标准等，并采取了图文并茂的方式，将原理和规范的详图结合，力求更生动地将构造做法详细讲解清楚，帮读者全面认识和掌握建筑装饰构造。

本书适合建筑装饰专业的在校学生、初入行的新人设计师或对建筑装饰构造有兴趣的家装业主阅读参考。

本书配套课件可在以下网址直接下载，也可扫描各章二维码分别下载

http://qr.cip.com.cn/html/qrcode/36089/7.html

图书在版编目（CIP）数据

设计必修课．室内装饰构造与施工 / 理想·宅编．
—北京 ：化学工业出版社，2020.3（2022.10重印）
ISBN 978-7-122-36089-2

Ⅰ．①设… Ⅱ．①理… Ⅲ．①室内装饰设计－构造②室内装饰－工程施工 Ⅳ．①TU238.2

中国版本图书馆CIP数据核字（2020）第020779号

责任编辑：王 斌 邹 宁　　文字编辑：冯国庆
责任校对：张雨彤　　装帧设计：尹琳琳

出版发行：化学工业出版社（北京市东城区青年湖南街13号 邮政编码100011）
印 装：涿州市般润文化传播有限公司
710mm×1000mm 1/16 印张13 字数250千字 2022年10月北京第1版第2次印刷

购书咨询：010-64518888　　售后服务：010-64518899
网 址：http://www.cip.com.cn
凡购买本书，如有缺损质量问题，本社销售中心负责调换。

定 价：78.00元

版权所有 违者必究

前言

建筑装饰构造，是一门综合性的工程技术学科，是落实建筑装饰设计构思的具体技术措施。一般来说，建筑装饰构造的核心问题是采取什么方式将饰面的装饰材料或制品连接固定到建筑主体上，以及互相之间的衔接、收口、饰边、填缝等问题。没有建筑装饰构造设计，再好的方案构思也仅能停留在效果图阶段，而无法变为现实。认真学习建筑构造原理，掌握建筑装饰构造设计的基本方法和技能，才能使方案设计中的每一处完美展现出来，达到预想的效果。

本书由“理想·宅 Ideal Home”倾力打造，在内容的编写上充分考虑了建筑装饰行业的最新发展趋势以及国家有关规范、标准等，较全面地覆盖了建筑装饰构造设计的各个方面。并采取了图文并茂的方式，将原理和规范的详图结合，力求更生动地将构造做法详细地讲解清楚，帮读者全面认识和掌握建筑装饰构造。全书共分为六章：室内界面构造的基础常识、楼地面装饰构造、墙体装饰构造、吊顶装饰构造、门窗装饰构造和楼梯装饰构造等。从基础常识开始介绍，而后详细地讲解了室内空间中不同界面和构件的分类、特点及构造做法等内容。帮助读者了解构造在装饰工程中应该做什么和怎么做。本书适合建筑装饰专业的在校学生、初入行的新人设计师以及对建筑装饰构造有兴趣的家装业主阅读参考。

由于编者水平有限，书中不足之处在所难免，希望广大读者批评指正。

目录

第一章

室内界面构造的基础常识

室内界面构造是室内装饰设计的重要组成部分，是室内装饰设计落到实处的具体细化处理。在将设计转化为现实的过程中，每个界面的每一个设计部分都可能有多种构造做法，只有从多方面综合考虑，确定最优方案，才能达到理想的装饰效果。这一切的前提，是理论常识的掌握，首先，应从了解基础常识开始。

扫码下载本章课件

一、空间界面的构成及特点

学习目标	本小节重点讲解空间界面的构成及特点。
学习重点	了解空间界面的范围、功能特点及设计和施工要求等知识。

1 空间界面的组成和范围

（1）空间界面的组成

当人们进入室内时，会感觉到被室内空间围护着。这种感觉来自周围室内空间的墙壁、地板和顶棚限定的界面，它们围护空间，连接空间界限。因此可以说，典型的室内空间是由顶界面（顶棚）、侧界面（墙面、隔断）和底界面（地面、楼面）等围合而成的，它们的存在，确定了室内空间大小和不同的空间形态，从而形成室内空间环境。

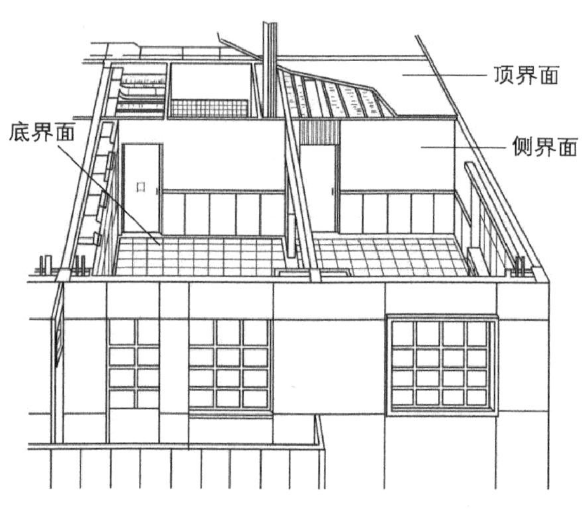

↑空间界面范围示意图

（2）空间界面的范围

底界面

○指室内空间的地面（楼面）
○与人体的关系最为接近，作为室内空间的平整基面，是室内空间设计的主要组成部分
○底界面的设计应保证功能区域划分明确，在具备实用功能的同时应给人以一定的审美感受和空间感受

侧界面

○指室内空间中的立面部分
○主要部分为墙面，除了墙面外，还包括隔断、柱面、门窗等构件
○侧界面是室内空间构成的重要部分，对控制空间序列和创造空间形象具有十分重要的作用

顶界面

○即室内空间的顶棚
○它可以限定其本身至底面之间的空间范围，在室内空间设计中，吊顶可以界定和改造空间
○好的顶界面设计犹如空间上部的“变奏音符”，产生整体空间的节奏与旋律感，给空间创造出艺术的氛围

2 空间界面的功能特点

顶界面

顶界面（平顶、天棚）：主要起到装饰作用，同时也应满足质轻、光反射率高、保温、隔热、隔声、吸声等要求

侧界面

侧界面（墙面、隔断）：除了具有装饰作用和阻挡视线的功能外，还应具有较高的保温、隔热、隔声、吸声的要求

底界面

底界面（地面、楼面）：满足装饰作用，且具有防滑、防水、防潮、耐磨、隔声、吸声、易清洁、防静电等要求

3 空间界面的设计和施工要求

① 耐久性：界面装饰的耐久性会影响房屋的正常使用，因此界面装饰对耐久性的要求较高。它包含了使用上的耐久性（抵御使用上的损伤、功能减退等）和装饰质量的耐久性（固定材料的牢固程度和材料特性等），应从这两个方面来提高界面的耐久性。

② 安全性：安全性包括界面的饰面面层与基层连接的牢固性，和装饰材料本身的强度及力学性能。在设计时，应恰当地选择材料的固定方法和尽可能减轻材料的自重。

③ 可行性：空间界面的设计方案，要通过施工才能变为现实，设计中的一切构造最终都要经过施工实际的检验。因此，进行设计时，还必须考虑施工的可行性，力求施工方便、易于制作，从施工季节、场地条件以及技术条件等方面的实际出发，这对工程质量、工期及造价的降低都有着重要的意义。

④ 经济性：经济性包含两方面的内容：一是一次投资与使用后维护费用之间的关系；二是设计与造价之间的关系。在进行设计时，既要反对片面提高建材等方面的标准，也要反对片面为了节约资金而忽略维修费用的支出，而要根据需求进行综合性的考虑。应在同样的造价标准下，通过巧妙的设计，合理利用材料，达到高质低价的效果。

思考与巩固

1. 室内包含哪些界面？各自的范围是什么？
2. 不同的空间界面，分别有哪些功能特点？
3. 空间界面的设计和施工要求是什么？

二、界面构造的基本类型

学习目标	本小节重点讲解空间界面构造的基本类型。
学习重点	了解界面构造的基本类型，以及每种类型所包含的种类、特点和用途。

1 饰面类装饰构造

饰面类装饰构造是指面层与基层的连接构造方法，在装饰构造中占有相当大的比重。例如在墙体表面做木护墙板、在钢筋混凝土楼板下做吊顶、在钢筋混凝土楼板上做地板砖均属于饰面构造。其中，木护壁板与砖墙之间的连接、顶棚与楼板结构层之间的连接、地板砖与楼板结构层之间的连接等均属于处理两个面结合的构造。

（1）饰面类装饰构造与部位的关系

不同部位的饰面，其构造做法也不同。墙面、顶面的饰面，在构造上须防止连接不牢而下落砸人；楼、地面饰面的构造处理要求耐磨、易清洁等。另外，由于所处部位的不同，虽然选用相同的饰面材料，但构造处理方法也会不一样。比如同样使用石材做装饰，墙面多采用钩挂施工，以确保连接的安全可靠；而石材地面，只需铺贴式构造即可。因此，正确处理好饰面类装饰构造与其位置的关系是非常重要的。

顶棚

● 构造要求：防止脱落。

● 饰面作用和特征：对一般室内照明起反射作用，屋面下的顶棚有保温作用，另外还有隐藏设备管线的作用。

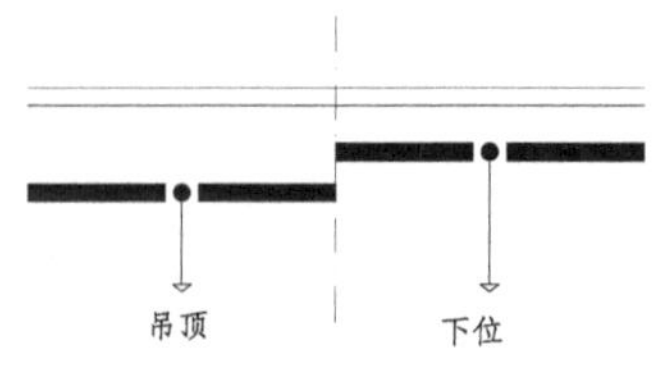

↑顶棚部位示意图

墙面（柱面）

● 构造要求：防止脱落。

● 饰面作用和特征：要求不挂灰、易清洁，有良好的触感和舒适感；对光有良好的反射；在湿度大的房间应具有防潮、收湿的功能。

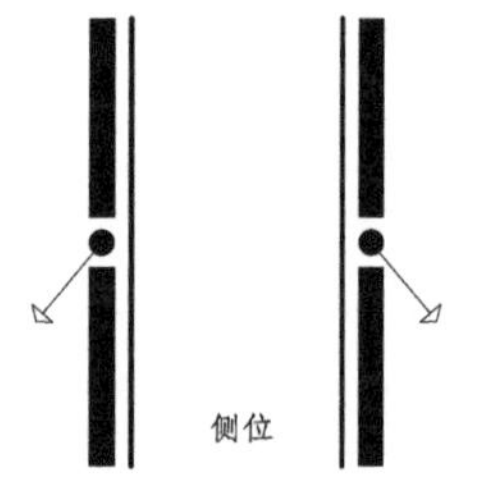

↑墙面（柱面）部位示意图

楼地面

● 构造要求：耐磨等。

● 饰面作用和特征：要求有一定的蓄热性能和行走的舒适感；有良好的消声性能；具有耐磨、不起尘、易清洁、耐冲击等特性。

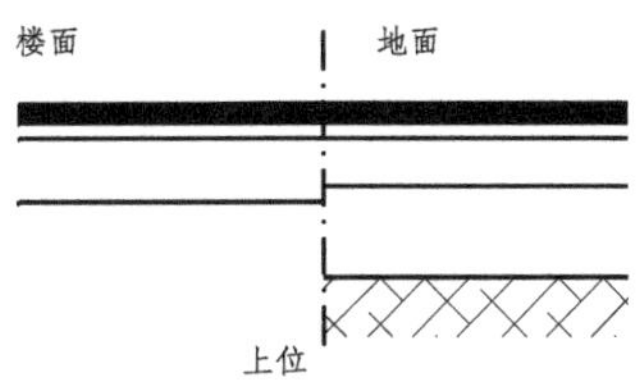

↑楼地面部位示意图

（2）饰面类装饰构造的基本要求

附着牢固、可靠，严防开裂、剥落

饰面层附着于结构层，如果饰面类装饰构造处理不当，如面层材料与基层材料膨胀系数不一、黏结材料的选择不合理等，都会使饰面层出现剥落，饰面层剥落不仅影响美观，而且危及安全。大面积现场施工抹面，往往会由于材料的干缩或冷缩出现开裂，构造处理时往往要设缝或加分隔条，既便于施工和维修，又避免因收缩开裂剥落

厚度与分层合理

在设计和使用合理的情况下，饰面层的厚度与材料的耐久性、坚固性成正比，在构造设计时必须保证饰面层具有相应的厚度；但厚度的增加又会带来构造方法与施工技术的复杂化，因此饰面类装饰构造通常分为若干个层次，进行分层施工或采取其他构造加固措施。例如在乳胶漆施工中，一般按照底漆、面漆两部分、多层进行施工

饰面应均匀平整，色泽一致

饰面类装饰构造的质量标准，除了要求附着牢固外，还必须做到均匀平整，色泽一致，从选料到施工都要严把质量关，严格遵循现行的施工规范，以保证获得理想的装饰效果

（3）饰面类装饰构造的分类

饰面类装饰构造根据材料的加工性能和饰面部位的特点可以分为罩面、贴面和钩挂。

罩面

● 构造类型：涂料。

● 构造特点：将液态涂料喷涂于材料表面，固着成膜。常用涂料有油漆及白灰、大白浆等水性涂料。

● 构造类型：抹灰。

● 构造特点：抹灰砂浆是由胶凝材料、细骨料和水（或其他溶液）拌和而成，常用的材料有石膏、白灰、水泥、镁质胶凝材料等，以及砂、细炉渣、石屑、陶瓷碎料、木屑、蛭石等骨料。

贴面

● 构造类型：铺面。

● 构造特点：各种面砖、缸砖、瓷砖等陶土制品，厚度小于12mm，规格繁多，为了加强黏结力，在背面开槽用，水泥砂浆粘贴在墙上。地面可用20mm×20mm小瓷砖至600mm×600mm大型石板，用水泥砂浆铺贴。

● 构造类型：粘贴。

● 构造特点：饰面材料呈薄片或卷材状，厚度在5mm以下，如粘贴于墙面的各种壁纸、玻璃布。

● 构造类型：钉嵌。

● 构造特点：饰面材料自重轻或厚度小、面积大，如木制品、金属板、石膏、矿棉、玻璃等制品，可直接钉固于基层，或借助压条、嵌条、钉头等固定。

钩挂

● 构造类型：扎结。

● 构造特点：用于饰面厚度为20~30mm、面积约1m^2的石料或人造石等，可在板材上方两侧钻小孔，用铜丝或镀锌铁丝将板材与结构层上的预埋铁件连系，板与结构间灌砂浆固定。

● 构造类型：钩结。

● 构造特点：饰面材料厚40 ～150mm，常在结构层包砌。饰面块材上口可留槽口，用于结构固定的铁钩在槽内搭住。用于花岗石、空心砖等饰面。

2 结构类饰面构造

采用栅格或构架等骨架结构将装饰表面结构层与建筑构件（可以是主体结构，也可以是填充墙等）连接在一起的构造形式，为结构类饰面构造。装饰表面构造层有饰面板材、栅格和成品装饰挂件等，形状可以是平行于结构基层的表面，也可以是有凹凸变化的曲面、折面等。另外，装饰结构骨架也可以直接外露，作为装饰构件，如装饰性网架等。

（1）材料及部位对装饰构造的影响

结构类装饰构件的骨架部分要与建筑主体构件相连接，装饰骨架及主体构件材料不同，它们之间的连接方式也不同，如砖石结构的墙体与木骨架常用预埋木砖钉接；钢筋混凝土与金属骨架则采用预埋铁件焊接。建筑构件基层所处的部位不同，装饰结构骨架受力及作用也不同，如在地面上采用时，骨架整体将起到支撑表面构造层的作用，而在墙面或顶棚采用时，骨架整体则起悬挑或悬吊表面构造层的作用。

（2）结构类装饰构造的分类

结构类装饰构造根据构造材料的不同可分为木结构、轻型钢结构和型钢结构等几种类型。结构类装饰构造根据受力特点又可分为竖向支撑、水平悬挑和垂直悬吊三种类型。

竖向支撑

- 结构材料：钢、木（砖）。
- 用途：多用于楼、地面装饰，中间层为支架结构，杆件主要承受面层传来的垂直压力。应注意结构骨架的稳定性。

水平悬挑

- 结构材料：钢、混凝土（木）。
- 用途：多用于墙面装饰，中间层为挑架结构，杆件有的承受拉力，有的承受压力，可发挥不同材料的性能，应注意连接牢固和整体稳定性。

垂直悬吊

- 结构材料：钢、木。
- 用途：多用于顶棚装饰，中间层为吊架结构，主要承受拉力，可发挥钢材、木材等材料的性能。应注意间距合理，连接牢固。

3 配件类饰面构造

通过各种加工工艺，将装饰材料做成多种装饰制品，然后将其在现场拼装，以满足空间使用和装饰上的要求，这种装饰构造就叫作配件类饰面构造。

（1）塑造类

塑造是指对在常温常压下呈可塑状态的液态材料（如水泥、石膏等），经过一定的物理和化学变化过程的处理，凝结成具有一定强度和形状的固体（如水泥花格、石膏花饰等）。目前常用的可塑材料有水泥、石膏、石灰等。

（2）加工与拼装类

对木材与木制品进行锯、刨、削、凿等加工处理，并通过粘、钉、开榫等方法拼装成各种装饰构件。一些人造材料如石膏板、碳化板、珍珠岩板等具有与木材相类似的加工性能与拼装性能。金属薄板如镀锌钢板等各种钢板具有剪、切、割的加工性能和焊、钉、卷、铆的拼装性能。此外，铝合金门窗和塑钢门窗也属于加工拼装的构件。加工与拼装的构造在装饰工程中应用广泛。

黏结

● 类型：高分子胶（环氧树脂、聚氨酯、聚乙烯醇缩甲醛、聚乙酸乙烯等）、动物胶（皮胶、骨胶、血胶等）、植物胶（橡胶、淀粉、叶胶等）、其他胶类（沥青、水玻璃、水泥、白灰、石膏等）。

● 用途：水泥、白灰等胶凝材料价格便宜，做成砂浆应用最广。各种黏土、水泥制品多采用砂浆结合。有防水要求时，可用沥青、水玻璃等结合。

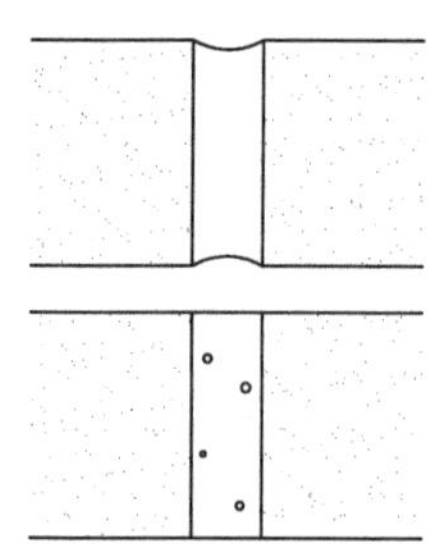

↑黏结示意图

钉合

● 类型：钉。

● 用途：多用于木制品、金属薄板等，以及石棉制品、石膏、白灰或塑料制品。

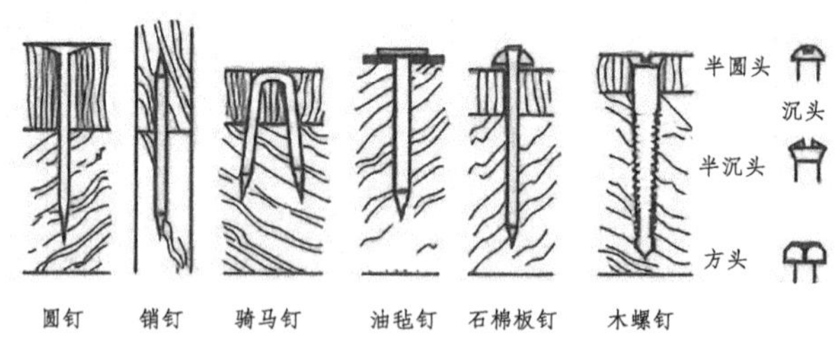

↑钉合示意图

● 类型：螺栓。

● 用途：常用于结构及建筑构造，可用来固定、调节距离、松紧，其形式、规格、品种繁多。

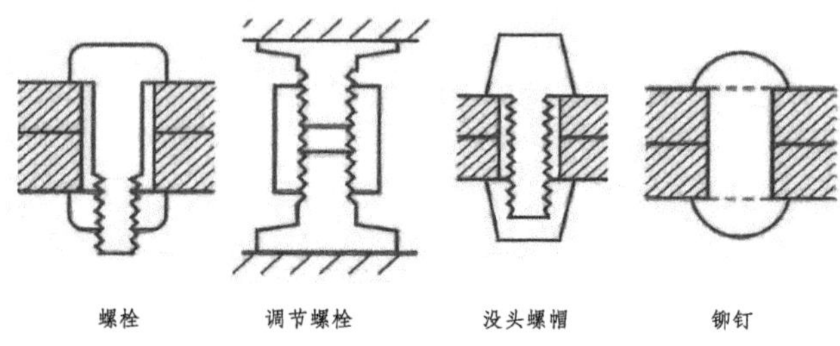

↑螺栓连接示意图

● 类型：膨胀螺栓。

● 用途：膨胀螺栓可用来代替预埋件，构件上先打孔，放入膨胀螺栓，旋紧时膨胀固定。

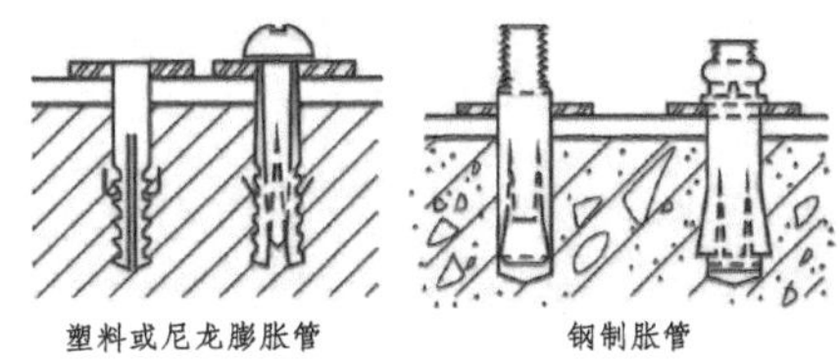

↑膨胀螺连接装示意图

榫接

● 类型：平对接、转角顶接。

● 用途：榫接多用于木制品，但塑料、碳化板、石膏板等也具有木材的可凿、可削、可锯、可钉的性能，也可适当采用。

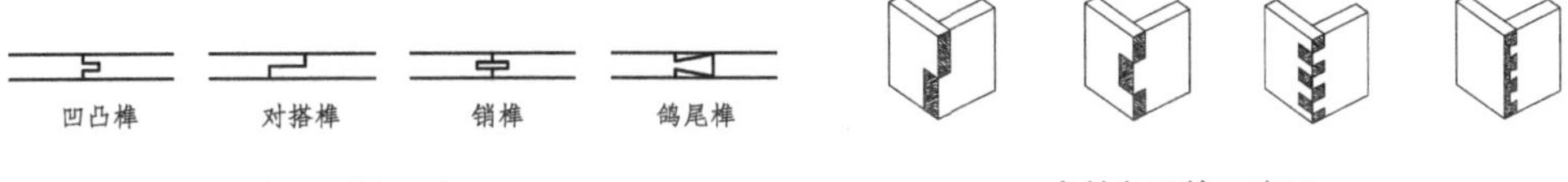

↑平对接示意图　　↑转角顶接示意图

其他

● 类型：焊接。

● 用途：用于金属、塑料等可熔材料的结合。

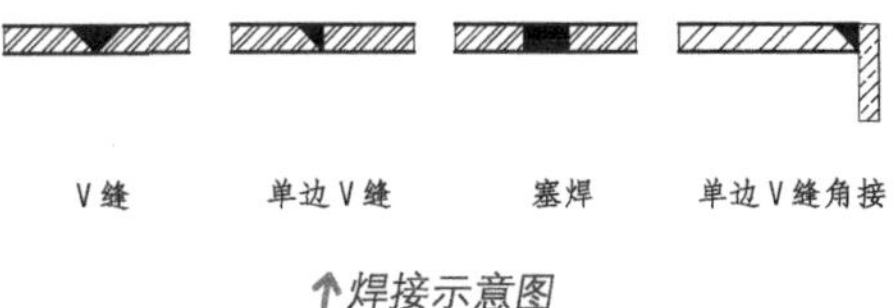

↑焊接示意图

● 类型：卷口。

● 用途：用于薄钢板、铝皮、铜皮等的结合。

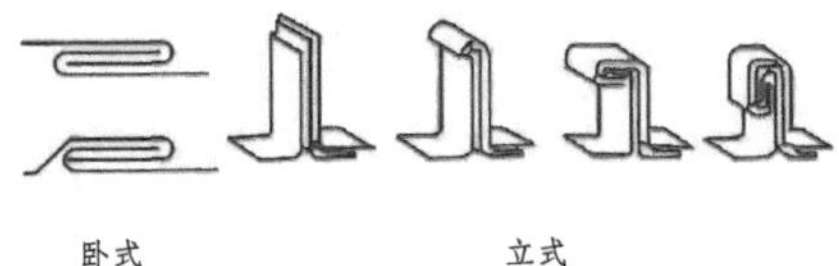

↑卷口示意图

思考与巩固

1. 什么是饰面类构造？
2. 饰面类构造有哪些类型？每种饰面类构造的特点是什么？
3. 什么是结构类饰面构造？包含哪些种类？
4. 加工与拼装类的配件类饰面构造包含哪些类型？各自的用途是什么？

三、界面构造设计的基本思路

学习目标	本小节重点讲解空间界面的构成及特点。
学习重点	了解空间界面的范围、功能特点及设计和施工要求等知识。

1 确定基调

确定基调就是要使整体既统一在一个大的环境基调中，又要在具体处理手法上进一步加强基调的感觉。例如有的环境需要沉稳厚重，有的环境需要轻飘灵透。而厚重也有粗拙古朴的厚重和精巧典雅的厚重之分等。这些深化的感觉，只有通过构造设计这个深化的设计构思过程才能发掘和表达出来。如粗拙古朴的厚重可以用不使用倒棱的、刷无光清漆的方木加沉头螺栓的连接方式表达；精巧典雅的厚重，则可用精细弧角多遍打磨加暗榫的连接方式来表达。一些不够理想的工程与优良工程的质量差异往往就体现在细部处理是否经得起推敲上。

2 选定材料

装饰效果图中已有材质的表现效果，可以认为已经初步确定了材料，但在绘制装饰构造图时以及在实际施工之前，还需要进行更多的斟酌。

01 确定材料档次和造价

进一步确定材料的档次和材质加工方案。不同档次的材料通过处理可以达到相似的效果，例如在装饰效果图中看到的清水木纹，使用什么树种的木材来达到效果大有不同，如榉木纹理细且密、水曲柳木纹大而梳；对一些价格低廉的材料进行精工仿造或对一些材料表面进行改性加工，在外观或实用上均能取得良好效果。各种不同的方案其造价显然不同

02 考虑供货及技术等因素

进一步考虑材料的供货、施工机具、技术力量等因素，如季节因素、地域因素、一次性投资和日常维护等

03 材料性能及分割尺度

主要是材料的防火性能或防火性能的比较，不能为省钱而留下后患
材料的分割尺度，既影响效果也影响造价。一般来说，尺寸小的材料效果比较零碎，价格相应地也低

材料的使用方法对效果有着明显的影响，以石材为例，同一种石材，做镜面效果和机刨板效果就截然不同，做成蘑菇石则更为粗犷。即使同为镜面板，由于切割石板时方向的不同，也会形成条纹和点块的不同效果

3 确定材料的构造尺寸

有的材料供货尺寸就是它的构造尺寸（如瓷砖），可直接拼贴；有的材料则需要进行二次、三次裁割（如三合板、密度板等）。尺寸的规格取决于以下因素：

①整体效果对分块的尺度要求；

②空间净尺寸宜由整倍数块材料组成，避免用边角料拼接，不得已时也不能留小于一半的边条，宜由两块或两块以上大于一半的材料组成；

③合理确定龙骨间距，适应面板规格尺寸，减少面板下料损耗；

④对贵重材料尤其要仔细排料、下料，尽可能充分利用材料；

⑤同时使用多种材料叠加时，注意其厚度与相关平面的关系，避免出现台阶，如地面同时铺设木地板和石材时，就要考虑好厚度；

⑥为设备管线的隐蔽和后期检修留出足够尺寸。

4 确定装饰材料之间及其与主体结构的连接方法

（1）连接方法的类型

连接是构造中最重要的内容之一。常用的连接方法有：粘贴、钩挂、吊挂、钉接、焊接、榫接、卡接、预埋件、铰链等；也可以分为露明的连接方法和隐藏的连接方法；还有直接的连接或间接的连接之分。

（2）连接方法的选择

连接方法的选择首先取决于结构受力、传力的需要；其次才是美观与否的问题、施工问题及造价问题等。结构传力路线一定要连接明确，连接一定要可靠耐久，并有足够的安全储备；必要时应通过构造方法提供一定的变形适应性。注意巧妙地利用材料的特性，优先选择隐蔽的连接构造。

5 缝隙、边缘和角部的处理

（1）缝隙的处理

安装建筑装饰的面层材料时，常需要留缝隙，其处理方法主要有填缝、嵌缝和空缝三种。

填缝	嵌缝	空缝
一般可采用油膏、玻璃胶、沥青麻丝等柔性材料进行填缝，也有采用白水泥擦缝、细砂砂浆勾缝等	可采用铜条、玻璃条、塑料条、橡胶条、木条等嵌入缝隙中，既是构造的需要，又具有强化分格美感的作用	只留出一定间距的缝隙，不填入或嵌入其他材料。上表面（如地面）易落入尘沙污垢，不宜选用空缝做法，仅垂直面和下表面可用

↑填缝

↑嵌缝

↑空缝

小贴士

界面构造上缝隙的作用

① 适应材料热胀冷缩的变形，如木地板冬季施工时拼装过紧，会在次年夏季膨鼓，甚至瓷质地面砖也会产生此类问题。

② 减小材料分块尺寸，更便于搬运和施工操作。

③ 减弱表面平整度误差的视感觉。当把两块材料的边缘拉开一定距离后（即缝隙宽度），人眼对两块材料的表面是否精确地在同一平面内感觉较为迟钝。

（2）边缘的处理

建筑装饰面层的边缘处理首先反映了加工制作的精细程度，同时也对使用过程的安全性和耐久性起着重要作用。边缘的处理主要有以下六种方式。

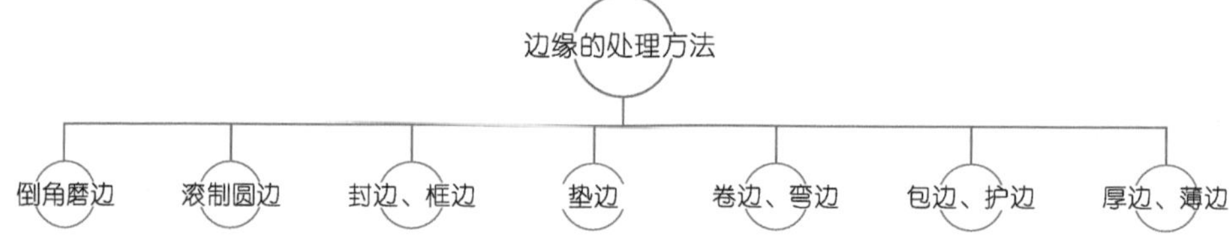

倒角磨边

玻璃、金属等坚硬物体的边缘一般都应倒角磨边，以改善触感，避免伤人。

↑倒角磨边

滚制圆边

木材、塑料等较软材料的边缘刨磨或模塑成圆边，同样具有倒角磨边的优点，同时给材质更增加了童趣的感觉。

↑滚制圆边

封边、框边

对薄板（如三合板）覆盖在骨架上形成的组合板面，必须在其边缘用木条或类似材料封闭，以避免磕碰边缘，使薄板起皮、剥离破坏。封边可分为直封边、凸起封边、退台封边、腻子封边等。凸起封边用于物体的四周可达到框边的效果（如同镜框），框边明确界定了物体的边缘，有特殊的美感。直封边应用最为广泛。

↑封边

垫边

为了节省材料而使用较薄的板材时，往往希望保持板材厚度的华贵感觉，玉石则需要垫边，如花岗岩、大理石就常采用此做法。垫边同时具有提高边缘防破坏能力的作用。

↑框边

卷边、弯边

对于很薄的材料（如镀锌铁皮），当它不是附着在较厚重物体上，而单独成型时，常需要将其边缘卷起或弯折，以增加边缘的强度和刚度，防止变形或扯烂。

↑卷边、弯边

包边、护边

采用强度更好的材料包覆整体或物体的边缘。

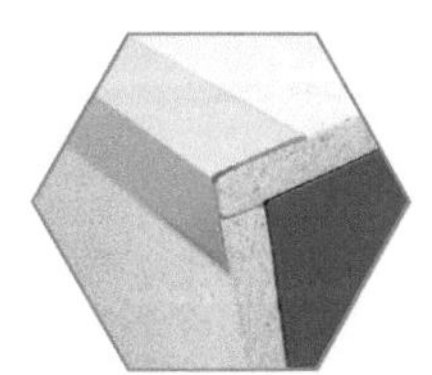
↑包边、护边

厚边、薄边

较厚的物体削薄边缘，以弱化笨重感；较薄的物体加厚边缘，以强化边缘对力的承受能力。

（3）角部的处理

建筑装饰物角部总体来说，可分为钝角、锐角和直角三种情况。锐角的安全性差，视觉上较为明显，适合少量用在人体不接触的部位；钝角虽然缓和，但使用也不多；直角是使用最多的一种，它的处理方法可分为棱角和圆角两种。

棱角	圆角
材料表面零平面垂直相交形成清晰挺拔的尖角，力感强烈、轮廓鲜明、工业化气息浓郁。但材质较软时，易受磕碰而缺棱掉角；材质硬时，易碰撞伤人，采用应慎重	实际上，微观地说，几乎所有的直角都在一定程度上是以圆弧过渡两条边或三个平面的，较大半径的圆弧会弱化角的感觉，只有选择合适的半径才能获得理性的效果

6 满足建筑物理要求

随着经济水平的不断提高，建筑装饰对美观的追求会变得较为平和，而对建筑声学、建筑光学、建筑热工学等方面会逐步提出更高的要求，突出的例子是近年来建筑节能的要求使得热功能得到普遍关注。一般来说，改善建筑的物理性能是需要增加投资的。但是，在构造上有意识地阻断冷桥、声桥等处理却基本上不会提高造价，需要的仅是知识和责任心。

7 重新整体审视和局部调整

这是非常重要的一步。当针对一个个细部节点进行完构造设计后，站在整个建筑的宏观层面上重新考虑各个节点的设计处理是否妥当、协调、统一，调整不当之处，以减少返工造成的损失和永久的遗憾。

思考与巩固

1. 确定界面构造设计的基本思路包含几个步骤？
2. 选择材料应从哪些方面进行考虑？
3. 界面构造中缝隙的作用是什么？有几种处理方式？

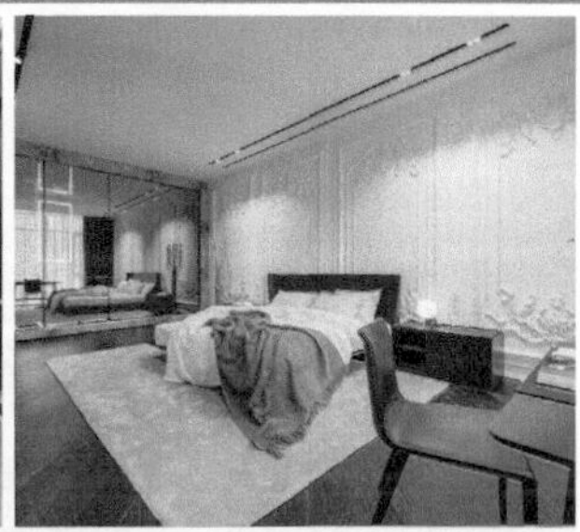

第二章 楼地面装饰构造

楼地面是建筑物底层地面和楼层地面的总称。楼地面是人体在室内空间中直接接触最频繁的界面。该界面距离人眼较近，在人的视线范围内所占比例较大。因此，楼地面装饰在整个建筑装饰工程中，占有重要的地位。

扫码下载本章课件

一、楼地面的功能和分类

学习目标	本小节重点讲解楼地面的功能和分类。
学习重点	了解楼地面的不同功能和不同类型楼梯面的特点。

1 楼地面的功能

保护作用

建筑楼地面的饰面层，在一般情况下是不承担保护地面主体结构材料这一功能的。但在楼底层做法较为简单的情况下，主体结构材料的强度比较低，此时，就有必要依靠面层来解决耐磨损、防磕碰以及防止水渗漏而引起楼板内钢筋锈蚀等问题。这时，楼地面也就具有了保护楼板、地坪不受损坏的作用

改善环境条件，满足使用功能

对楼地面进行装修，可以创造良好的生活环境。首先是隔声方面，可隔绝空气声和隔绝撞击声两方面；其次是吸声方面，一般来说硬质材料（如大理石）基本上没有吸声能力，软质材料（如地毯）可起到一定的吸声作用；再次，是保温性，这方面可结合材料的导热性能等因素来考虑；最后，用水的房间，还应具有抗渗漏、排水等性能

美观作用

楼地面的图案和色彩的选择，对烘托室内氛围有一定的作用；它与墙面、顶棚及家具等的巧妙组合，又可使室内空间产生各种不同风格的艺术效果。正确、合理地运用线型及不同饰面材料会给人以不同的感受，创造出优美、和谐、统一而又丰富的空间环境，可满足人们在精神方面对美的需求

2 楼地面的层次构造及作用

建筑物的楼地面一般由基层、垫层和面层三个主要部分组成。

基层

- 位置：是楼地面的基体。
- 作用：承受其上面的全部荷载。

● 要求：坚固、稳定。

● 构成：多为素土或加入石灰、碎砖的夯实土。施工时要求分层夯实，一般每铺 300mm 厚应夯实一次。楼面的基层为楼板。

垫层

● 位置：位于基层之上、面层之下。

● 作用：是承受和传递面层荷载的构造层。楼层的垫层还具有隔声和找坡的作用。

● 分类：刚性垫层、柔性垫层。

刚性垫层	柔性垫层
整体刚度好，受力后不产生塑性变形。刚性垫层一般采用C7.5～C10的混凝土。这种垫层多用于整体面层下面或小块的块料面层下面	无整体刚度，受力后会产生塑性变形。一般由松散的材料组成，如砂、碎石、炉渣、矿渣、灰土等

面层

● 位置：又称“表层”或“铺地”，是楼面的最上层。

● 作用：是供人们生活、工作时直接接触并承受各种物理化学作用的表面层。

● 要求：耐磨、不起尘、平整、防水、有一定弹性和吸热少。

3 楼地面的分类

楼地面有很多分类方式，如从楼地面的装饰效果来看，可分为美术地面、席纹地面、拼花地面等；从施工工艺上分类，有整体式地面和块材式地面等类型；按使用要求划分，有普通地面、特种地面（耐腐蚀地面、防水地面、防静电地面）等类型；按使用材料划分，有木楼地面、天然石材楼地面、瓷砖楼地面、软质制品楼地面等类型。

思考与巩固

1. 楼地面有哪些功能？

2. 建筑物的楼地面由哪些构造部分组成？

2. 楼地面共有几种分类方式？分别包含哪些类型？

二、整体式楼地面构造

学习目标	本小节重点讲解整体式楼地面。
学习重点	了解整体式楼地面构造的种类，以及每种整体式楼地面的构造及特点。

1 水泥石屑楼地面

（1）水泥石屑楼地面的特点

水泥石屑楼地面是以石屑代替砂的一种水泥地面，分为豆石地面和瓜米石地面两种类型。这种地面性能近似水磨石，表面光洁、不起尘、易清洁，耐久性和防水性很好，造价却为水磨石楼地面的 50%。

（2）水泥石屑楼地面的构造

水泥石屑楼地面的构造有一层和两层两种类型。

一层	两层
在垫层或结构层上，直接做25mm厚1：2的水泥砂浆提光	底层为一层15～20mm厚1：3的水泥砂浆找平层，面层铺15mm厚1：2的水泥石屑，提浆抹光即可

↑豆石

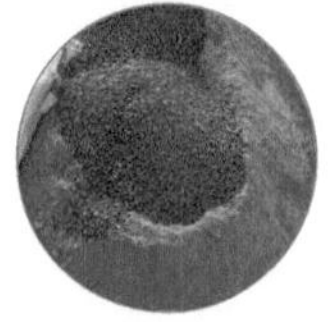

↑瓜米石

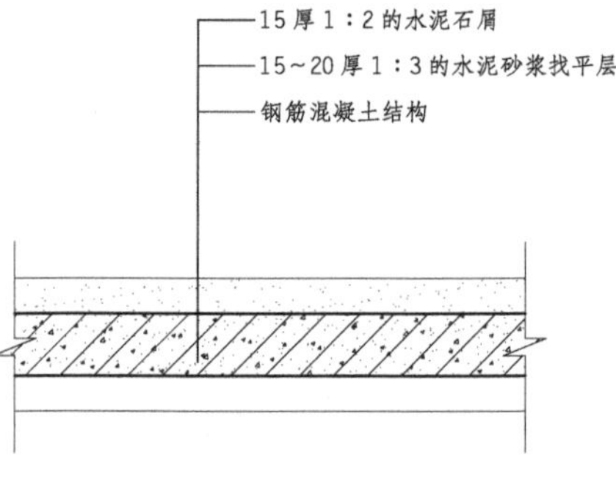

↑水泥石屑楼地面的构造

2 现浇水磨石楼地面

（1）现浇水磨石楼地面的特点

①优点：现浇水磨石楼地面是将天然石料（大理石或中等硬度的石料）的石屑用水泥浆拌和在一起，浇筑抹平，待结硬后再磨光、打蜡而成。具有良好的耐磨、耐久、防水和防火性能，并具有质地美观、表面光洁、不起尘、易清洁等优点。适合用来装饰走道、门厅和主要房间等空间。

现浇水磨石楼地面可按设计要求来调和色彩及制作图案。在白水泥中加各种颜料，即可形成丰富而明艳的色彩。按设计要求制成各种美丽的图案，即为美术水磨石地面，其造价比普通水磨石地面高 4 倍左右。

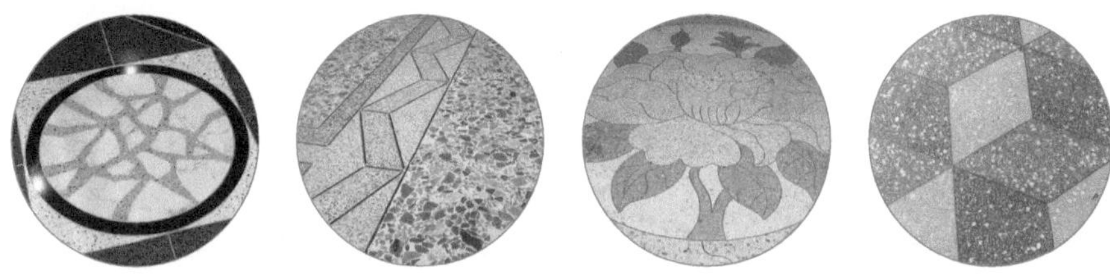

↑美术水磨石地面花纹示例

②缺点：现浇水磨石在施工过程中，湿作业量大，工期也由于工序多而花费的时间长。虽然现浇水磨石楼地面存在以上不足，但在目前的地面做法中，仍获得较为广泛的应用。

③施工时间：现浇水磨石楼地面面层施工，一般在完成顶棚、墙面等抹灰后进行，也可以在水磨石楼地面磨光两遍后再进行顶棚、墙面抹灰，但对水磨石面层应采取保护措施。

（2）现浇水磨石楼地面的构造

现浇水磨石楼地面一般分为三层。底层用 10～20mm 厚 1：3 的水泥砂浆找平；中间层为素水泥砂浆结合层；面层铺 1：（1.5～2）的水泥石屑浆，厚度为 10～15mm。

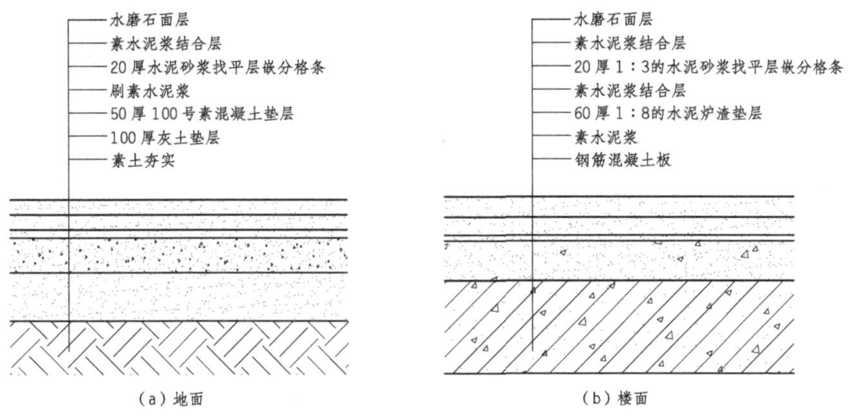

↑现浇水磨石楼地面的构造

小贴士

现浇水磨石楼地面施工注意事项

① 水磨石面层不能掺砂，否则容易产生空隙。

② 白色或浅色的水磨石面层，应采用白色硅酸盐水泥；深色的水磨石面层应采用普通硅酸盐水泥或矿渣硅酸盐水泥。水泥中掺入的颜料应选用遮盖力强，耐水性和耐酸碱性好的矿物颜料。掺量一般为水泥用量的3%～6%。

③ 水磨石面层所用的石子应质地密实，磨面光亮，洁净无杂质，直径应与面层厚度成正比，石子粒径一般为4～12mm。

④ 石子可采用硬度不大的大理石、白云石、方解石或质地较硬的花岗岩、玄武岩和辉绿岩等，还可使用彩色碎玻璃构成不同风格的花纹。

（3）分格嵌条的设置

为了适应地面变形可能引起的面层开裂及施工和维修方便，现浇水磨石楼地面应设置分隔条。分隔条常用玻璃条、铜条或铝条等。分隔的大小可随地面具体情况而改变，也可依设计要求做成各种花纹和图案。分隔条的高度随水磨石面层的高度选择。

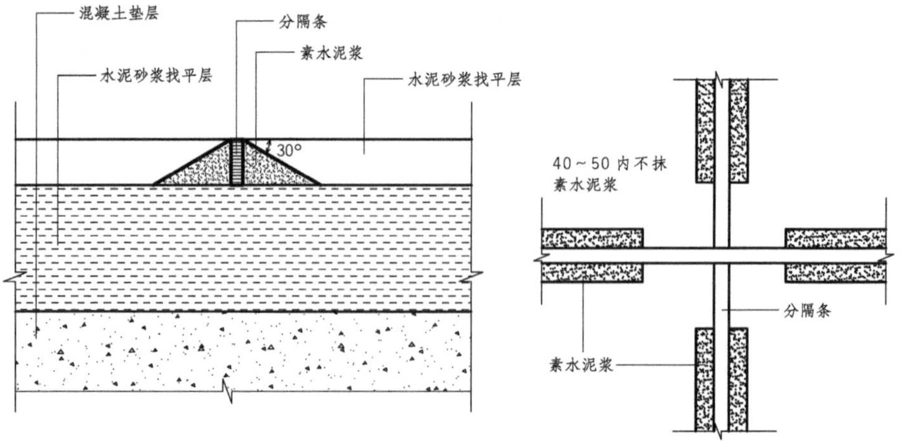

↑现浇水磨石楼地面分格嵌条设置

小贴士

分隔条施工注意事项

①分隔条应使用1 : 1的水泥砂浆固定，水泥砂浆应形成“八”字脚，高度应比分隔条高度低3mm。

②分隔条镶嵌应平直，交接处要平整方正，镶嵌牢固，接头严密。

（4）现浇水磨石楼地面的打磨

水磨石开磨前应先试磨，表面石粒不动方可开磨。一般开磨时间，常温下为 2～3d。现浇水磨石楼地面应使用磨石机分次磨光，一般来说需打磨四遍。

第一遍

- 使用60～90号的粗金刚石磨
- 边磨边加水
- 要求磨匀磨平，使分隔嵌条外露
- 磨完后，将水泥砂浆冲洗干净
- 用同色水泥浆涂抹一次，以调补面层的凹痕及磨纹
- 洒水养护2～3d后再磨第二遍

第二遍

- 使用90～120号的金刚石磨
- 要求磨到表面光滑为止
- 磨完后，将水泥砂浆冲洗干净
- 用同色水泥浆涂抹一次，以调补面层的凹痕及磨纹
- 洒水养护2～3d后再磨第三遍

第三遍

- 使用180～200号的金刚石磨
- 磨至表面石子粒粒显露
- 要求平整光滑，无砂眼细孔
- 用水冲洗后，涂抹一遍草酸溶液，以清除污垢

第四遍

- 使用240～300号的油石磨
- 要求研磨至出白浆，表面光滑为止最后，用水冲洗晾干

小贴士

现浇水磨石楼地面打磨的遍数

①普通的水磨石面层磨光的遍数不应少于三遍，正常为四遍。

②高级水磨石面层，应适当增加磨光遍数及提高油石的标号。

（5）现浇水磨石楼地面的上蜡

水磨石面层上蜡应在影响面层质量的其他工序全部完成后进行。打蜡时将蜡包在薄布内，在面层上薄薄涂一层，待干后再用钉有细帆布或麻布的木块代替油石，装在磨石机的磨盘上进行研磨，直到光滑洁亮为主。上蜡后铺锯末进行养护。

3 涂布楼地面

建筑物的室内地面采用涂层做饰面是一种施工简单、造价较低的方法。与传统的地面相比其有效使用年限较短，但其工期短，工效高，造价低，自重轻，维修更新方便。因此，各种涂饰地面无论是在国外还是国内，都得到广泛的应用。涂布楼地面通常包括两种类型，即以酚醛树脂地板漆等地面涂料形成涂层，以及由合成树脂及其复合材料构成的涂布无缝地面。但是，在现代的概念中，涂布地面往往用以特指涂布无缝地面，而将前一类称为涂料地面。

（1）涂料地面

用于地面的涂料种类很多，常见的有以下三种。

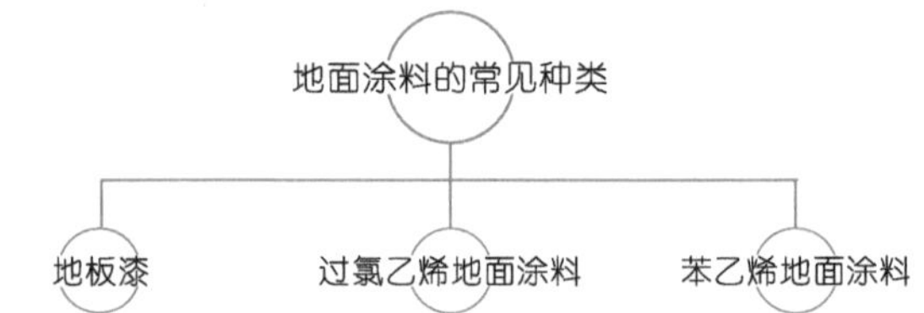

地板漆

- 特点：应用较早，范围较广，耐磨性差。
- 用途：木地板的常用保护漆，使用时直接在光滑平整的木基层上涂刷即可。

过氯乙烯地面涂料

- 特点：具有一定的抗冲击强度、硬度、耐磨性、附着力和抗水性，施工方便，涂膜干燥快。涂布后的楼地面光滑美观，不起尘沙，易于保持清洁。
- 用途：住宅及对地面整洁性要求高的房间。
- 做法：在基层处理平整、光滑、充分干燥的情况下，在上面涂刷一道过氯乙烯地面涂料底漆，隔天再用过氯乙烯地面涂料按面漆：石英粉：水 =100 ：（80 ～ 100）：（12 ～ 20）的质量比将基层孔洞及凹凸不平的地方填嵌平整，清扫干净，再满刮石膏腻子 [比例为面漆：石膏粉 =（100 ～ 80）：80]2 ～ 3 遍，干后用砂纸打磨平整，清扫干净，而后涂刷过氯乙烯地面涂料 2 ～ 3 遍，养护一星期，最后打蜡。

苯乙烯地面涂料

- 特点：黏结力强，涂膜干燥快，有一定的耐磨性和抗水性，还具有一定的耐酸碱的性能。用其涂布地面施工方便、经济。
- 用途：住宅、车间、医院病房等。
- 做法：具体做法与氯乙烯地面涂料相同，腻子可用比例为 1 ：1 的焦油清漆加熟石灰粉。

(2)涂布无缝地面

涂布无缝地面的材料由合成树脂加入填料、颜料等搅拌混合而制成。现场施工干燥后即会成为无缝地面。其具有无缝、易于清洁以及良好的物理力学性能等突出特点。常见的有以下四种。

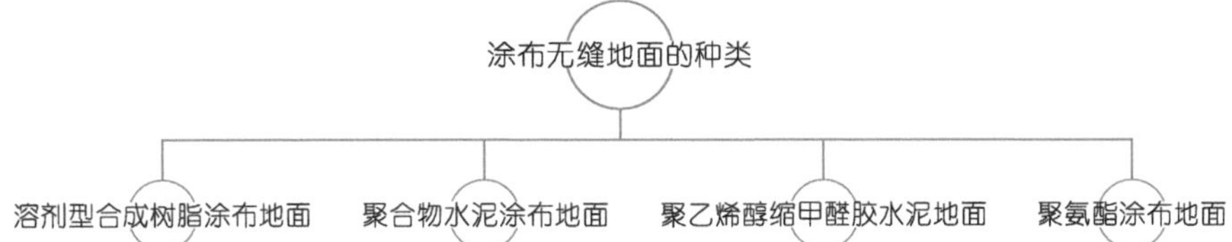

溶剂型合成树脂涂布地面

● 特点：也称为涂布塑料地面，具有耐磨、弹性、抗渗、耐腐蚀以及整体性好等特点。价格较高，施工较复杂，使用量不大。

● 用途：对卫生性或耐腐蚀性要求高的房间。

聚合物水泥涂布地面

● 特点：耐水性优于溶剂型合成树脂涂布地面，黏结性、耐磨性、抗冲击性能优于纯水泥地面，且价格低。

● 用途：住宅地面。

聚乙烯醇缩甲醛胶水泥地面

● 特点：可用刮涂的方法涂布于水泥地面上。涂层与基层黏结牢靠，且可在尚未干透的地面上直接施工。涂层干燥快，施工方便，不起尘，一般情况下表面不会出现裂纹。

● 用途：住宅地面。

聚氨酯涂布地面

● 特点：耐磨、弹性、耐水、抗渗、耐油、耐腐蚀，可制成彩色地面或席纹、方格、方块“回”字形地面等，经艺术加工后，还可制成木纹、大理石花纹及各种彩色图案。

● 用途：住宅地面。

思考与巩固

1. 整体式楼地面构造共有几种类型？

2. 现浇水磨石地面的分隔条施工有哪些注意事项？

三、块材式楼地面构造

学习目标	本小节重点讲解块材式楼地面。
学习重点	了解块材式楼地面的种类，以及每种块材式楼地面的特点及构造。

1 预制水磨石楼地面

（1）预制水磨石楼地面的特点及构造

预制水磨石与现浇水磨石不同，它是在工厂直接预制加工而成的块状地材，厚 20～25mm，可按照设计制成长方形或其他形状，在现场需铺贴安装，铺贴方法同大理石。

预制水磨石可以提高工程质量、缩短现场工期，但其厚度比现浇水磨石大、自重大，价格高，铺装时容易不平整。

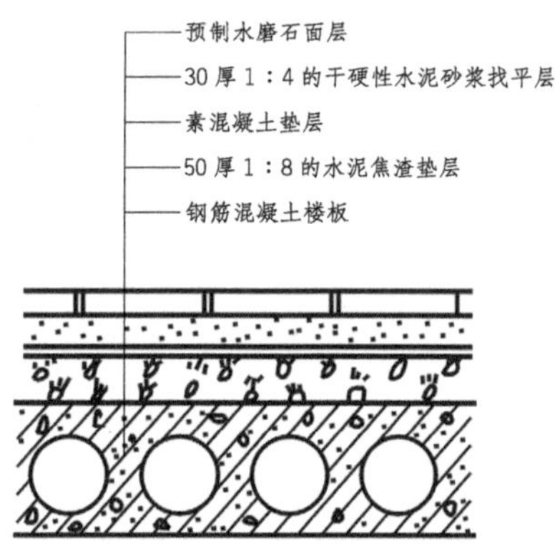

↑预制水磨石楼地面构造

（2）预制水磨石楼地面的施工方式

预制水磨石面层与基层的固定主要靠黏结，方式有两种。

柔性连接

- 在预制水磨石板下干铺一层20～40mm厚的细砂或细炉渣
- 在铺设前，对砂结合层进行洒水养护，并用刮尺找平
- 拉线铺贴，矫正后板缝用砂浆填嵌
- 这种施工方式，施工简单、造价低、便于维修更换；缺点是容易出现不平整的问题

刚性连接

- 在水泥砂浆找平层上刷以水灰比为0.4～0.5的水泥砂浆结合层
- 铺贴时，使用1：3的水泥砂浆，厚度为12～20mm
- 铺贴时要求板块平整、镶嵌正确
- 铺好后用1：1的水泥砂浆嵌缝
- 此种方式优点是坚实、平整；缺点是施工复杂，造价高

2 地砖、陶瓷锦砖、缸砖楼地面

(1) 地砖

地砖的特点

地砖也叫作墙地砖，由黏土或其他非金属原料经高温烧制而成。其表面致密光滑、质地坚硬、抗腐耐磨、耐酸碱、防水性好、抗弯折性强，有些还具有优良的防滑性能。除此之外，还具有施工方便，款式和色彩多样，装饰效果好等优点。

地砖的种类

地砖的厚度为 6～10mm，尺寸有 400mm×400mm、300mm×300mm、600mm×600mm、800mm×800mm 等。尺寸越大，价格越高。常用的地砖种类较多，性能及用途具有一定区别。

地砖的种类		
品种	性能	用途
彩釉砖	吸水率不大于 10%，吸湿膨胀小，强度高，化学稳定性、热稳定性好	地面、墙面
釉面砖	吸水率不大于 22%，为陶制坯体，釉面光滑，化学稳定性良好	厨房、卫浴
仿石砖	吸水率不大于 22%，质地与天然花岗石极其相似，外观似花岗岩粗磨板或剁斧板，具有吸声、防滑的作用和独特的装饰性	地面
仿花岗岩抛光地砖	吸水率不大于 1%，质地与天然花岗石极其相似，外观似花岗岩抛光板	地面、墙面
瓷质砖	吸水率不大于 2%，烧结程度高，耐酸、耐碱、耐磨性能高	地面、楼梯
劈开砖	吸水率不大于 8%，表面不施釉的款式，风格粗犷，耐磨性极佳；有釉面的款式花色丰富	地面、墙面
玻化砖	吸水率不大于 0.5%，表面如镜面般透亮光滑，硬度极高，花色丰富	厨房、卫浴

（2）陶瓷锦砖

陶瓷锦砖的特点

陶瓷锦砖也叫作马赛克，是以瓷土烧制成的小尺寸瓷砖。其表面光滑、质地坚硬、色泽多样、经久耐用，且具有耐酸碱、耐火、耐磨、不透水、易清洁等特点。陶瓷锦砖有不同尺寸、形状和色彩，可以拼贴成各种花纹图案，除了单独拼贴外，还可与大理石、花岗岩等块材组合铺装。

陶瓷锦砖的施工

陶瓷锦砖可用于装饰卫浴间的地面以及室内的墙面。由于尺寸较小，一般都由工厂将设计好的图案附在牛皮纸或网格布上，便于施工。

在陶瓷锦砖完成粘贴后，需将拍板放在面层上，用小锤敲击拍板，或用辊筒压平，使其与基层结合更牢固且表面平整。而后用水将护面纸完全润湿，等待一段时间后，将纸揭开，调整好缝隙的宽度，使其一致，再用白水泥擦缝，最后进行清洁。

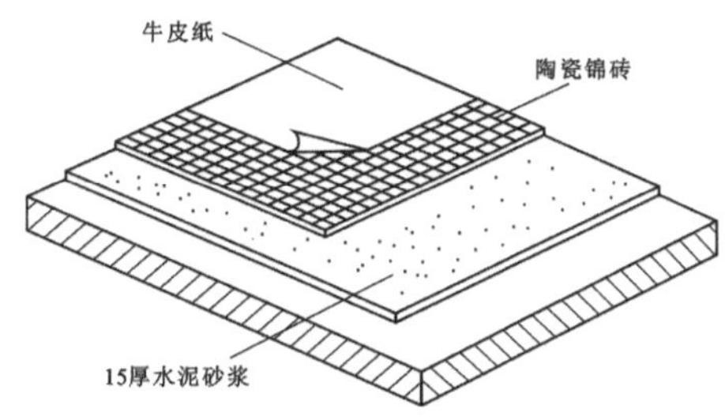

↑陶瓷锦砖铺设构造示意图

（3）地砖和陶瓷锦砖楼地面的构造

构造层次

地砖和陶瓷锦砖属于刚性块材，在构造与工艺上首先应解决的是平整度和线形规则，而后是粘贴的牢固性。因此，其构造共分为找平层、黏结层和面层三大部分。

01 找平层

位置：面层与结构层的过渡层
用途：解决结构层表面的平整度
做法：厚度一般为20～30mm。有坡度的楼地面，应在找平层就找好坡度
用材：一般配比为（体积比）1：3或1：4的普通水泥砂浆或干硬性砂浆，较大面积地面砖铺装的找平层应选干硬性砂浆

02 黏结层

位置：找平层和面层之间
用途：使找平层和面层黏结牢固
做法：一是在湿润的找平层上撒素水泥灰粉，然后在上面贴地砖；二是待找平层干燥到有一定硬度后，用2～3mm厚的1：1水泥砂浆（或素水泥砂浆、聚合物水泥浆等），涂抹在地砖或陶瓷锦砖的背面

位置：最上层
用途：装饰、保护、防滑、隔声等
做法：面层需重点考虑接缝的设计。有密缝和离缝两种做法，密缝铺贴时，缝隙宽度小于1mm；离缝铺贴时，缝隙的宽度通常不超过10mm，具体可根据地砖和陶瓷锦砖的种类及美观性而选择

小贴士

增大粘贴层粘接力的方法

对于背面光滑、尺寸小或吸水率低的瓷砖，应增加粘贴层的粘接力。可以通过增加水泥比例或提高水泥强度等级的办法来增大粘接力，也可以在水泥浆或水泥砂浆中加入适量的108胶。

地面及楼地面的构造

根据基层的不同，地面及楼地面略有一些区别。

①地面构造：面层为8～10mm厚的地砖或陶瓷锦砖，干水泥（或白水泥）擦缝；结合层为撒水泥面（洒适量清水）；找平层为厚度不小于20mm的1：3干硬性水泥砂浆；结合层为素水泥浆一道；垫层为60mm厚C10混凝土垫层、150mm厚卵石灌M2.5混合砂浆或100～150mm厚3：7灰土；基土为素土夯实。砖的品种规格、颜色及缝宽随设计而定，设计为宽缝时，应用1：1的水泥砂浆勾平缝。

②楼地面构造：面层为8～10mm厚的地砖或陶瓷锦砖，干水泥（或白水泥）擦缝；结合层为撒水泥面（洒适量清水）；找平层为厚度不小于20mm的1：4干硬性水泥砂浆；填充层为40～60mm厚C20细石混凝土垫层（若敷设管线，需根据需要，进行适当的调整）；楼板为现浇钢筋混凝土楼板。砖的品种规格、颜色及缝宽随设计而定。

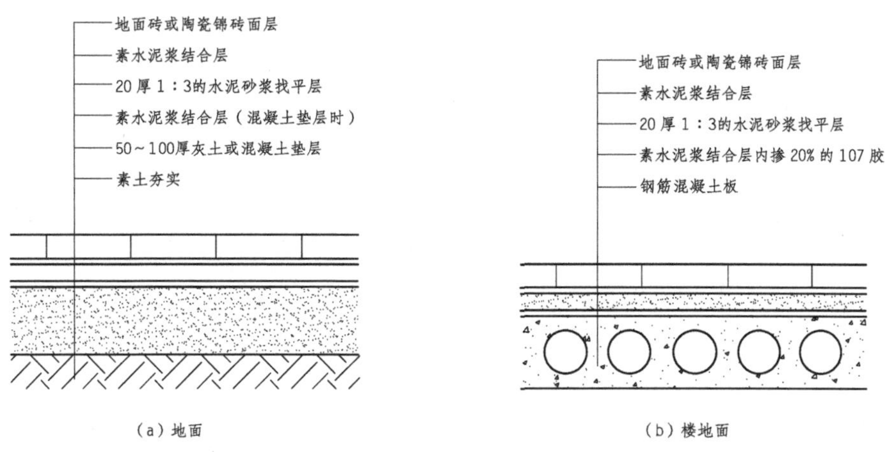

↑地面及楼地面的构造

（4）缸砖

缸砖的特点

缸砖是使用陶土烧制而成的一种无釉面的砖块，具有质地坚硬、耐磨、耐水、耐酸碱、易清洁等特点。其形状有正方形、六边形、八边形等；颜色很多，常用的为红棕色和深米黄色。使用不同形状和颜色的缸砖，可以组成不同的图案。

缸砖楼地面的构造

缸砖背面设计有凹槽，可以使砖块与基层的黏结更牢固。铺贴时，一般使用厚15~20mm的1：3水泥砂浆做结合层。完工后要求表面平整、横平竖直。

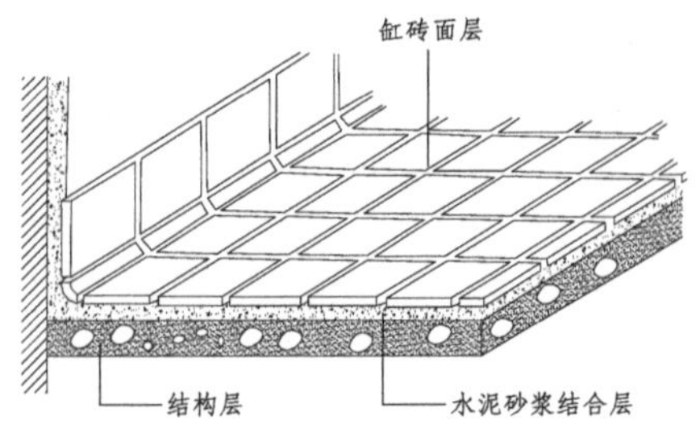

↑缸砖楼地面构造示意图

3 花岗岩、大理石楼地面

（1）材料特点

花岗岩和大理石地面都属于天然石材地面，均具有良好的抗压强度，且质地坚硬、耐磨、色彩丰富、花纹自然美丽，具有极强的装饰性。

花岗岩

花岗岩是全结晶石，有细颗粒、中颗粒和斑状等类型的花纹。其表面可以做成磨光板、火烧板、机刨板、剁斧板和粗磨板等不同的效果，其中磨光板的色彩饱和度最高且色彩较深。

大理石

大理石含有多种矿物质，因此，花纹常由多种色彩组成。表面经过抛光处理后，光洁细腻、质感似玉；若制成亚光板，则具有雅致大方的效果。使用时，可以将两者组合以形成独特的效果。

（2）花岗岩、大理石楼地面的构造

花岗岩、大理石地面与陶瓷类地砖均属于刚性块材，因此构造和施工工艺大同小异。

①地面构造：面层为20mm厚的花岗岩或大理石，素水泥浆擦缝；结合层为30mm厚1：（3~4）的干硬性水泥砂浆；找平层为厚度不小于20mm的1：3干硬性水泥砂浆；垫层为150mm厚卵石灌M2.5混合砂浆或100~150mm厚3：7灰土；基土为素土夯实。

②楼地面构造：面层为20mm厚的花岗岩或大理石，稀水泥浆擦缝；结合层为30mm厚1：（3~4）的干硬性水泥砂浆；垫层为1：6的水泥焦渣，厚度为60~100mm；结合层为素水泥砂浆；楼板为现浇钢筋混凝土楼板。

小贴士

提高花岗岩、大理石楼地面防水功能的方法

①方法一：在焦渣垫层上抹20mm厚1：3的水泥砂浆找平，上刷冷底子油一道。

②方法二：在焦渣垫层上抹20mm厚1：3的水泥砂浆找平，上涂水乳型橡胶防水沥青防水层或采用四涂防水层。

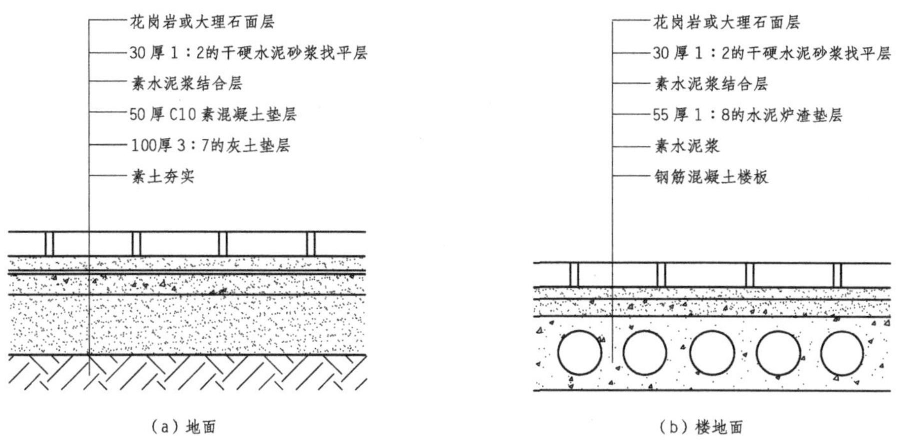

↑地面及楼地面的构造

（3）花岗岩、大理石楼碎拼地面的构造

碎拼地面是将花岗岩或大理石碎块拼铺后，缝隙用白水泥砂浆或彩色水泥石碴浆填嵌，干硬后进行细磨打蜡的做法。

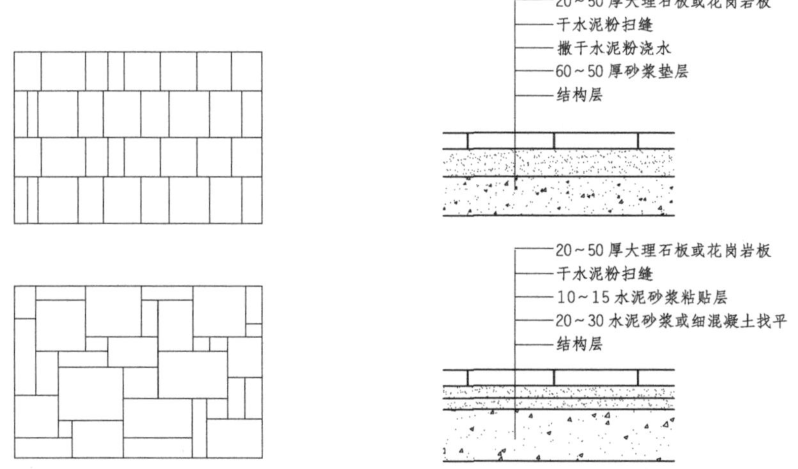

↑花岗岩、大理石碎拼地面的构造

思考与巩固

1. 块材式楼地面包含哪些种类？
2. 地砖、陶瓷锦砖地面的构造共有几层？做法分别是什么？
3. 花岗岩、大理石的地面构造和楼地面构造分别包含了几层？

四、木楼地面构造

学习目标	本小节重点讲解木楼地面。
学习重点	了解木楼地面的种类，及每种木楼地面的特征及构造。

1 木楼地面的特点和类型

(1) 木楼地面的特点

木楼地面是指表面为木板或硬木块，通过铺钉或胶合与基层连接，表面不做涂饰或涂饰油漆、打蜡饰面的木板楼地面。

木楼地面具有弹性好、脚感好、耐磨性佳、不起灰、易清洁、不返潮、温暖舒适等特点，但其容易受到温度和湿度的影响而产生裂缝或翘曲，且耐火性差，保养不当容易腐朽。

(2) 木楼地面的类型

按材料类型分类

从使用材料类型的角度，木楼地面可分为软木和硬木两种类型。

软木

- 具有良好的隔热、隔声、消声性能
- 经过防腐和高压处理的木材，可有效抵御虫害和腐蚀
- 加工制成的板材，表面可上漆、打蜡、抛光
- 可用于对安静和温暖有要求的房间

硬木

- 在地面装饰中应用较为普遍
- 具有良好的弹性、蓄热性和触感
- 耐磨、不起灰、自重轻、易清洁、不老化
- 经油漆和打蜡后可形成良好的光泽
- 可用于所有适合铺设木地板的房间

按加工方式分类

从加工角度，木楼地面可分为普通木地板、硬木条地板和拼花木地板等类型，还有由零碎木材或下脚料加工而成的硬质纤维板地面及木屑菱苦土地面等。

木楼地面按加工角度分类						
名称	层数	规格 /mm			常用树种	附注
		厚	长	宽		
普通木地板	单层	18 ~23	≥ 800	75、100、125、150	杉木、松木、柏木、硬杂木	
拼花木地板	单层、双层	18 ~23	250、300	3037.5、4250	水曲柳、核桃木、柞木、柳桉木、柚木、麻栎木、橡木	单层硬木拼花仅能用于实铺法
硬木条地板	单层、双层	18 ~23	≥ 800	50	水曲柳、核桃木、柞木、榆木、色木	

按构造类型分类

木楼地面的构造整体可分为面层和基层两部分。

面层为各种木板，如实木地板、复合木地板、软木地板等。

基层的作用是承托和固定面层，它可分为木基层和水泥砂浆（或混凝土）基层两种类型。木基层的结构有架空式和实铺式等类型；水泥砂浆（或混凝土）基层，面层多为薄木地板材料，两者主要采用胶黏剂进行固定。

2 粘贴式木楼地面

（1）粘贴式木楼地面的特点

粘贴式木楼地面是在钢筋混凝土楼板上（或底层地面的素混凝土结构层上）做好找平层，然后用粘接材料将木板直接贴上制作而成。

此种木楼地面省工省料、简便易行、造价低，可取得与实铺式木楼地面相同的效果。但弹性和减震性不如实铺式木楼地面，因此，更适合层高较低的住宅。

（2）粘贴式木楼地面的构造

构造层次

粘贴式木楼地面的构造总体来说可分为找平层、黏结层和面层三个部分。

01 找平层

要求：木板的基层，应具有足够的强度和适当的平整度
做法：在结构层上用1：2.5的水泥砂浆找平，厚度为20～25mm。若为楼房底层，应做防潮处理

02 黏结层

要求：材料要求有足够的黏结强度，还要有一定的防潮能力
类型：胶结材料为沥青玛蹄脂或各种胶黏剂，沥青应选择10号或30号石油沥青，胶黏剂主要有聚氨酯、环氧树脂、氯丁橡胶及聚乙酸乙烯乳液等
做法：在找平层和面层之间使用胶结材料，将两部分连接。具体使用哪一种胶结材料需根据面层、基层材料、施工现场条件等因素综合考虑

类型：长条硬木企口地板、拼花小块木或硬质纤维板
特点：拼花小块构成拼花地板是一种硬木地板，小块木条可以在现场拼装，也可以在工厂预制，而后在现场拼装；硬质纤维板地面是利用木材碎料或其他植物纤维为主要材料，按图案铺设而成的地板，具有质轻高强、收缩性小等特点，除了粘贴施工外，还可采用暗钉法施工

小贴士

粘贴式长条企口木地板的构造要求

粘贴式企口硬木地板要求铺贴密实、防止脱落，为此要控制好木地板含水率，要求不能高于10%。同时，木地板还应做防腐处理。

做法及构造

粘贴式楼地面的通常做法：结构层上用15mm厚1：3的水泥砂浆找平，上面刷冷底子油一道，而后用5mm厚的沥青玛蹄脂（或其他胶黏剂），最后粘贴面层材料。

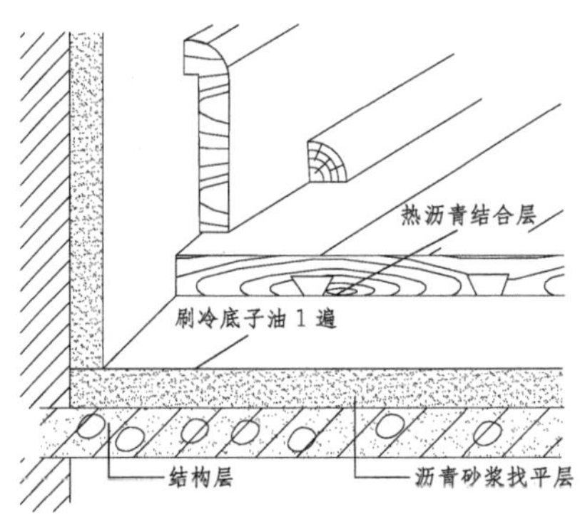

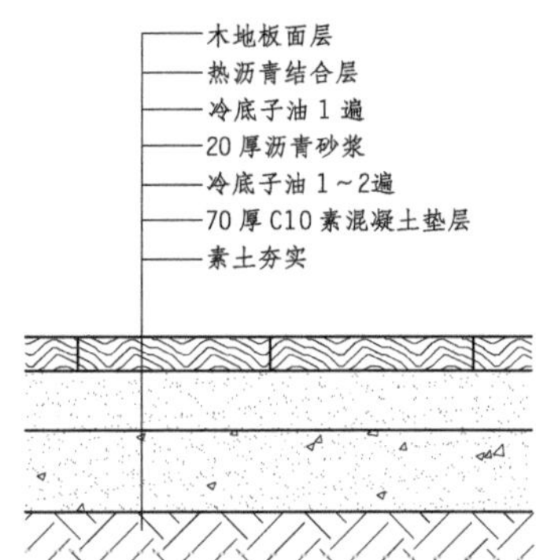

↑粘贴式木楼面构造示意图

3 实铺式木楼地面

（1）实铺式木楼地面的特点

实铺式木楼地面是指在地面的结构层上，以实铺木格栅架空面层的构造方式。适用于地面标高达到设计要求的场合，“实铺”是与“空铺”对比而言。此种木楼地面下面有足够的通风空间，可保持干燥，防止木格栅腐烂、损坏。

（2）实铺式木楼地面的构造

实铺式木楼地面的构造可分为三部分，分别为基层或防潮层、木格栅和面层，但有特殊需求时，还可增加一个轻质材料层。

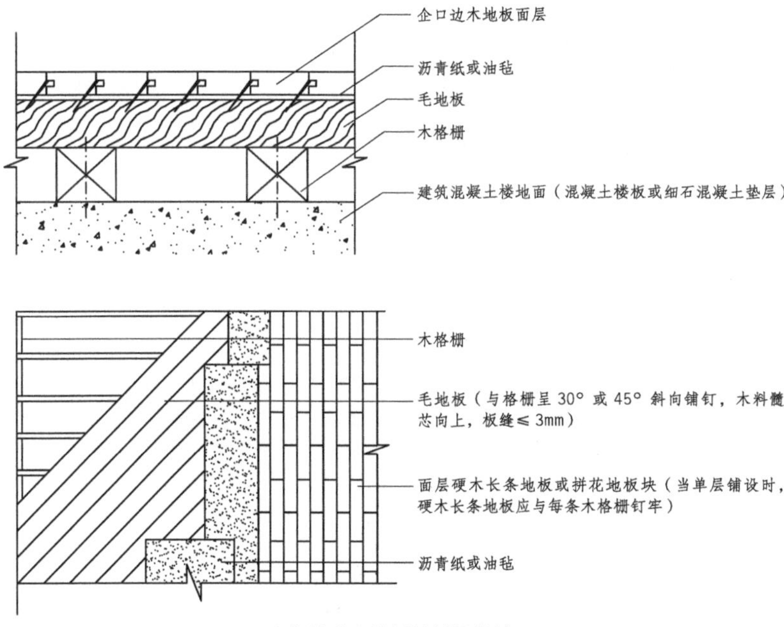

↑实铺式木地板的铺设做法

基层、防潮层

实铺式木楼地面，首先应在楼地面的结构层上进行找平和防潮处理。而在找平的同时，应设置格栅固定点，找平用材和固定点的设置应根据结构层的状况而定。

①预制预应力空心楼板（PRC 板）或首层基底：可通过垫层混凝土或豆石混凝土找平，预埋镀锌铅丝或“Ω”形铁件；也可以用膨胀螺栓固定铁件（钢角码）。

②现浇钢筋混凝土楼板（RC 板）：可用预埋镀锌铅丝或“Ω”形铁件，预埋件中距为 800mm。

底层地面为了防潮，需要在找平层上做防潮处理，可以涂刷水乳型橡胶沥青一布二涂或涂刷冷底子油和冷涂沥青各一道。普通楼层可进行一般的防潮处理，在找平层上涂冷底子油或冷涂沥青一道，即可防止潮气侵入，避免木楼地面出现变形、腐朽等问题。

木格栅

● 作用：木支撑木楼地面的骨架，具有固定和架空面层板的作用。

● 用材：尺寸为50mm×50mm或50mm×70mm的木龙骨，中距一般为300～400mm，为了增加木格栅的稳定性和增强整体性，除了使用铁丝等与基层固定点紧固外，在格栅之间还需加设尺寸为50mm×50mm的龙骨横撑，中距为800～1200mm；若木格栅达不到设计标高，可以在下方加木垫块，中距为400mm。

● 做法：木格栅与预埋在结构层内的“Ω”形铁件嵌固或与镀锌铁丝扎牢。为了保证木格栅层的通风干燥，通常在木地板与墙面之间会留有20～30mm的空隙，以利于通风防潮；或者也可以在踢脚板或木地板上设通风洞或通风箅子。

面层

实铺式木楼地面，面层有单层和双层两种构造做法。

①单层：即为直接在木格栅上铺设面板，与木格栅之间不增加毛板的做法。面板一般用暗钉法与下层固定，钉子以45°或60°角钉入下层，长条形面板，原则上应顺着光线方向进行铺设，不仅能够在视觉上更美观、舒适，还不易显露表面上微小的凹凸不平等缺陷，面板与墙体之间，应预留8～12mm的胀缩缝，用踢脚板覆盖。面板的拼缝形式有平口缝、裁口缝和企口缝等几种，其中企口缝拼缝密实、整体性好、拼装方便，最为普遍。

②双层：即为木格栅上铺一层毛板，而后再铺设面板的做法。毛板要求表面平整，但不要求密缝。毛板可以使用整张的细木工板或中密度板等材料，整张铺设时，应在板上开槽，槽深为板厚的1/3，方向与木格栅垂直，间距为200mm。当条形地板或硬木拼花地板以席纹方式铺设时，毛地板宜斜向铺设，与木格栅成30°或45°角。当面层使用的是硬木地板并采用人字纹方式铺设时，毛地板易与木格栅成90°垂直铺设。毛地板上方按照单层做法固定面板。

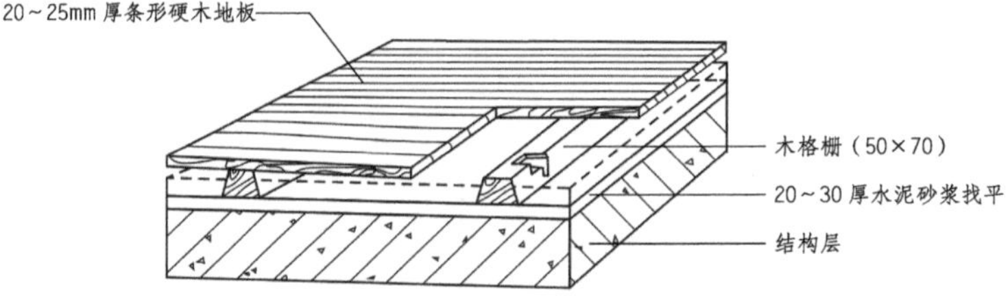

↑单层实铺式木楼地面装饰构造

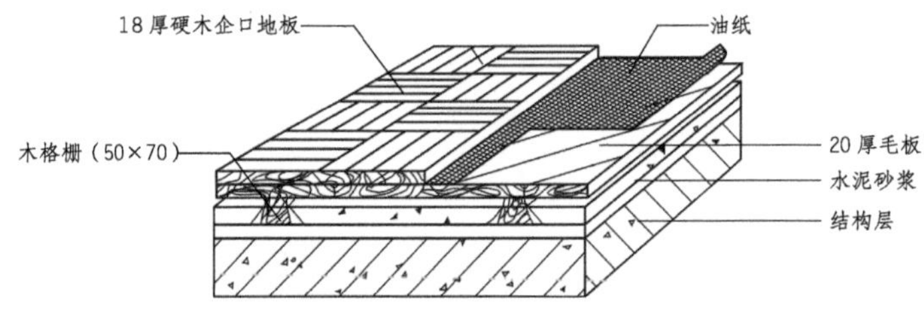

↑双层实铺式木楼地面装饰构造

轻质材料层

对于一些对物理性能有要求的木楼地面，如有吸声、改善保温隔热效果等要求时，在木格栅层的龙骨与龙骨之间，还应填充一些轻质材料，如干煤渣、膨胀珍珠岩、膨胀蛭石、矿棉毡等，厚度为 40mm。

4 空铺式木楼地面

（1）空铺式木楼地面的特点

空铺式木楼地面是指木地板通过地垄墙或砖墩等架空再安装制成的楼地面，一般用于平房、底层房屋或较潮湿地面以及地面敷设管道需要将木地板架空等情况。此种构造方式可以使木地板更富有弹性、脚感舒适、隔声、防潮，缺点是施工较复杂、造价高、占用空间高度较多。

（2）空铺式木楼地面的构造

空铺式木楼地面的面层板为各种木板，基层则包括地垄墙（或砖墩）、垫木、木格栅、剪力撑、毛地板和面板几个部分。其中毛地板与面层的材料规格和铺钉方式与实铺式木楼地面相同，这里不再详细介绍。

01 地垄墙（砖墩）

地垄墙：一般采用红砖砌筑，厚度可根据架空的高度及使用条件来决定。地垄墙之间的间距，一般不宜大于2m。在砌筑地垄墙时，要预留通风孔，一般为120mm×120mm的孔洞，外墙应每隔3～5m开设180mm×180mm的孔洞，并加封铁丝网罩。如架空层内有管道设备，还应预留进人孔

砖墩：砖墩的作用与地垄墙相同，但其布置方式与木格栅相一致

垫木安装在地垄墙（砖墩）与木格栅之间，它能够将木格栅传来的荷载传递到地垄墙（砖墩）上，提高结构的使用安全

垫木的厚度一般为50mm，与地垄墙（砖墩）通常用8#铅丝绑扎，铅丝需预埋在地垄墙（砖墩）砌体中，垫木与砖砌体接触面应做好防腐处理。多数情况下，垫木应分段直接铺放于木格栅下，也可沿地垄墙布置

木格栅的作用是固定和承托面层，其断面尺寸的选择应根据地垄墙（砖墩）的间距来确定。木格栅的布置，应与地垄墙（砖墩）成垂直方向安放，其间距一般为400mm左右，在铺设找平后与垫木钉牢

木格栅在使用前，与垫木一样，应先做好防腐处理

剪力撑布置在木格栅之间，具有增加木格栅的侧向稳定性的作用，它可以将一根根单独的格栅连成一个整体，以增加整个木楼地面的刚度；除此之外，对木格栅的翘曲变形也具有一定的约束作用。总体来说，架空式基层中的剪力撑，是一种保证地面质量的构造措施

05 毛地板和面板

架空式木楼地板与实铺式木楼地板的面层相同，也分为单层和双层两种

双层为毛地板加面板，毛地板可采用毛板或窄木板条，厚度为18～22mm，拼接时可用平缝或高低缝的方式，缝隙不应超过3mm。面板与毛地板之间应衬一层塑料薄膜，作为缓冲层

在单层的木格栅上直接铺设面板，长条地板的铺设方向宜与光线平行

小贴士

空铺式木楼地面的通风处理

空铺式木楼地面的通风处理方式与实铺式木楼地面大致相同，通常是在木地板与墙面间留10～20mm的缝隙，踢脚板或地板上做通风洞或通风箅子，与两格栅架空层相同，使地板保持干燥。

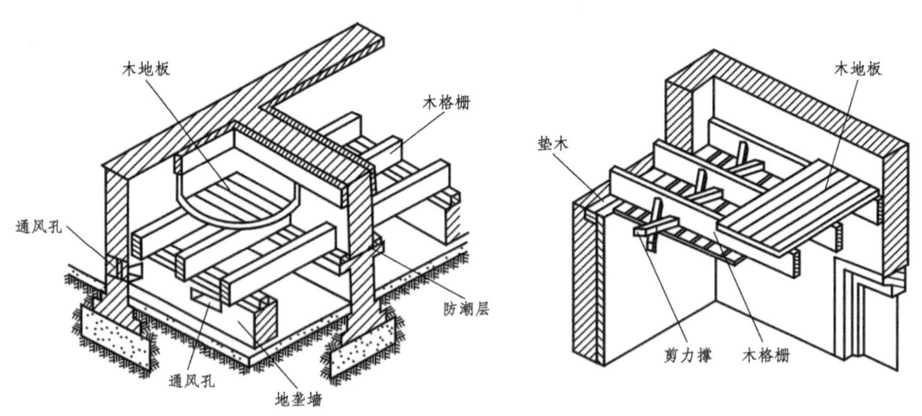

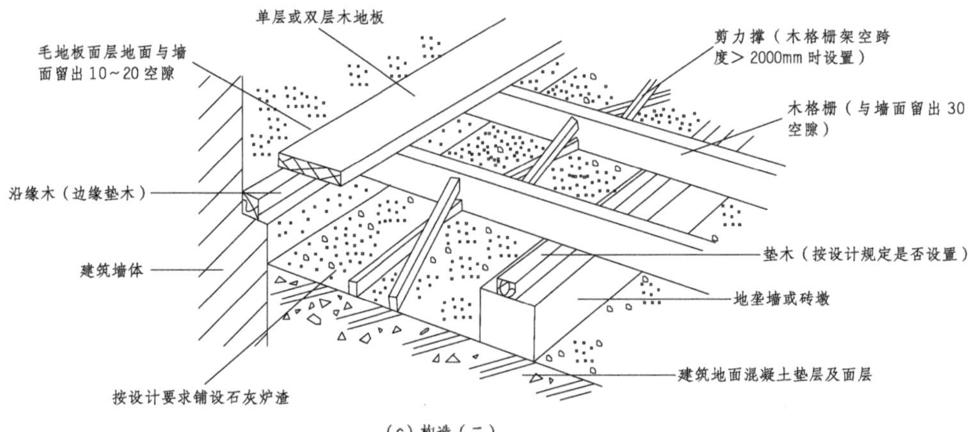

↑空铺式木楼地面的构造

5 弹性木楼地面

（1）弹性木楼地面的特点

弹性木楼地面具有极佳的弹性，因此，常被用在对地面弹性有要求的空间，如舞台、练功房、比赛场等。

（2）弹性木楼地面的构造

弹性木楼地面在构造上分为衬垫式和弓式两种。

衬垫式

衬垫式简单来说，就是将实铺式木楼地面中的木格栅下的木垫块换成弹性软质材料，如橡胶、软木、泡沫塑料或其他弹性好的材料等。衬垫可以是块状的，也可以是与木格栅同长的条状。

弓式

弓式可分为木弓式和钢弓式两种类型，地面的弹性主要依靠木弓或钢弓的弹性来实现。木弓式弹性地面用木弓承托格栅来增加格栅的弹性，木弓下设通长垫木，用螺栓或钢筋固定在结构层上。木弓长 1000 ~ 1300mm，高度可根据需要的弹性通长实验确定。木弓两端放置金属圆管作为活动支点，上面布置格栅，而后铺毛板、油纸和面层。钢弓式弹性地面用钢弓承托格栅来增加格栅的弹性，钢弓下为（10~20）mm×120 的橡胶垫，底层为消声毛毡，木格栅间距为 400mm 左右，钢弓的横向间距为 800mm 左右。

小贴士

弹性木楼地面构造的注意事项

弹性木楼地面在构造上，应注意周边与墙体和踢脚线需留出一定的空隙，以保证其震动的自由性，且具有防止变形的作用。

思考与巩固

1. 木楼地面具有什么特点？从构造角度来说，可分为几层？
2. 实铺式木楼地面的构造有几部分？做法分别是什么？
3. 空铺式木楼地面的构造共有几层？如何进行通风处理？

五、软质制品楼地面构造

学习目标	本小节重点讲解软质制品楼地面。
学习重点	了解软质制品楼地面的种类，以及每种软质制品楼地面的特征及构造。

1 油地毡楼地面

油地毡是将桐油、亚麻仁油、松节油等植物油和软木粉、木粉、滑石粉等掺料，加入适量的颜色和催化剂混合加热成泥状，而后滚在麻布或毡片的衬底上成型的一种地材。油地毡多为卷材，厚度为2～3mm，宽度有阔幅（1.6～2.0m）与窄幅（0.5～1.6m）两种，长度约为20m。还可根据需要制成其他厚度和宽度。油地毡的构造可参考橡胶地毡楼地面。

2 塑料地板楼地面

（1）塑料地板楼地面的特点

铺贴聚氯乙烯树脂作为饰面材料的地面，即为塑料地板楼地面。

塑料地板花色、规格众多，施工方便，且可拼成各种图案，可满足不同的使用和装饰需求。

（2）塑料地板楼地面的种类

塑料地板按其变形能力，可分为软质地板和半硬质地板。

软质聚氯乙烯地板

- 具有行走舒适、耐磨、耐腐蚀、重量轻和价格低等特点，但易被圆珠笔、红药水等污染，且不耐火烫
- 块材多为正方形，标准边长有300mm、400mm及600mm等，厚度为1.2～3.0mm；卷材长度多为20m，幅宽为1000～2000mm，厚度为2.0～3.0mm

半硬质聚氯乙烯地板

- 包括半硬质聚氯乙烯塑料地板（PVC）和半硬质塑料地板砖两类
- 半硬质聚氯乙烯塑料地板（PVC）重量轻、耐油、耐磨、尺寸稳定、耐久性好、脚感舒适、图案多样
- 半硬质塑料地板砖色泽选择性强、重量轻、耐磨、防腐、步行有弹性而不滑、不助燃、使用寿命长

（3）塑料地板楼地面的构造

软质聚氯乙烯地板

软质聚氯乙烯地板构造共分为基层、黏结层和面层三部分。

基层要求有一定的强度且光滑平整，目前多使用水泥砂浆基层，在楼地面上抹1：2.5、厚为20～25mm的水泥砂浆

涂抹完成后，用2m长靠尺检查，表面平整度允许误差应小于2mm，表面应干净（不能有灰渣等杂物）、牢固（不能有空鼓、麻面、脱皮）、干燥（含水率应小于8%），而后弹出铺贴分格线

黏结层使用的材料为胶黏剂，由于其品种众多，使用时应结合工程要求、面层材质、基层状态、胶黏剂的性能及施工要求等综合性进行选择

国产的塑胶地板专用胶黏剂常用的有溶剂型氯丁橡胶胶黏剂、202双组分氯丁橡胶胶黏剂、聚乙酸乙烯胶黏剂、聚氨酯胶黏剂、环氧树脂胶黏剂等

先画出切割线，边缘裁割平滑，拼合的坡口应切割成55°，试铺后将2/3用量的胶黏剂倒在基层和软质塑料地板的粘贴面上，用板刷或刮板刮涂均匀，3～4min后将剩下的1/3胶黏剂以同样方式涂刷在基层和底板上。5～6min后，将地板四周与基层分格对齐，用辊筒来回滚压，而后用砂袋压实养护2d后，用三角形焊条，焊接拼缝

半硬质聚氯乙烯地板

半硬质聚氯乙烯地板的构造同样分为基层、黏结层和面层三部分。

基层平整度要求同软质聚氯乙烯地板，对不同基础的地面应做不同处理

①旧水泥砂浆地面：如有麻面等缺陷，应用腻子修补并涂刷乳液一遍

②旧水磨石、地砖面：用碱水去除污垢，再用稀硫酸腐蚀表面或用砂轮推磨

③旧木板面：面层应坚实，敲平地面突出的钉头，板缝用胶黏剂加老粉配成腻子，填补平整

不同的铺贴地点应选择相应的胶黏剂，且不同胶黏剂有不同的施工方法

①溶剂型胶黏剂：黏结时一般在涂布后需晾置至不粘手再铺贴

②PVA等乳液型胶黏剂：不需晾置，将面板粘接面打毛，涂胶后即可铺贴

③E-44环氧树脂胶黏剂：应按照配方准确称量固化剂，调和后涂布即可铺贴

④双组分胶黏剂：要按组分配比正确称量，预先配置，并及时用完

①弹线：铺贴之前，首先在基层上弹出分格线，通常有正方格（板材接缝与墙面平行）和斜方格（板材接缝与墙边成某一角度）两种，若设计上有特殊图案要求，则应按照设计图案在地面上标出

②铺贴：沿线铺贴，小面积房间可从里侧向外侧展开，大面积房间可按“十”字分解成若干小块，从中间往四周展开，铺贴时先对边角，再压实赶气

常用胶黏剂的特点	
名称	性能特点
氯丁胶	需双面涂胶，速干，初粘力大，有刺激性挥发气体，施工现场需防毒和防燃
202 胶	速干，粘接强度大，可用于一般耐水、耐酸碱工程，使用时双组分要混合均匀，价格较高
JY-7 胶	需双面涂胶，速干，初粘力大，低毒性，价格相对较低
水乳性氯丁胶	不燃，无毒无味，初粘力大，耐水性好，在潮湿基层上也能施工，价格低
405 聚氨酯胶	固化后有较强的黏结力，可用于防水、耐酸碱工程，初粘力差，黏结时须防止移位
6101 环氧胶	有很强的黏结力，一般用于地下室、地下水位高或人流量大的场所，黏结时需预防胺类固化剂对皮肤的刺激
立时得胶	黏结效果好，速度快

塑料地板楼地面的构造

塑料地板楼地面的构造，整体上均相同。

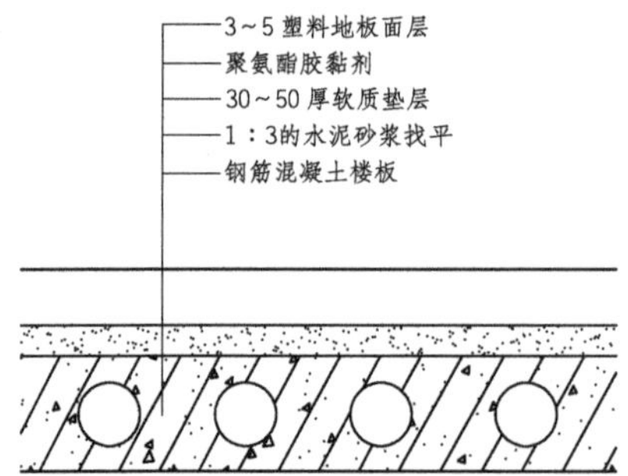

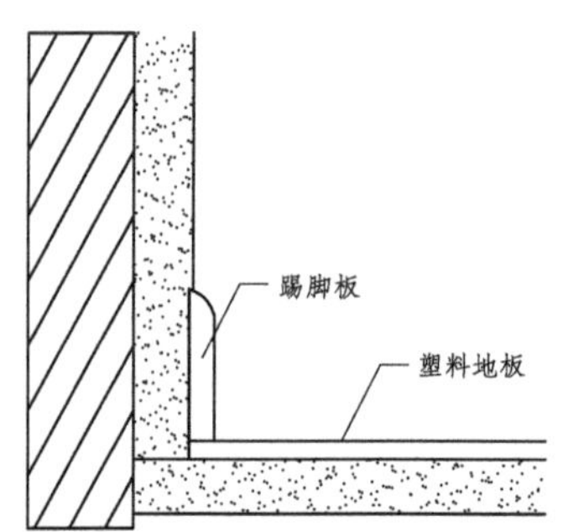

↑*塑料地板楼地面的构造*

3 橡胶地毡楼地面

（1）橡胶地毡楼地面的特点

橡胶地毡是以天然橡胶或合成橡胶为主要原料，加入适量的填充料制成的地面覆盖材料。表面有光面和带肋两种，还可根据设计制成各种色彩和花纹；层数有单层和双层两种。

橡胶地毡楼地面弹性好、耐磨、保温且具有极佳的消声性能，表面光而不滑。

(2) 橡胶地毡楼地面的构造

橡胶地毡楼地面的构造可分为基层、黏结层和面层三个部分。

施工时，先对基层进行处理，通常使用水泥砂浆进行找平
找平后要求表面平整、光洁，无突出物、灰尘及砂粒等
含水量应在10%以下
为了增加胶黏剂与基层的附着力，施工前可涂刷一道冷底子油

基层处理完毕后，应根据设计图案先进行预排，而后再进行划线定位
而后即可开始在地毡的粘接面上涂抹胶黏剂，要求涂布均匀
胶黏剂涂布完成后静置3～5min，使胶淌平，并挥发部分溶剂后再开始粘贴施工

粘贴面层时，先对齐边角，而后再压实
面层与基层粘贴完成后，用小型压辊压平，使气泡排出
卷材粘贴时为了让接缝更密实，可采取叠割法施工
施工时，通常大房间可呈“十”字放线，从中间往四面展开；小房间则多从房间内侧向外侧展开

4 地毯楼地面

(1) 地毯楼地面的特点及种类

地毯是一种高级的装饰地材，给人温暖、愉悦、高贵的感受。具有吸声、隔声、隔热保温、脚感舒适柔软、弹性佳、装饰效果好等特点。

地毯根据制作材料的不同，可分为羊毛地毯、混纺地毯及化纤地毯三大类。

不同种类地毯的特点

名称	特点
羊毛地毯	也叫作纯毛地毯，以羊毛为主要原料，具有纤维长、拉力强、手感好、光泽感强等优点，属于高档产品
混纺地毯	以羊毛纤维与合成纤维混合编织后制成的地毯，加入合成纤维后，地毯的耐磨性有所提高，装饰性不亚于羊毛地毯，且价格更低，属于中、高档产品
化纤地毯	以合成纤维为主要原料制成的地毯，常用的合成纤维有锦纶、涤纶、丙纶、腈纶等。外观与羊毛地毯极其相似，耐磨性和弹性均较好，属于中、低档产品

（2）地毯的铺设方式

地毯的铺设从固定方式上可分为固定和不固定两种方式。

固定铺设	不固定铺设
· 地毯的固定铺设方式有两种：倒刺板固定法和粘贴固定法 · 倒刺板固定需要在地毯下面加设一层垫层，可增加柔软性、弹性和防潮性，且易于施工 · 垫层可以使用波纹状的海绵垫或杂毛毡垫	· 不固定铺设分为满铺和局部铺设两种情况 · 满铺时，将地毯裁边，拼缝成一片后，直接摊铺在地面上，不与地面粘贴，四周沿墙角修齐 · 局部铺设时，直接将地毯摊铺于地面的指定位置上即可

（3）固定铺设地毯的构造

倒刺板条固定法

● 基层的要求：具有一定的强度和平整度。

● 倒刺板的安装：地毯卡条倒刺板一般选择五合板或加厚三合板与金属钉制成。固定地毯时，沿房间四周靠墙角 10 ~ 20mm 处，将倒刺板条用水泥钢钉钉装在基层上。

● 收边的处理：为了防止翘边和边缘受损，使地毯直挺、美观，地毯铺设至门口、洞口处，应在门洞地面中心线处用铝合金、不锈钢或其他收口条，将地毯扣牢。地毯铺至墙边时，除了用倒刺板条固定外，还应用踢脚板进行收口处理。

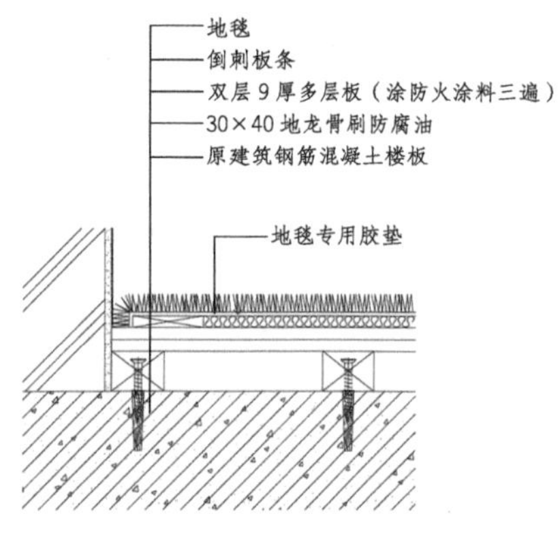

↑地毯倒刺板条固定示意图

粘贴固定法

● 基层的要求：应坚实且具有一定的厚度，常见的有塑胶、橡胶和泡沫塑料基底层，不同的胶底层，对耐磨性有较大的影响。

● 施工方式：用胶黏剂固定地毯，一般不放垫层，将胶黏剂直接刮涂在基层上，而后将地毯铺粘固定即可。

地毯与不同材质楼地面交接处的构造

不同功能的房间或同一房间内的不同部位，因气氛、功能等方面的需求，可能会使用不同的地面材料进行拼装，因此，地毯会与其他地面产生交接处，如地毯与石材、地毯与木地板等。

为了防止地毯边缘起翘或出现参差不齐的问题，可使用不同类型的压条，铺贴时，需处理好交接处的构造。

（4）楼梯地毯的铺设构造

楼梯地毯的构造一般有三种类型：卡棍式固定、黏结固定和卡条（倒刺板）固定。

卡棍式固定

先用胶黏剂将地毯脚垫与楼梯基层固定，而后，从楼梯的最高一阶开始铺设地毯，翻起地毯的开始端，在顶阶的踢脚板处钉住，然后将地毯压在第一套金属抓钉上。将地毯拉紧包住阶梯，沿着踢脚板向底部铺设，每一个踏步上均用直径 20mm 的不锈钢压毯棍在阶梯的根部将地毯压紧，并穿入紧固件的圆孔中，而后拧紧调节螺钉。

黏结固定

将胶黏剂涂抹在楼梯的踢脚板和踏板上，晾置适当的时间后，将地毯粘贴在上面，而后进行赶压使其平整、牢固。

卡条（倒刺板）固定

将倒刺板条钉装在踏板之间阴角的两边，与阴角之间预留 15mm 左右的缝隙，将地毯固定在倒刺板条上即可。需注意，倒刺板的抓钉的抓顶部应向阴角方向倾斜。

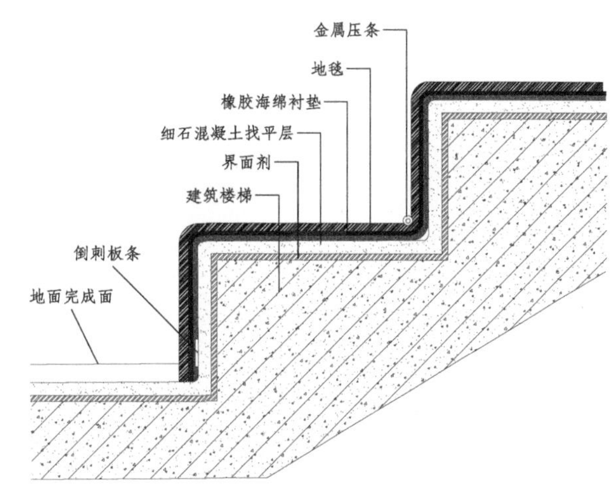

↑楼梯地毯卡条固定示意图

思考与巩固

1. 软质制品楼地面共有几种类型？
2. 塑料地板有几种类型？每种楼地面的构造共有几层？做法分别是什么？
3. 地毯共有几种铺设方法？分别如何施工？

六、楼地面特殊部位的装饰构造

学习目标	本小节重点讲解楼地面特殊部位的装饰构造。
学习重点	了解踢脚板、楼地面变形缝及不同材质楼地面连接的构造处理。

1 踢脚板

（1）踢脚板的作用

踢脚板又称为脚踢板或地脚线，是楼地面和墙面相交处的一个重要构造节点，一般情况下用材与地面材料相同。

踢脚板具有保护和装饰作用，它可以遮盖楼地面与墙面的接缝，更好地使墙体和地面之间结合牢固，减少墙体变形，避免外力碰撞造成破坏；在装饰方面，具有视觉平衡作用。

（2）踢脚板的构造

踢脚板的构造方式有三种：与墙面平齐、凸出墙面和凹进墙面。其高度通常为 100 ～300mm。

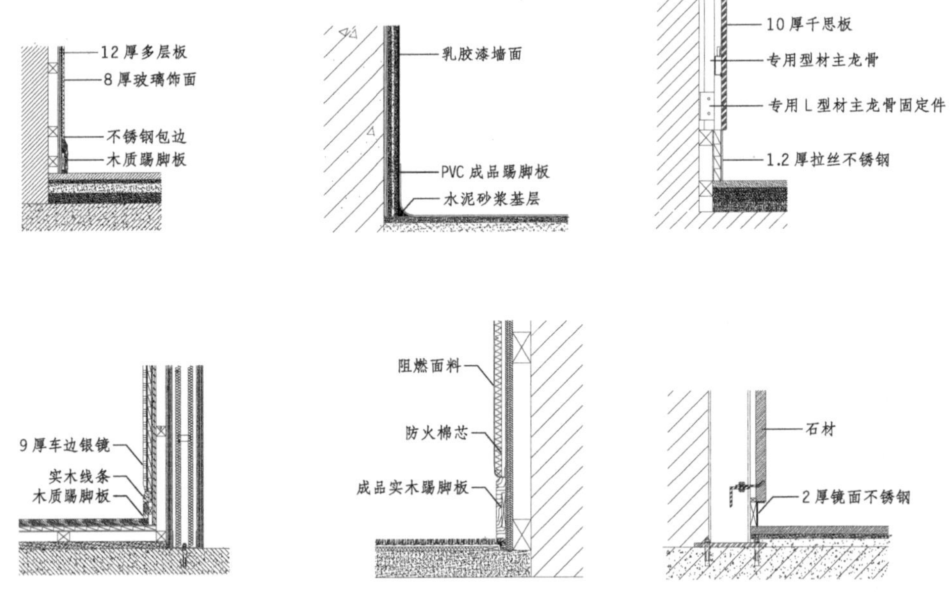

↑踢脚板构造示例

2 楼地面变形缝

（1）楼地面变形缝的作用

楼地面变形缝是指为了避免因昼夜温差、不均匀沉降以及地震引起的楼面或地面变形，而在变形的敏感部位或其他必要的部分设置的将整个建筑断开的构造。分为伸缩缝、沉降缝和防震缝三种类型，缝宽在面层要求不小于10mm，在混凝土垫层内不小于20mm。

（2）楼地面变形缝的构造

楼地面变形缝从构造上既要与基层脱开，又要求表面需覆盖填缝材料，从结构上要保证合理的位置和可靠的强度，从装饰上要结合地面图案和分格考虑。整体面层地面和刚性垫层地面，在变形缝处应断开，垫层缝隙中填充沥青麻丝，面层缝隙中填充沥青玛蹄脂或加盖金属板、塑料板等，并用金属调节片封住缝隙，注意，盖缝板不得妨碍构件之间的自由伸缩和沉降。

沥青类材料的整体面层地面及块料地面的变形缝，可只在混凝土垫层或楼板中设置；垫层为柔性的块料地面面层，不需设置变形缝。

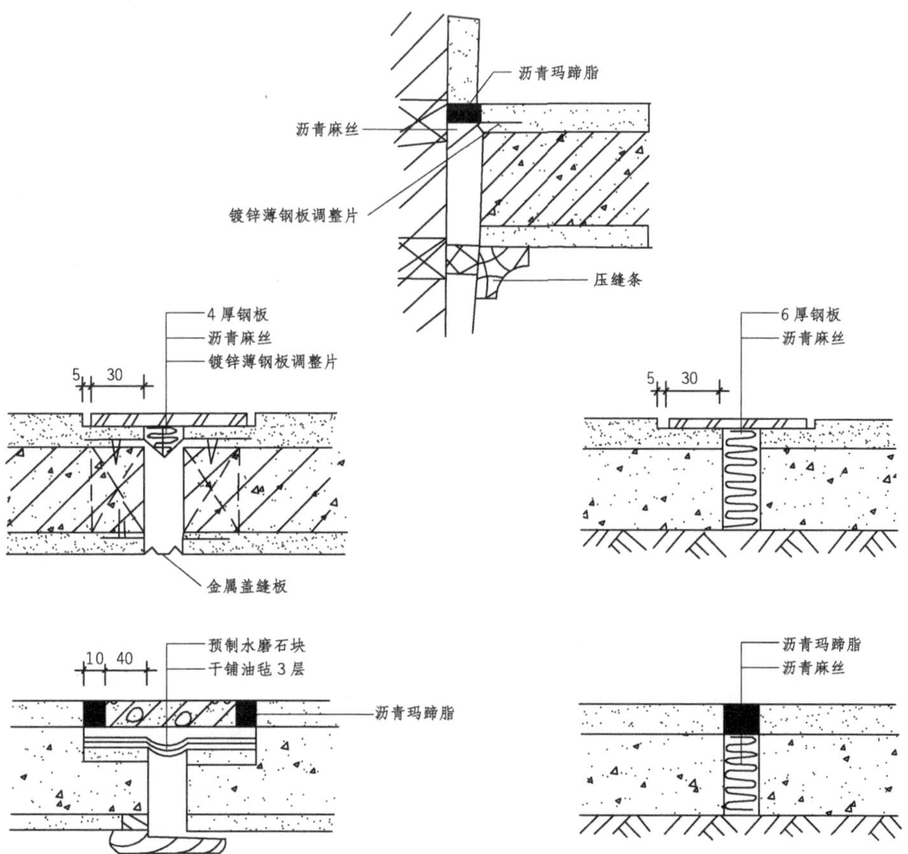

↑楼地面变形缝构造示例（一）

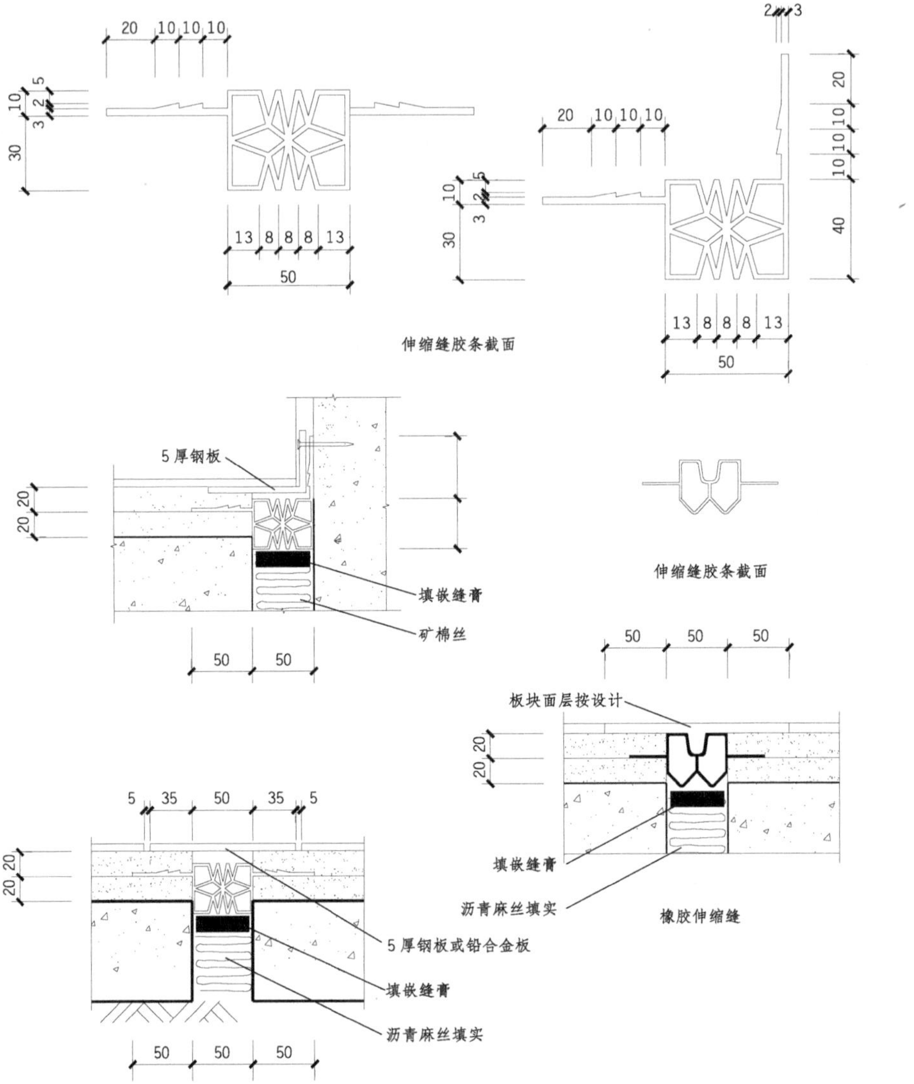

↑楼地面变形缝构造示例（二）

3 不同材质楼地面连接的装饰构造处理

在建筑装饰中，有时为了满足使用需求或美观需求，在同一房间内楼地面的不同部位，或不同房间中的楼地面，会采取不同的材质进行拼接，常见的组合有：水磨石和地砖、地砖和木地板、石材与地毯、不同材质的地毯等。这些材质的交接处，应重点考虑其装饰构造的处理，否则容易出现起翘或高度不平的现象。

对于不同材质楼地面的交接处，应采用较为坚固的材料做边缘构件，以使其顺利的过渡。当分界线位于同一房间内时，其构造可根据使用要求或设计方案来确定；不同房间的分界线为了美观，一般与门框裁口线相一致。

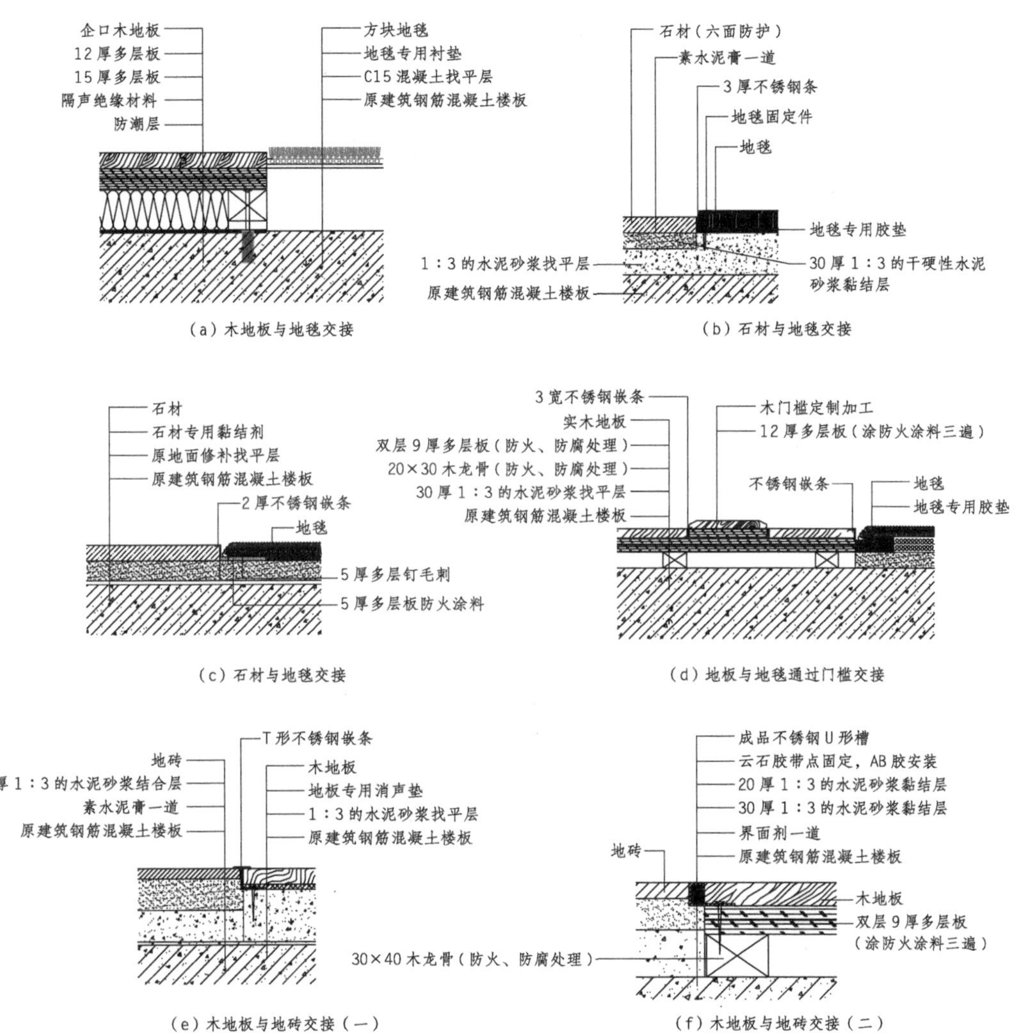

↑常见不同材质楼地面的交接构造处理

思考与巩固

1. 踢脚板的作用是什么？其构造有几种类型？

2. 在楼地面设置变形缝的目的是什么？垫层和面层分别应如何处理构造？

3. 对于不同房间不同材质楼地面的交接处，过渡材料有何要求？

七、特种楼地面构造

学习目标	本小节重点讲解特种楼地面的构造。
学习重点	了解防潮防水楼地面、隔声楼地面、活动夹板地面及地暖楼地面的构造。

1 防潮防水楼地面

（1）防潮防水楼地面的作用

建筑中有些房间因为地势或用水的关系，会长期受到水汽的侵蚀，如地下室、卫浴间、厨房等，而其他房间的楼地面，在日常清理的时候，也可能会接触到水。在这种情况下，楼地面的防潮、防水构造就显得十分必要。

（2）楼地面防水的处理方法

楼地面的防水处理，主要从两方面来考虑：一是积水的排除；二是楼地面自身防水保护措施的采取。

对于卫浴间等大量用水的房间，楼地面应能够及时地将楼地面的水流排入排水管中。这就要求楼地面有一定的坡度，并在坡度的最低处设置地漏，使水流通过地漏排除。排水坡一般为0.5%～1.5%。

同时，为了防止用水房间内的水外溢，其楼地面的高度应低于过道或其他房间20～50mm，或在门口处设置高出地面20～50mm的门槛。

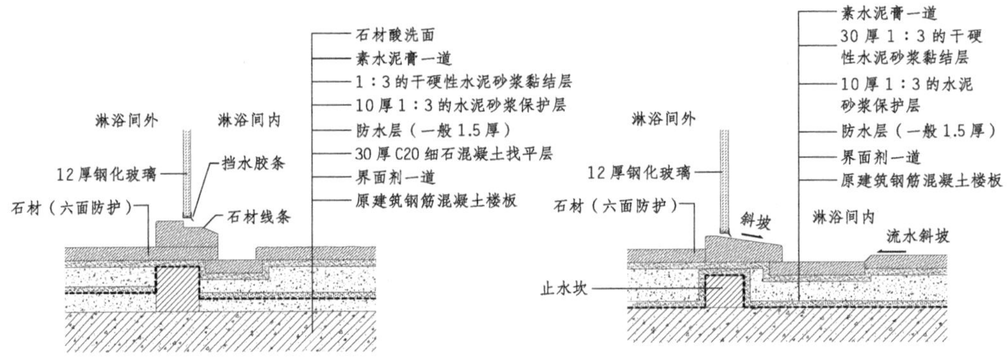

↑卫生间楼地面防水外溢措施构造

（3）地面防潮及楼地面防水的构造

地面防潮的构造

地面防潮主要是防止地面下土层中的无压水等对地平面层的侵蚀。通常情况下，素混凝土、细石混凝土等垫层即可满足防潮作用。而一些对防潮性能要求高或面积较大的房间，可在垫层下面多加一层找平层，找平层上做一毡二油或素氨酯膜，来提高防潮性能。

楼地面防水的构造

楼地面防水主要是为了防止楼地面上的水向下渗漏或地下水向上渗透，对楼地面装饰构造造成的损害。最常用的做法是在楼板结构层上、地坪垫层下加做一层找平层，而后在找平层上做防水层。防水层的用材主要有卷材和涂膜两种类型。

卷材防水层

用料：石油沥青油毡或高分子聚合物改性沥青油毡等材料
构造：为二毡三油（沥青油毡），或在20mm厚1：3的水泥砂浆找平层上，冷粘或热熔铺贴1～3mm厚改性沥青油毡

涂膜防水层

用料：聚氨酯、硅橡胶等防水涂料
做法（聚氨酯防水层）：在20mm厚1：3的水泥砂浆找平层表面满涂底涂一层，刷聚氨酯防水涂膜防水层两遍，第一遍厚度为0.6mm，第二遍厚度为0.4mm

防水层在楼地面与墙面交接处应沿墙的四周卷起150mm高，才可有效防止水汽损害墙面。

对于装饰标准较高的地下室，可沿室内地面及四周墙体做内保防水处理，然后进行饰面施工。

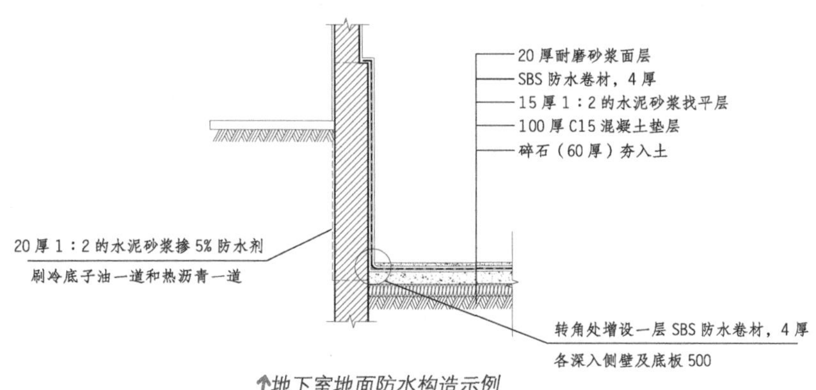

↑地下室地面防水构造示例

2 隔声楼地面

（1）隔声楼地面的作用

隔声楼地面具有一定的隔声作用，可以防止噪声通过楼板传到上方或下方相邻的房间中。不同房间的隔声要求可用计权标准化撞击声压级（dB）来衡量，住宅分户层间的楼板，一级标准为≤ 65、二级标准为≤ 75、三级标准为≤ 75。

（2）室内噪声传递的方式

室内噪声可通过空气和固体材料进行传播。说话声及乐器声等均通过空气传播，可以通过使楼板密实、无缝隙等构造措施来隔绝此类噪声；脚步声、移动家具及洗衣机等电器震动而产生的声音均为固体材料传递的声音，声音在固体传递中衰减，所以其影响比空气传声更大。楼板层隔声主要针对的是固体传声。

（3）隔声楼地面的构造

隔绝固体传声对下层空间的影响，主要有楼板面铺设弹性面层、设置弹性垫层及楼板下设置吊顶三种做法。

楼板面铺设弹性面层

此种构造做法，是通过在楼板面铺设地毯、橡胶、塑料等材料，来减弱撞击楼板时所产生的震动及产生的噪声。钢筋混凝土空心楼板不做隔声处理通过的噪声为 80～85dB，钢筋混凝土槽板、密肋楼板不做隔声处理，通过的噪声在 85dB 以上，若在钢筋混凝土楼板上铺设地毯，则噪声通过量可控制在 75dB 以内，是几种方式中较为简单、隔声效果较好且美观的做法。

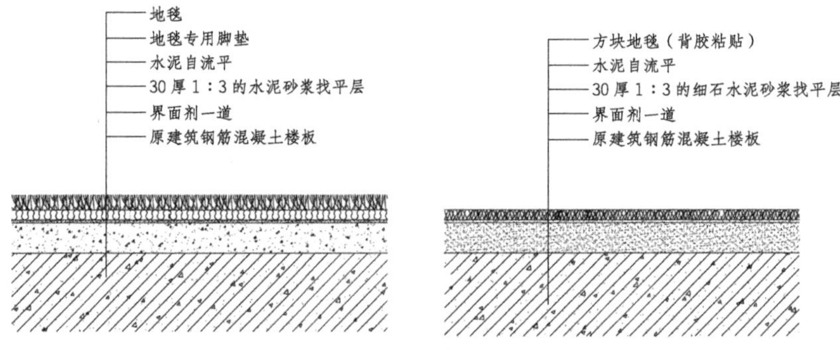

↑楼地面弹性面层隔声构造示例

设置弹性垫层

设置片状、条状或块状的弹性垫层，其上在做面层，即可形成浮筑式楼板。此类楼板可通过弹性垫层减弱固体传声，以达到隔绝噪声的目的。此种构造增加的造价不多，效果也较好，但施工麻烦，所以很少采用。

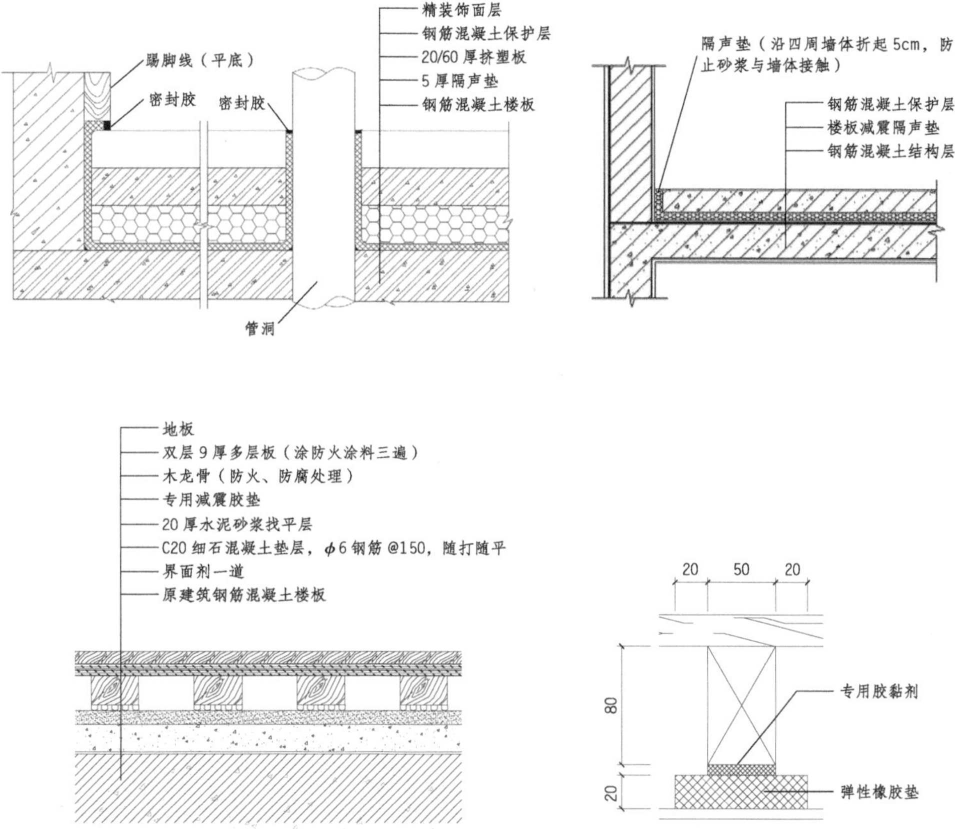

↑弹性垫层隔声构造示例

楼板下设置吊顶

结合空间内的使用和美观需求，在楼板下设置吊顶，即可阻止上层撞击楼板产生的震动传入下层空间，楼板与吊顶之间还可加入吸声材料来加强隔声效果。

3 活动夹层地板

(1) 活动夹层地板的特点

活动夹层地板，也叫作装配式地板或假地板，由各种规格型号和材质的面板块、桁条、可调支架等组合拼装而成。活动夹层地板与基层地面或楼面之间具有一定的架空空间，可敷设各种管线、满足静压送风等空调方面的要求，且具有重量轻，强度大，表面平整，尺寸稳定，可随意开启检查、迁移，装饰效果佳等特点，以及防火、防虫鼠侵害、耐腐蚀等性能。

(2) 活动夹层地板的构造

活动夹层地板构造简单，典型板块的尺寸为 457mm×457mm、600mm×600mm、762mm×762mm。支架有拆装式支架、固定式支架、卡索格栅式支架及刚性龙骨支架四种。

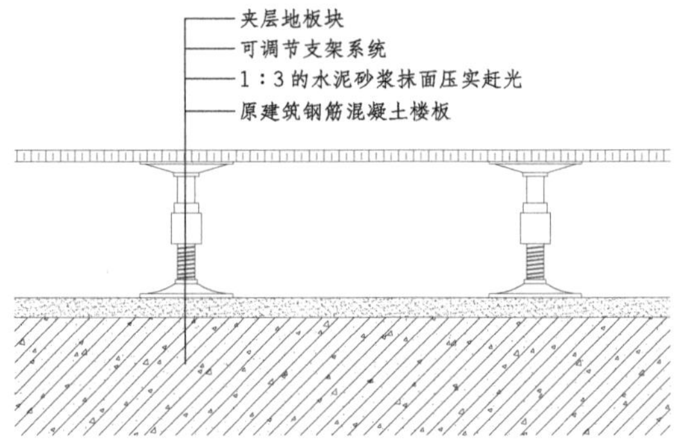

↑活动夹层地板的构造

拆装式支架

· 适用于小面积房间
· 从基层到装饰地面的厚度可在50mm内调节，并且可以连接电器插座

固定式支架

· 此类支架无龙骨，每块地板直接固定在支撑盘上
· 适用于普通荷载的办公室、非计算机房等房间

卡索格栅式支架

· 此类支架将龙骨卡锁在支撑盘上，便于任意拆装

刚性龙骨支架

· 将1830mm的主龙骨跨在支撑盘上，用螺栓直接固定
· 一般可用于陈放较大设备的房间

小贴士

活动夹层地板安装注意事项

①当活动夹层地板板块的数量不符合模数时，不足部分可根据实际尺寸将板块切割后进行镶补，并配装相应的可调支架和横梁，板块切割边应处理后安装。

②活动夹层地板在门口处或洞口处应符合设置构造要求，四周侧边应用耐磨硬质板材封闭或用不锈钢板包裹。

4 地暖楼地面

（1）地暖楼地面的特点

地暖是地板辐射采暖的简称，是将温度不高于60℃的热水或发热电缆，暗埋在地热地板下的盘管系统内加热整个地面，通过地面均匀地向室内辐射散热的一种采暖方式，具有散热均匀、舒适、环保、节能等诸多优点。下面主要讲解以低温热水地面辐射供暖的地暖楼地面。

（2）地暖楼地面的构造

绝热层

● 位置：找平层之上。

● 要求：热导率低、难燃或不燃，具有足够的承载力，且不含有殖菌源，不能有散发异味和可能危害健康的挥发物。

● 用材：一般采用聚苯乙烯泡沫板，厚度为 20 ～40mm。

● 做法：若地面不需做找平层，可直接将保温板平铺在楼板上；若需找平，则铺设在找平层上。要求平整、板块间接缝严密，下部无空鼓及突起。保温板与墙壁之间应留出伸缩缝，可使用 20mm 厚的泡沫塑料板条。保温板上继续铺设一层反射膜（铝箔纸），要求铺设平整，不应有任何凹凸，并完全覆盖住保温板。由于聚苯乙烯塑料泡沫板的表面强度较差，施工时，通常还会在其表面加一层金属丝网，用来固定加热管。金属丝网的规格为 1m×2m，间距为100mm×100mm。

填充层及面层

● 位置：绝热层之上。

● 要求：细石混凝土的搅拌、运输、浇筑、振捣和养护等一系列的施工要求应符合现行国家标准《混凝土结构工程施工质量验收规范》(GB 50204—2002)。

● 用材：强度等级为 C15 的细石混凝土，厚度为 50mm 左右，稀释平均粒径不大于12mm。

● 做法：将配置好的细石混凝土平摊在绝热层上，并用木模进行拍实，严禁使用振荡器，混凝土填充后必须盖住盘管，避免铁锹等尖锐硬物对地暖盘管造成损伤。施工完毕后，进行养护，养护期不能少于21d。

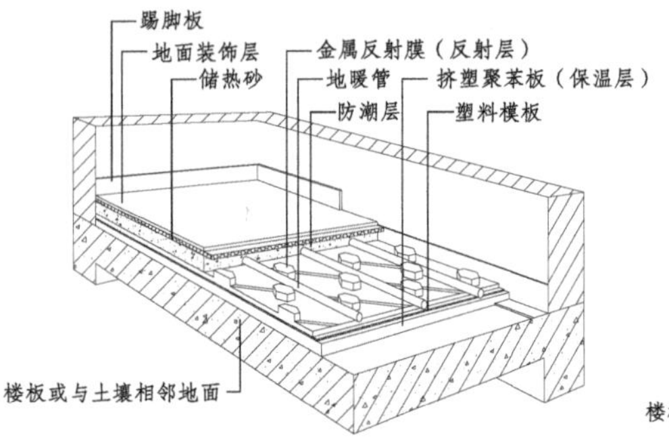

踢脚板
地面装饰层
储热砂
金属反射膜（反射层）
地暖管
挤塑聚苯板（保温层）
防潮层
塑料模板
楼板或与土壤相邻地面

（a）蓄热干式水暖

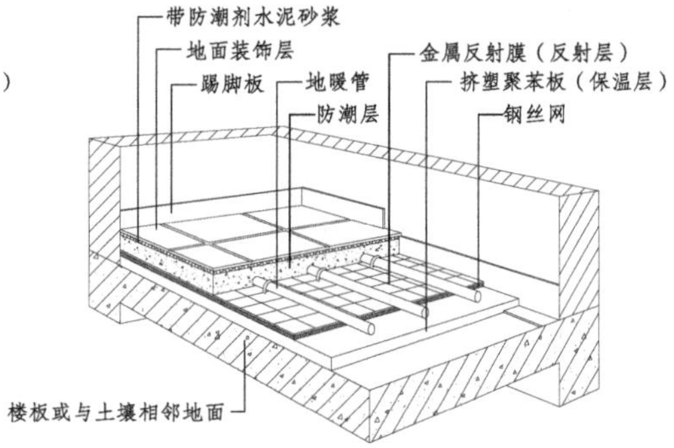

带防潮剂水泥砂浆
地面装饰层
踢脚板
地暖管
金属反射膜（反射层）
挤塑聚苯板（保温层）
防潮层
钢丝网
楼板或与土壤相邻地面

（b）混凝土湿式水暖

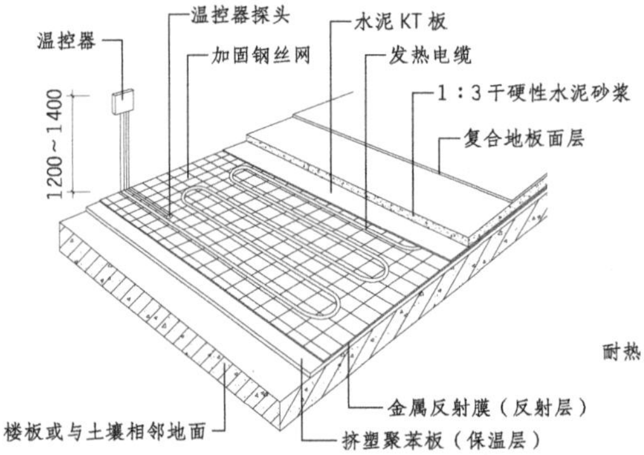

温控器
温控器探头
加固钢丝网
水泥 KT 板
发热电缆
1：3 干硬性水泥砂浆
复合地板面层
1200～1400
楼板或与土壤相邻地面
金属反射膜（反射层）
挤塑聚苯板（保温层）

（c）复合地板下铺设电暖

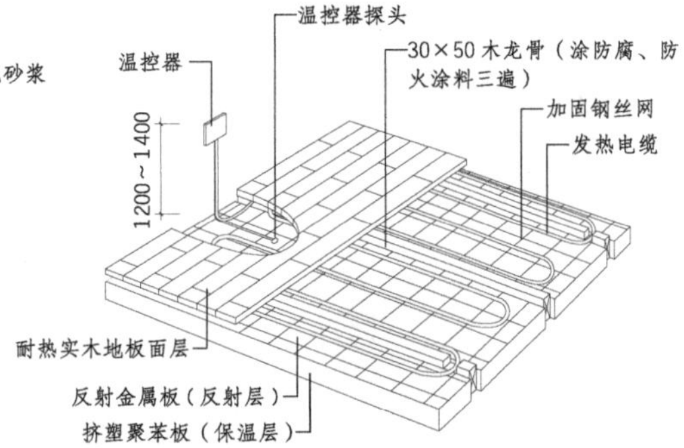

温控器
温控器探头
30×50 木龙骨（涂防腐、防火涂料三遍）
加固钢丝网
发热电缆
1200～1400
耐热实木地板面层
反射金属板（反射层）
挤塑聚苯板（保温层）

（d）实木地板下铺设电暖

↑地面楼地面的构造

小贴士

伸缩缝的设置

为了防止混凝土层因热胀冷缩而受破坏，因此设置伸缩缝。伸缩缝从绝缘层上边缘到填充层上边缘。当供热面积超过30m²或边长超过6m时，填充层应设置间距不大于6m的伸缩缝，伸缩缝宽度不小于8mm，缝隙中填充弹性膨胀材料。且与墙、柱等部位的交接处，应填充厚度不小于10mm的弹性膨胀材料。

思考与巩固

1. 特种楼地面包含哪些种类？分别有什么特点？
2. 活动地板共有几种类型的支架？各自的特点是什么？
3. 地暖楼地面共有几层结构？每层用料是什么？

第三章 墙体装饰构造

墙体是建筑物的重要组成部分，它的形态是垂直的，属于室内空间中的侧界面。墙面的装饰构造对整个空间的影响是巨大的，不同的墙面有不同的使用和装饰要求，从装饰工程的意义上来说，应根据不同的使用和装饰要求，选择不同的构造方法、材料和施工工艺。

扫码下载本章课件

一、墙体饰面的功能与分类

学习目标	本小节重点讲解墙体饰面的功能与分类。
学习重点	了解室内界面的范围、功能特点及设计和施工要求等知识。

1 墙体饰面的作用及构造层次

（1）墙体饰面的作用

美化、改善环境条件

通过设计，可以将墙体上装饰面层的色彩、造型、材质、尺寸等元素巧妙地结合在一起，改变原有建筑的环境，从视觉、触觉和感觉上，使人感觉到美。成功的墙面饰面，不仅能给人艺术方面的享受，还能够在意识和情感等方面给予强烈的冲击，使人的精神得到升华

满足房屋的使用功能要求

通过对建筑物室内墙面的装饰、装修，可以改善室内的卫生条件，并增强室内的采光性、保温性、隔热性和隔声性。在墙面上设置的一些设备，如散热器、电器开关插座、卫生洁具等，可以改变建筑的原有面貌，更加美观和易于使用；合理的墙面布局可使室内空间显得更宽敞；通过装饰层上的合理设计，能够提高墙体的保温、隔热能力，需要吸声的房间，则可通过饰面吸声来控制噪声

保护作用

建筑物内的构配件若直接暴露在大气中，可能会变得疏松、炭化；钢铁制品会因为氧化而锈蚀；构配件可能因为温度变化引起的热胀冷缩而导致节点被拉裂，影响牢固与安全。而对界面进行饰面装饰、装修处理后，建筑构配件被掩盖起来，能够增强其对外界不利因素的抵抗能力，避免直接受到外力的磨损、碰撞和破坏，进而提高其使用寿命

（2）墙体饰面的构造层次

基层

- 作用：支托面层。
- 要求：坚实、平整、牢固。
- 结构：可以使用原建筑构件，也可以因装修、装饰需要重新制作。分为实体基层和骨架基层两种类型。

面层

- 作用：覆盖结构层并具有美观作用。
- 要求：美观、无瑕疵。
- 结构：根据使用材料的不同，具有不同的做法。

2 墙体饰面的分类

（1）按照材料分类

墙体饰面按照材料分类，包括涂料饰面、石材饰面、木质饰面、金属饰面、玻璃饰面、布艺饰面等类型。

（2）按照构造技术分类

墙体饰面按照构造技术分类，可分为抹灰类、贴面类、涂料类、镶板类、裱糊类、幕墙类及其他类七种类型。每一类构造虽然涵盖多种饰面材料，但在构造技术上，特别是基层处理上却有很大相似之处。

↑抹灰类

↑贴面类

↑涂料类

↑镶板类

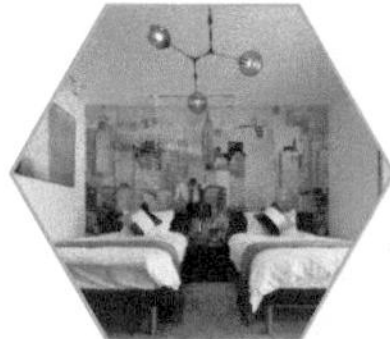

↑裱糊类

↑幕墙类

↑其他类

思考与巩固

1. 墙体饰面有什么作用？
2. 墙体饰面的构造可分为几层？每层的作用分别是什么？
3. 按照构造技术分类，墙体饰面可分为几种类型？

二、抹灰类墙体饰面的构造

学习目标	本小节重点讲解抹灰类墙体饰面。
学习重点	了解一般饰面抹灰、装饰抹灰饰面和石碴类饰面的分类、特点及构造。

1 一般饰面抹灰

一般饰面抹灰是指采用石灰砂浆、混合砂浆、聚合物水泥砂浆、麻刀灰、纸筋灰等材料，对建筑物内墙的面层进行抹灰和石膏浆罩面。

（1）一般饰面抹灰的标准分类

按照室内建筑标准及墙体类型的不同，可以分为三种类型。

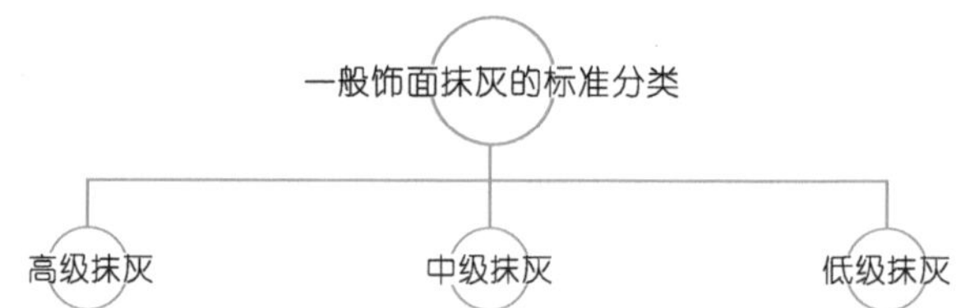

高级抹灰

- 适用：大型公共建筑物及有特殊要求的高级建筑物。
- 结构：一层底灰、数层中灰、一层面灰。

中级抹灰

- 适用：一般住宅、公共和工业建筑。
- 结构：一层底灰、一层中灰、一层面灰或一层底灰、一层面灰。

低级抹灰

- 适用：简易住宅、大型临时设施和非居住性房屋，以及建筑物的地下室、储藏室等。
- 结构：一层底灰、一层中灰、一层面灰或不分层一遍成活。

（2）一般饰面抹灰不同分层的构造

总体来说，一般饰面抹灰可分成面层、中层和底层三个层次。

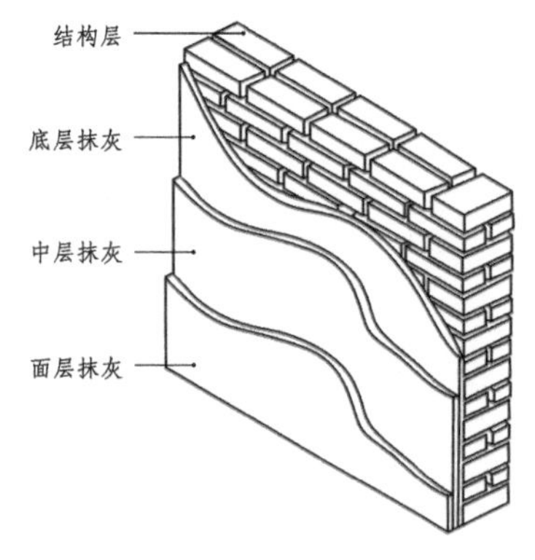

↑抹灰的分层

面层抹灰

● 作用：装饰，要求平整、均匀。

● 用料：各种砂浆或水泥石碴浆。

中层抹灰

● 作用：找平、弥补底层砂浆的干缩裂缝。

● 用料：通常与底层相同。

底层抹灰

● 作用：与基层黏结和初步找平。

● 用料：可使用石灰砂浆、水泥石灰混合砂浆或水泥砂浆，一般室内砖墙多采用 1 ：3 的石灰砂浆；需要做油漆墙面时，底灰可用 1 ：2 ：9 或 1 ：1 ：6 的混合砂浆；有防水、防潮要求时，应采用 1 ：3 的水泥砂浆；混凝土墙体一般采用混合砂浆或水泥砂浆；加气混凝土墙体可用石灰砂浆或混合砂浆

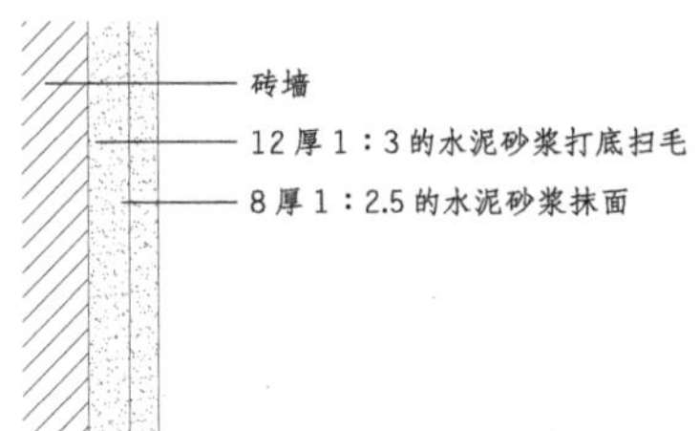

（a）砖墙体

混凝土墙

12 厚 1：3 的混凝土界面处理剂一道

8 厚 1：2.5 的水泥砂浆抹面

（b）混凝土墙体

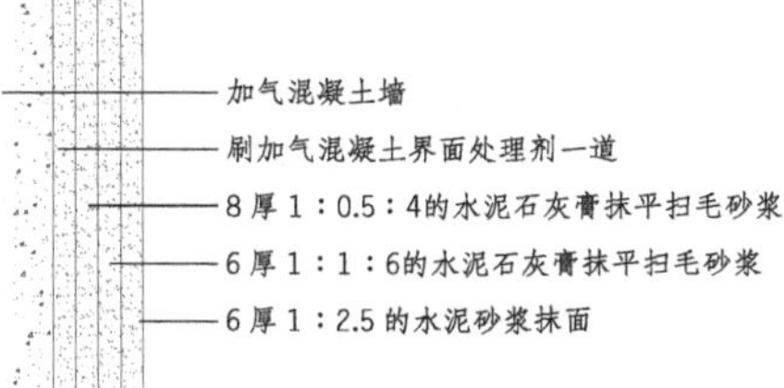

（c）加气混凝土墙体

↑墙体饰面抹灰的构造

（3）一般饰面抹灰的用材分类及构造

一般饰面抹灰所用的材料有：水泥砂浆、水泥混合砂浆、聚合物水泥砂浆、膨胀珍珠岩水泥砂浆、石灰砂浆、麻刀灰、纸筋灰、石膏灰等。总体来说，可分为两种类型。

水泥砂浆抹灰的构造

- 底层：素水泥浆一道，内掺水重 3% ～ 5% 的 107 胶。
- 中层：13mm 厚 1 ：3 的石灰砂浆打底。
- 面层：6mm 厚 1 ：2.5 的水泥砂浆。
- 用途：厨房、卫生间和潮湿房间的墙裙。

罩面灰的构造

罩面灰可分为纸筋灰、麻刀灰罩面；石膏灰罩面；水砂面层抹灰罩面和膨胀珍珠岩灰浆罩面四种类型。

纸筋灰、麻刀灰罩面

- 特点：表面平滑细腻，可以再喷刷大白浆的其他饰面材料
- 砖墙基层做法：用13mm厚的1：3的石灰砂浆打底，然后用2mm厚的纸筋灰或麻刀灰、玻璃丝罩面
- 混凝土基层做法：墙面需先刷素水泥浆，而后用13mm厚1：3：9的水泥石灰砂浆打底，底子灰分两边完成，最后用2mm厚的纸筋灰浆罩面
- 加气混凝土基层做法：抹灰前清理基层，浇水润湿，用13mm厚的石灰砂浆找平。再用3mm厚1：3：9的水泥石灰砂浆打底，最后抹2mm厚的纸筋灰或麻刀灰罩面

石膏灰罩面

- 特点：颜色洁白，表面细腻，不反光，还具有隔热保温、不燃、吸声、结硬后不收缩等性能
- 做法：先用13mm厚1：（2～3）的麻刀灰砂浆打底找平，共两遍。而后用石膏灰罩面，共三遍。第一遍1.5mm厚，随即进行第二遍，厚度为1mm厚，第三遍略添灰压光，厚0.5mm，三遍总厚度控制在2～3mm
- 注意事项：不适合涂抹在水泥砂浆或混合砂浆的底灰上，会因化学反应而使基层产生裂缝，致使面层产生裂缝、空鼓等现象

水砂面层抹灰罩面

- 特点：适用于较高级的住宅，表面光洁细腻、黏结牢固、耐久性强、防水性能好，表面涂刷涂料或油漆方便，且用料简单
- 做法：先用1：（2～3）的麻刀灰浆打底，然后用水砂抹面，材料的体积比为石膏灰：青砂=1：（3～4），厚度不易过厚，宜为3～4mm

膨胀珍珠岩灰浆罩面

- 特点：比纸筋灰罩面外观的密度小，黏附力好，不易龟裂，操作简便，造价降低50%以上，工效可提高1倍左右，适用于对保温、隔热要求较高的内墙
- 做法：配比方式有两种，一种是石灰膏：膨胀珍珠岩：纸筋灰：聚乙酸乙烯=100：10：10：0.3（松散体积比）；另一种是水泥：石灰膏：膨胀珍珠岩=100：（10～20）：（3～5）（质量比）。抹灰层的厚度越薄越好，通常为2mm左右

一般抹灰饰面的做法总结

抹灰名称	底层		面层		适用
	材料	厚度/mm	材料	厚度/mm	
混合砂浆抹灰	1：1：6 的混合砂浆	12	1：1：6 的混合砂浆	8	一般的砖、石墙
水泥砂浆抹灰	1：3 的水泥砂浆	14	1：2.5 的水泥砂浆	6	室内需要防潮的房间及卫浴内的墙裙
纸筋灰、麻刀灰	1：3 的石灰砂浆	13	纸筋灰或麻刀灰、玻璃丝罩面	2	一般的砖、石墙
石膏灰	1：(2～3) 的麻刀灰砂浆	13	石膏灰罩面	2～3	高级装修的室内顶棚和墙面抹灰的罩面
水砂面层抹灰	1：(2～3) 的麻刀灰砂浆	13	1：(3～4) 的水砂抹面	3～4	较高级住宅或办公楼房的内墙抹灰
膨胀珍珠岩灰浆	1：(2～3) 的麻刀灰砂浆	13	水泥：石灰膏：膨胀珍珠岩 =100：(10～20)：(3～5)	2	保温、隔热要求较高的建筑内墙抹灰

2 装饰抹灰饰面

装饰抹灰是通过水泥砂浆的着色或水泥砂浆表面形态的艺术加工，获得一定色彩、线条、纹理质感，以达到装饰的目的。装饰抹灰饰面包括弹涂饰面，拉毛、甩毛、喷毛及搓毛饰面，拉条抹灰、扫毛抹灰饰面，以及假面砖饰面。

（1）弹涂饰面

弹涂饰面是通过弹涂施工的一种抹灰饰面方法，表面可形成 3 ~ 5mm 的扁圆形花点，显示类似于钻石的效果。

弹涂饰面的构造

- 底层：聚合物水泥色浆一道。
- 中层：用弹涂器分几遍将不同色彩的聚合物水泥浆弹在底层的涂层上。
- 面层：喷涂甲基硅树脂或聚乙烯醇缩丁醛溶液（可使表面的质感更好）。

弹涂饰面用料

主要用料为白水泥和色料。刷涂层和弹涂层的颜色及颜色料用量可根据设计要求与样板而定。

（2）拉毛、甩毛、喷毛及搓毛饰面

拉毛、甩毛、喷毛及搓毛饰面，表面均具有凹凸不平的毛尖，但构造做法略有区别。

↑拉毛饰面

↑甩毛饰面

↑喷毛饰面

↑搓毛饰面

拉毛饰面的构造

- 分类：大体可分为小拉毛和大拉毛两种。
- 用料：一般采用普通水泥掺适量的灰石膏素浆或适量沙子的砂浆，小拉毛掺入水泥量 5% ~12% 的灰石膏，大拉毛掺入水泥量 20% ~25% 的灰石膏，再掺入适量沙子，以避免龟裂。或者，还掺入少量纸筋灰也能提高抗拉强度，减少开裂。打底子灰用 1 ：0.5 ：4 的水泥石灰砂浆，拉毛用 1 ：0.5 ：1 的水泥石灰砂浆。
- 做法：先抹底子灰，分两遍完成。而后刮一道素水泥浆，再用水泥石灰砂浆进行拉毛，抹灰的厚度根据拉毛的长度而定。饰面除了用水泥拉毛外，还可使用油漆拉毛，就是在油漆石膏表面，用板刷或辊筒拉出各种花纹。

甩毛饰面的构造

● 用料：水泥砂浆、水泥浆或水泥色浆，底子灰用 1 ：3 的水泥砂浆，刷毛用 1 ：1 的水泥砂浆或混合砂浆。

● 做法：抹厚度为 13 ～15mm 的底子灰，5 ～6 成干时，根据设计要求，刷一道水泥浆或水泥色浆，最后甩毛，砂浆中也可加入适量的颜料调色。

喷毛饰面的构造

● 用料：水泥石灰膏混合砂浆。

● 做法：将 1 ：1 ：6 的水泥石灰膏混合砂浆，用挤压式砂浆泵或喷斗，将砂浆连续均匀地喷涂于墙体表面，形成饰面层。

搓毛饰面的构造

● 用料：水泥石灰砂浆，底子灰用 1 ：1 ：6 的水泥石灰砂浆，罩面搓毛同样使用 1 ：1 ：6 的水泥石灰砂浆。

● 做法：先抹底子灰，而后搓毛。

（3）拉条抹灰饰面和扫毛抹灰饰面

拉条抹灰饰面和扫毛抹灰饰面的基层处理及底层刮糙均与一般抹灰相同。不同的是面层的处理方式。

拉条抹灰饰面的构造

● 用料：水泥、细黄沙纸筋灰混合砂浆，体积比为：水泥 ：细黄沙 ：纸筋灰 = 1 ：2.5 ：0.5。

● 做法：在底灰上，用水泥、细黄沙纸筋灰混合砂浆抹面，厚度一般在 12mm 之内。面层砂浆稍收水后，用拉条模沿导轨直尺从上往下拉线条成型。拉条饰面上，还可喷涂涂料。

● 适用：拉条抹灰饰面立体感强，线条清晰，可改善大空间墙面的音响效果，一般适合用于公共建筑的门厅、影剧院等建筑的墙面饰面。

扫毛抹灰饰面的构造

● 用料：水泥、石灰膏和黄沙混合砂浆，砂浆的体积比为水泥 ：石灰膏 ：黄沙 = 1 ：0.3 ：4。

● 做法：面层粉刷采用 10mm 厚的混合砂浆。待面层稍收水后，按照设计要求，用竹丝扫帚扫出条纹，面层上可喷刷涂料。

● 适用：扫毛抹灰饰面效果清新自然、操作简单，可用于一般建筑内墙的局部装饰。

（4）假面砖饰面

● 用料：掺入氧化黄铁、氧化红铁等颜料的水泥砂浆，砂浆的常用质量比为水泥：石灰膏：氧化铁红（氧化铁黄）：沙子=100：20：（6～8）：2：150，水泥与颜料应事先混合均匀。

● 做法：底灰上抹厚3mm的1：1的水泥砂浆垫层，然后涂抹厚度为3～4mm的面层砂浆，涂完砂浆完成后，用铁梳子顺着靠尺板由上向下划纹，然后按照面砖的宽度，用铁钩子沿着靠尺板横向划沟，深度为3～4mm，露出垫层砂浆即可。

● 适用：假面砖饰面沟纹清晰、表面平整、色泽均匀，可以以假乱真，可用于一般建筑内墙的局部装饰。

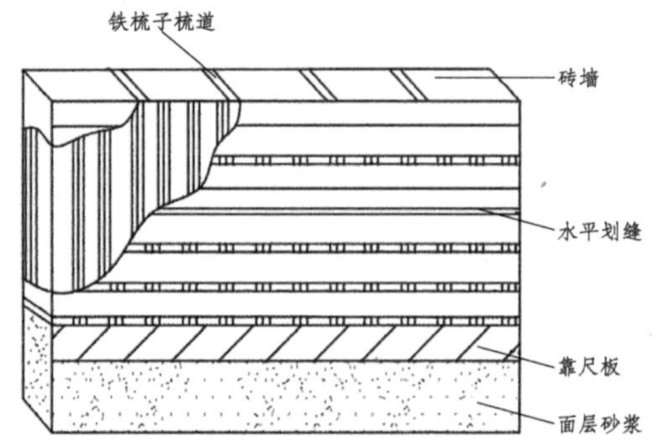

↑ 假面砖饰面的构造

装饰抹灰饰面的做法总结					
抹灰名称	底层		面层		适用
	材料	厚度/mm	材料	厚度/mm	
拉毛饰面	1：0.5：6 的水泥石灰砂浆打底，干至 6～7 成时，刷素水泥浆一道	13	1：0.5：6 的水泥石灰砂浆拉毛	视拉毛长度而定	对音响要求较高的建筑内墙
甩毛饰面	1：3 的水泥砂浆	13～15	1：1 的水泥砂浆或混合砂浆		对音响要求较高的建筑内墙
喷毛饰面	1：1：6的水泥砂浆	12	1：1：6的水泥石膏混合砂浆		一般性内墙

续表

装饰抹灰饰面的做法总结					
抹灰名称	底层		面层		适用
	材料	厚度/mm	材料	厚度/mm	
拉条抹灰饰面	底层处理同一般抹灰		1：2.5：0.5的水泥、细黄沙、纸筋灰混合砂浆	＜12	公共建筑门厅、影剧院内墙
扫毛抹灰饰面	底层同一般抹灰	10	面层材料同拉条抹灰	10	一般建筑内墙局部装饰
假石砖饰面	（1）1：3的水泥砂浆打底 （2）1：1的水泥砂浆垫层	12 3	水泥：石灰膏：氧化铁红（氧化铁黄）：沙子=100 ：20 ：（6～8）：2：150	3～4	一般建筑内墙局部装饰

3 石碴类饰面

石碴俗称米石，由天然的大理石、花岗石以及其他天然石材经破碎而成。常用的规格有小八厘（粒径为 4mm)、中八厘（粒径为 6mm)、大八厘（粒径为 8mm)。石碴类墙体饰面是将以水泥为胶结材料、石碴为骨料的水泥石碴浆涂抹在墙体基层表面，通过水洗、剁斧、水磨等方法去除表面的水泥浆皮，露出石碴颜色和质感的饰面做法。石碴类饰面的基本构造与抹灰类饰面的基本构造相同，总体来说，由底层、中间层、黏结层、面层等几个层次组成，不同类型略有一些增减或变化。常用的石碴饰面有假石饰面、水刷石饰面、干粘石饰面等类型。

（1）假石饰面

假石饰面以水泥和白石屑等材料为原料，分为拉假石和斩假石两类。施工时，将原料抹在建筑物的表面，等待至半凝固后，用斧子斩或使用拉耙拉，制作出类似剁斧石材板的质感。

拉假石饰面

● 特点：有类似斩假石的质感，但是石碴外露的程度不如斩假石。它比斩假石施工更简单，功效更高一些，适合用于中低档建筑的墙面饰面。

● 用料：水泥石碴浆常用质量比为水泥：石英砂（或白云石屑）=1 ： 1.25。

● 做法：先用 10 ～ 15mm 厚 1 ： 3 的水泥砂浆打底；底层干燥至 70% 时，在其上满刮 1mm

厚素水泥浆一道；随后涂抹一层 8 ～ 10mm 厚的水泥石碴浆罩面。凝固后，用拉耙依着靠尺按同一方向挠刮，除去表面的水泥浆，露出石碴。拉纹深度一般以 1 ～ 2mm 为宜，宽度一般以 3 ～ 3.5mm 为宜。

斩假石饰面

● 特点：又称剁斧石，表面效果类似石材的纹理。质朴素雅、美观大方，有真石的质感，装饰效果好。但纯手工操作，功效低、劳动强度大，因此价格较高，适合高档建筑。

● 用料：水泥石碴浆 [水泥 ：石碴 =1 ： 1.25 (质量比)] 或水泥石屑浆 [水泥 ：白石屑 = 1 ： 1.5 (质量比)]，石屑的直径为 0.5 ～ 1.5mm，石碴为直径 2mm 的米粒石，石碴使用时需掺入 30% 直径为 0.5 ～ 1.5mm 的石屑。为了模仿不同天然石材的质感，也可以在配比中加入各种配色骨料或颜料。

● 做法：先用 10 ～ 15mm 厚的 1:3 水泥砂浆打底；而后在其上满刮 1mm 厚素水泥浆一道，表面划毛；随后涂抹一层 10mm 厚的水泥石碴浆（或水泥石屑浆）罩面。饰面的棱角及分格缝周边宜留 15 ～ 30mm 宽不剁，以使斩假石看上去极似天然石材的粗糙效果。

● 纹样：斩假石面层可以根据设计的意图斩琢成不同的纹样，常见的有棱点剁斧、花锤剁斧、立纹剁斧等几种效果。

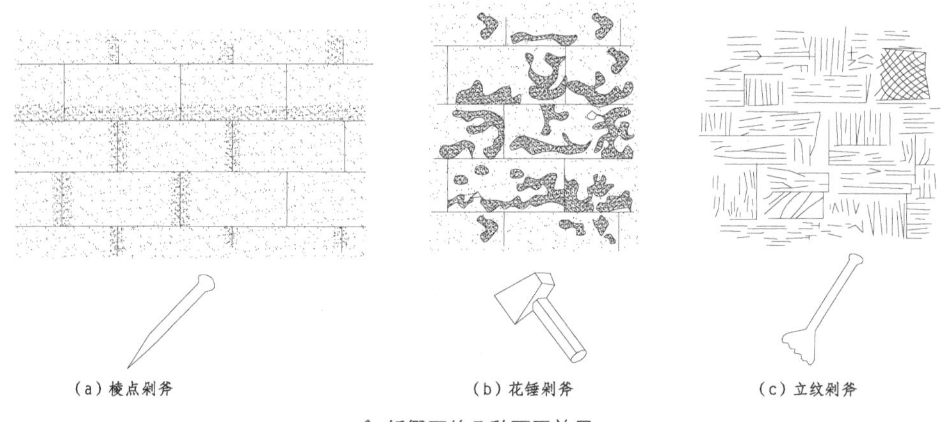

(a) 棱点剁斧　(b) 花锤剁斧　(c) 立纹剁斧

↑ 斩假石的几种不同效果

(2) 水刷石饰面

● 特点：水刷石饰面具有朴实淡雅的装饰效果，经久耐用，应用广泛。

● 用料：打底砂浆、素水泥浆和水泥石碴浆。打底砂浆的质量比为 1 ： 3。水泥石碴浆的配比应根据石子径粒的大小进行调整，采用大八厘石子时，水泥 ：石子 =1 ： 1.25（质量比）；采用小八厘石子时，水泥 ：石子 =1 ： 1.5（质量比）。配料时，可使用不同颜色的石屑和玻璃屑来调整色彩的层次并丰富质感，但掺入量不宜超过 10%。为了降低普通水泥中的灰色调，还可在水泥石碴浆中加入一些石灰膏，但用量不能超过水泥量的 50%。

● 做法：先用打底砂浆打底并划毛，厚度为 15mm。紧接着薄刮一层厚度为 1 ～ 2mm 的素水泥浆，然后涂抹水泥石碴浆，待水泥浆初凝后，以毛刷蘸水刷洗或用喷枪以一定水压冲刷表层水泥浆皮，使石碴半露出来。

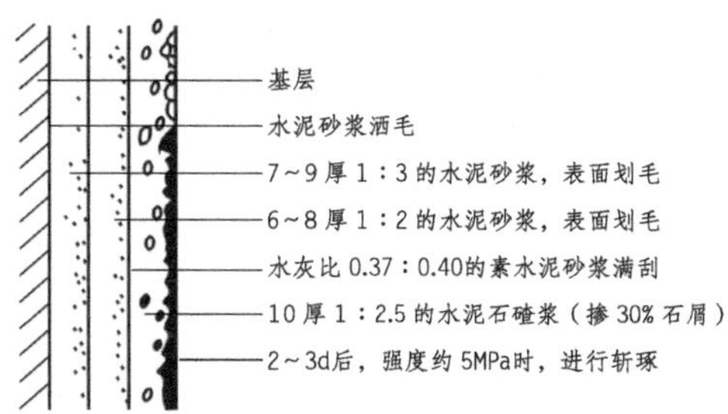

↑ 斩假石饰面分层构造示意图

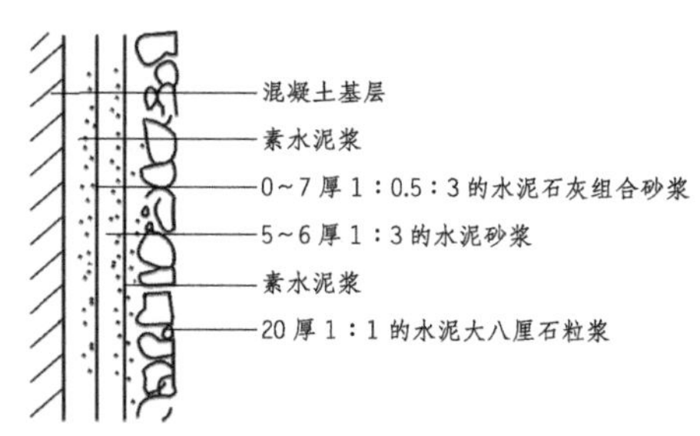

↑ 水刷石饰面分层构造示意图

（3）干粘石饰面

干粘是把石碴、彩色石子等骨料通过粘、甩、喷等方式，固定在水泥石灰浆或聚合物水泥砂浆黏结层上的一种饰面方式，包括五种类型。

干粘石饰面

● 特点：又称甩石子，干粘石饰面效果与水刷石饰面类似，但与水刷石饰面相比可节约水泥用量30%～40%，节约石碴50%，提高功效30%左右，被广泛地用在民用建筑中

● 用料：小八厘石碴或中八厘石碴和黏结砂浆，黏结砂浆的质量比为：水泥：沙子：107胶=100：（100～150）：（5～15）或水泥：石灰膏：沙子：107胶=100：50：200：（5～15），若在冬季施工，需采用前一种配比方式，为了提高抗冻性和防止析白，还应加入水泥量2%的氯化钙和0.3%的木质素磺酸钙。

● 做法：将黏结砂浆涂抹在基层上，将石碴用拍子甩到黏结砂浆上，压实拍平。石粒的2/3应压入黏结层内，要求石子粘牢，不掉粒并且不露浆。

干粘喷洗石饰面

● 特点：此种饰面既有水刷石饰面黏结牢固、石粒密实、表面平整、不易积灰、经久耐用的优点，又有干粘石饰面质地朴实、美观大方、成本低的优点，广泛地被用在民用建筑中。

● 用料：同干粘石。

● 做法：将黏结砂浆涂抹在基层上，将石碴用拍子甩到黏结砂浆上，压实拍平，半凝固后，用喷枪洗去表面的水泥浆，使石子半露。

喷粘石饰面

● 特点：效果与干粘石类似，但功效更快、工期短。

● 用料：石碴和黏结砂浆，黏结砂浆的质量比为：水泥：沙子：107 胶 =100 ：50 ：（10 ~ 15）或水泥：石灰膏：沙子：107 胶 =100 ：50 ：100 ：（10 ~ 15）。

● 做法：在干粘石饰面做法的基础上，改用喷斗喷射石碴代替用手甩石碴。

喷石屑饰面

● 特点：是喷粘石饰面与干粘石饰面做法的发展，功效快、工期短。

● 用料：石屑（直径比石碴小）和黏结砂浆，饰面颜色浅淡、明亮的高级工程应使用白水泥，黏结砂浆的质量比为：白水泥：石粉：107 胶：木质素磺酸钙：甲基硅醇钠 =100 ：（100 ~ 150）：（7 ~ 15）：0.3 ：（4 ~ 6），甲基硅醇钠需要先用硫酸铝中和至 pH 值为 8，砂浆稠度 12mm 左右；一般工程的黏结砂浆使用普通水泥即可，砂浆的质量比为：普通水泥：沙子：107 胶 =100 ：150 ：（5 ~ 15）。

● 做法：喷石屑饰面的黏结层厚度为干粘石饰面及喷粘石饰面的 2/3 ~1 即可（2 ~3mm），具体构造为在基层上抹水泥砂浆，然后喷或涂刷 107 胶，最后喷抹黏结砂浆。

彩瓷粒饰面

彩瓷粒饰面是使用人工烧制的彩色瓷粒代替石碴的一种饰面方式，瓷粒的径粒较小，为 1.2 ~ 3mm，因此施工时，饰面层应减薄，其构造可参考干粘石，不同的是，表面需涂聚乙烯醇缩丁醛等保护层。

石碴类饰面的做法总结

名称	底层		面层		适用
	材料	厚度/mm	材料	厚度/mm	
斩假石饰面	1：3的水泥砂浆刮素水泥一道	15	1：1.25 的水泥石碴浆	10	公共建筑的重点装饰部位
拉假石饰面	1：3的水泥砂浆刮素水泥一道	15	1：2 的水泥石屑浆	8~10	低档公共建筑的局部装饰
水刷石饰面	1：3的水泥砂浆	15	1：（1 ~1.5）的水泥石碴浆	石碴粒径的 2.5 倍	重点部位装饰

续表

石碴类饰面的做法总结					
名称	底层		面层		适用
	材料	厚度/mm	材料	厚度/mm	
干粘石饰面	1：3的水泥砂浆	7～8	水泥：石灰膏：沙子：107胶=100：50：200：(5～15)	4～5	民用建筑

4 抹灰类饰面的细部处理及饰面缺陷改进措施

大面积的抹灰面，会因为材料的干缩或冷缩而开裂，进而使饰面出现开裂、起壳、脱落等现象；因为手工操作、材料调配以及气候等原因，还容易出现色泽不均、表面不平的问题。

为了避免这些问题，抹灰时，要求基层具有足够的强度。同时，还可对其进行分块和设缝处理。分块的大小应与里面处理相结合，缝隙的宽度应根据整体的比例和表面所用材料的质地而具体设定，但总体来说，缝隙不宜过宽或过窄，一般 20mm 左右比较适宜。抹灰缝有凸线、凹线和嵌线三种方式。

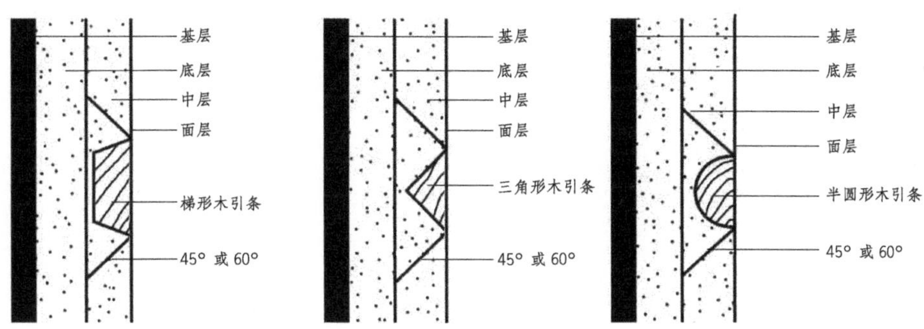

↑ *抹灰面引条线的形式*

思考与巩固

1. 不同类型的墙体，一般性抹灰的构造分别是什么？

2. 装饰性抹灰共有几种类型？构造分别是什么？

3. 石碴类饰面共有几种类型？构造分别是什么？

三、贴面类墙体饰面构造

学习目标	本小节重点讲解贴面类墙体饰面构造。
学习重点	了解面砖和瓷砖、陶瓷锦砖和玻璃锦砖、釉面砖、预制人造石及天然石材饰面的构造。

1 面砖、瓷砖贴面

面砖、瓷砖由一定尺度的预制陶瓷板块，多以陶土为原料，压制成型后经高温煅烧而制成。背面多有浅凹槽，便于增大粘接面积使其粘贴得更牢固。

（1）面砖、瓷砖的分类

面砖和瓷砖，按照面层材料可分为有釉面砖和无釉面砖两类；按表面光泽可分为抛光和不抛光两类。

（2）面砖、瓷砖饰面的构造

面砖、瓷砖有直接镶贴及采用连接件连接两种构造方式。

直接镶贴法

直接镶贴是采用黏结砂浆、界面剂胶或胶粉，将面砖、瓷砖粘贴在墙面基层上的方式。构造可分为基层、粘贴层和面层三部分。

基层为抹底层，也叫找平层

用料为1：3的水泥砂浆，厚度一共应不小于12mm。需分层涂抹，每层厚度宜为5～7mm，要求刮平、拍实、搓粗，需做到表面平整且粗糙

若遇到不同材质的基层，应在交接处钉钢板网，两边与基体的搭接应不小于100mm，用扒钉绷紧钉牢，钉间距应不大于400mm，然后抹底子灰

①砂浆粘贴：可用1：2.5的水泥砂浆或1：0.2：2的水泥石灰混合砂浆（水泥：白灰膏：砂），还可使用掺入107胶（水泥质量的5%～10%）的1：2.5的水泥砂浆。砂浆的厚度以不小于10mm为宜

②界面剂胶：采用1：1的水泥砂浆加入水质量20%的界面剂胶，涂抹在砖体背面，厚度为3～4mm。此种粘贴法要求基层灰必须抹得平整，沙子必须过筛再使用

③胶粉：调和胶粉粘贴面砖，厚度为2～3mm，要求基层灰必须平整

部分面砖、瓷砖在粘贴前需放入清水中浸泡2h以上

混凝土墙应提前3～4h润湿，以避免粘贴时吸走砂浆中的水分

面砖、瓷砖贴好后，应用1：1的白水泥或勾缝胶进行勾缝，待嵌缝材料硬化后再清洁表面

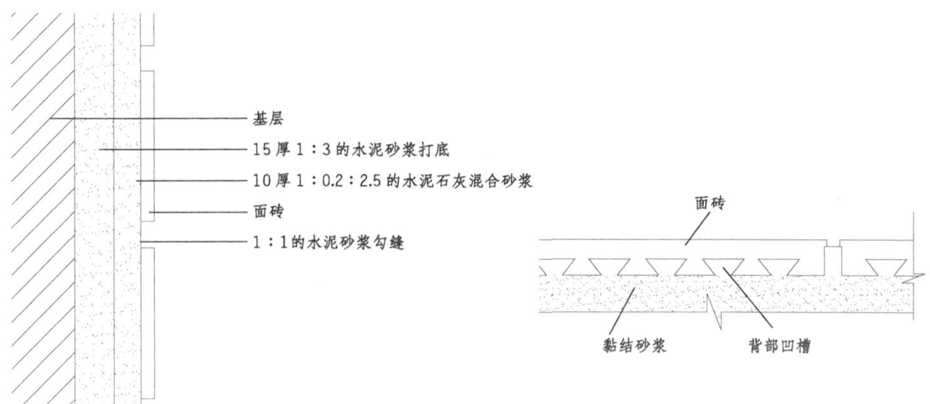

↑ 面砖、瓷砖饰面直接镶贴法构造示意图

面砖直接镶贴做法		
基层类型	分层做法	厚度 /mm
砖墙	①基层处理 ② 12mm 厚 1：3 的水泥砂浆打底、扫毛或划出纹道 ③ 8mm 厚 1：0.1：2.5的水泥石灰膏砂浆结合层 ④贴 5mm 厚釉面砖 ⑤白水泥勾缝	25
混凝土墙	①基层处理 ②刷一道 YJ-302 型混凝土处理剂（随刷随抹底灰） ③ 10mm 厚 1：3的水泥砂浆打底、扫毛或划出纹道 ④ 8mm 厚 1：0.1：2.5的水泥石灰膏砂浆结合层 ⑤贴 5mm 厚釉面砖 ⑥白水泥勾缝	25

连接件连接法

连接件连接有骨架式和直接与墙体连接两种方式。当墙体基层为强度较低的加气块隔墙或轻质隔墙板等墙体时，宜采用骨架式；当墙体基层的强度较高时，宜采用直接与墙体连接的方式。

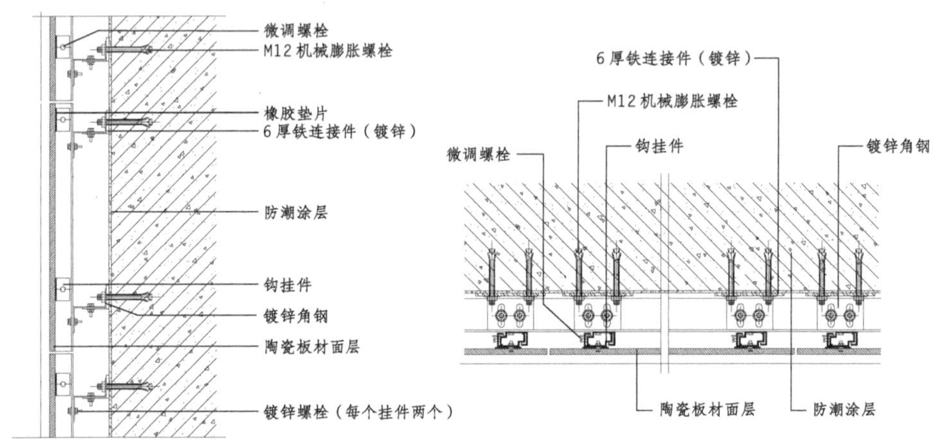

↑ 面砖骨架式连接构造示例

2 陶瓷锦砖和玻璃锦砖饰面

在块材式楼地面部分曾介绍过，锦砖也叫作马赛克，是一种小尺寸的砖。陶瓷锦砖和玻璃锦砖均属于锦砖，只是两者的制作材料不同。

（1）陶瓷锦砖

陶瓷锦砖的特点

陶瓷锦砖为瓷土烧制的小块瓷砖，质地坚硬、经久耐用，耐酸碱等性能极好。与面砖相比，造价低、面层薄、自重轻，且具有装饰效果美观、耐磨、不吸水、易清洗等优点。陶瓷锦砖有凸面和凹面两种类型，前者适合装饰墙面，后者适合装饰地面。

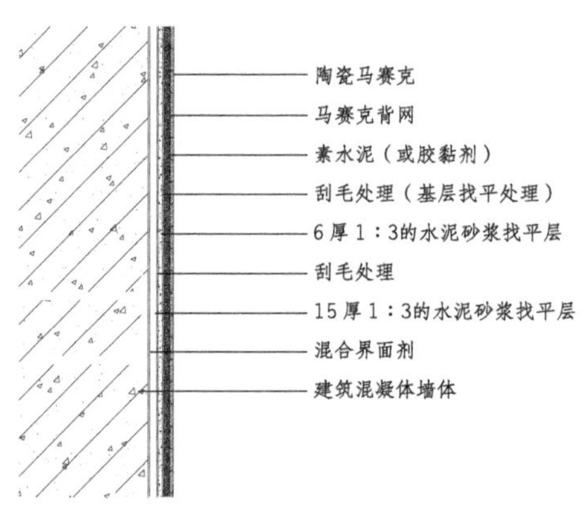

↑ 陶瓷锦砖构造示意图

陶瓷锦砖饰面的构造

● 底层：用厚 15mm、体积比为 1 ：3 的水泥砂浆做底层。

● 黏结层：传统做法为使用厚度为 2 ～3mm、配合质量比为纸筋：石灰膏：水泥 = 1 ：1 ：8 的水泥砂浆粘贴；近年来多采用掺入水泥量 5% ～10% 的 107 胶或聚乙酸乙烯乳胶的水泥浆粘贴。

● 面层：陶瓷锦砖镶贴完成后，应用 1：1 的水泥擦缝，可使其更美观，并保证黏结的牢固。

（2）玻璃锦砖

玻璃锦砖的特点

玻璃锦砖也就是玻璃马赛克，由片状、小块的玻璃制成。与陶瓷锦砖相比，色彩更为鲜艳，颜色更多样，表面更光滑、不易被污染，并具有透明感和极强的光泽感，能够装饰出清丽雅致的效果。玻璃锦砖的形状与陶瓷锦砖略有不同，其背面呈锅底形，并有沟槽，断面呈梯形等。这种结构增大了单块锦砖背面的黏结面积，并能够加强其与底层的黏结性。

玻璃锦砖饰面的构造

● 底层：用厚 15mm、体积比为 1 ：3 的水泥砂浆做底层并刮糙，一般分层抹平，两遍即可。若基层为混凝土墙板，涂抹底层前，应先刷一道素水泥浆，内掺水泥质量 5% 的 107 胶。

● 黏结层：3mm 厚 1 ：（1 ～1.5）的水泥砂浆，砂浆凝固前，开始粘贴玻璃锦砖。

● 面层：粘贴玻璃锦砖时，在其麻面上抹一层 2mm 厚的白水泥浆，然后纸面向外，把玻璃锦砖镶贴在黏结层上。为了让面层黏结得更牢固，应在白水泥素浆中掺入水泥质量 4% ～5% 的白胶和适量与面层颜色相同的矿物颜料，而后用同种水泥色浆擦缝。

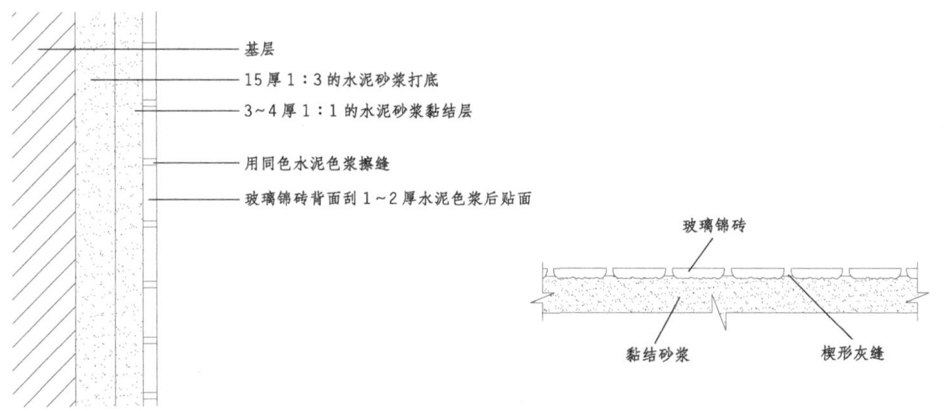

↑ 玻璃锦砖构造示意图

3 釉面砖饰面

(1)釉面砖的特点

釉面砖也叫作瓷砖、瓷片、釉面陶土砖等，釉面有白色和彩色两种，后者较为常用。釉面砖颜色稳定，不易褪色，效果美观，吸水率低，表面细腻光滑，不易积灰、积垢，便于清洁。除了装饰地面外，还可用来装饰墙面和水池。

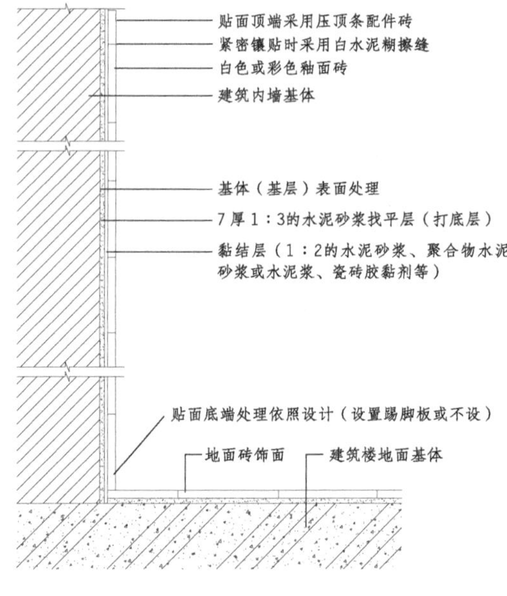

↑ 釉面砖构造示意图

(2)釉面砖饰面的构造

釉面砖与面砖和锦砖一样都属于刚性地材，结构同样分为底层、黏结层和面层三部分。

底层使用1：3的水泥砂浆；黏结砂浆用10～15mm厚1：0.3：3的水泥石灰膏混合砂浆，黏结砂浆也可使用掺入5%～7% 107胶的水泥素浆，厚度为2～3mm；面层为釉面砖，贴好后，需用白水泥擦缝。

4 预制人造石材饰面板饰面

预制人造石材饰面板饰面也叫作预制饰面，此类材料在工厂预制，现场仅进行安装。所有种类的预制板按照厚度都可分为薄板和厚板两类，厚度为40mm以下的称为板材，厚度为40mm以上的称为块材。预制人造石材饰面板具有制作工艺合理，可加工性强，不容易开裂，施工速度快等优点。按照制作材料来说，常用的有六种类型。

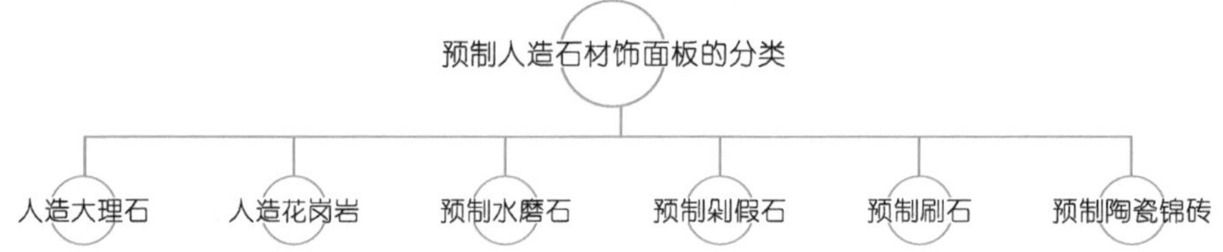

(1)人造大理石饰面板饰面

人造大理石饰面板简称人造大理石，纹理仿照天然大理石制成，根据用材和生产工艺可分为四类：聚酯型人造大理石、无机胶结材型人造大理石、复合型人造大理石和烧结型人造大理石。

聚酯型人造大理石饰面构造

● 施工方式：黏结。

● 黏结材料：水泥浆、聚酯砂和有机胶黏剂。其中有机胶黏剂是最理想的一种，其粘贴效果最好，如环氧树脂，但成本较高。为了降低成本并保证效果，可以使用不饱和聚酯树脂和中砂混合的胶黏剂，比例一般为 1 ：(4.5 ～5)。

● 施工做法：先用 1 ：3 的水泥砂浆打底，而后在板材背后涂抹黏结层，最后粘贴面层。

无机胶结材型人造大理石和复合型人造大理石饰面构造

无机胶结材型人造大理石和复合型人造大理石饰面的施工方式，应根据板材厚度确定。这两种人造大理石的板厚目前主要有厚板（ 8 ～12mm ）和薄板（ 4 ～6mm ）两种。

①厚板：镶贴厚板主要使用聚酯砂浆，其胶砂比一般为 1 ：(4.5 ～5.0)，固化剂的掺入量根据使用要求而定。但为了降低成本，目前多采用聚酯砂浆固定，同时辅以水泥胶砂粘贴。先用 1 ：3 的水泥砂浆打底，而后用聚酯砂浆固定板材四角和填满板材之间的缝隙，待砂浆固化并能起到固定拉紧作用后，再用胶砂进行灌浆。

②薄板：镶贴薄板使用 1：0.3：2 的水泥石灰混合砂浆或 10：0.5：2.6（ 水泥 ：107 胶 ：水 ）的 107 胶水泥浆。先用 1：3 的水泥砂浆打底，而后在板材背面涂抹胶黏剂，将其粘贴在基层上。

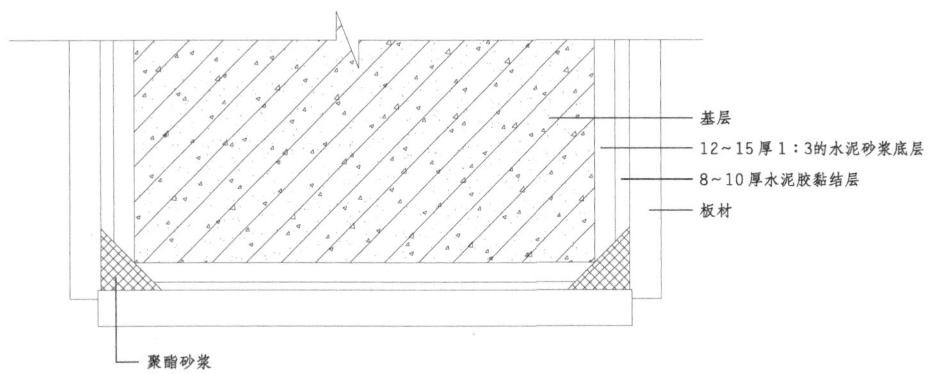

↑ 聚酯砂浆粘贴法构造示意图

烧结型人造大理石饰面构造

● 施工方式：黏结。

● 黏结材料：1 ：2 的细水泥砂浆。

● 施工做法：烧结型人造大理石的各方面均接近陶瓷制品，因此施工方式也与其类似。先用 1 ：3 的水泥砂浆打底，厚度为 12 ～ 15mm，而后将 2 ～ 3mm 厚的黏结砂浆涂抹在石板背面，粘贴在基层上，为了提高黏结强度，可在水泥砂浆中掺入水泥质量 5% 的 107 胶。

（2）其他类型预制饰面板饰面

其他几种预制人造石材，构造形式基本相同。尺寸为 400mm×400mm 以下或厚度在 10mm 以内的预制饰面板，一般可采用水泥砂浆或胶黏剂镶贴；尺寸大于 400mm×400mm 或厚度超过 40mm 的预制饰面板，一般安装采用金属网片、钢筋挂钩、膨胀螺栓等锚固后灌水泥砂浆的方法，也就是“湿挂法”（该尺寸范围内的人造大理石饰面板，同样应采用此种方式安装）。除此之外，还可以采用金属骨架与连接件及胶固定，也就是“干挂法”。具体做法可参考大理石的构造。

5 天然石材饰面板饰面

天然石材饰面板花色多样、纹理自然，具有天然美感，且质地坚硬、经久耐用、耐磨，但因为开采的限制及矿源等原因，价格较高，属于高档饰面板材。天然石材的面层处理方式较多，包括抛光、机刨、剁斧、凿面、拉道、烧毛、亚光等，面层处理方式不同，艺术效果也不同，可根据设计需要选择。

（1）天然石材饰面板的分类

用于室内饰面的天然石材主要为花岗岩、大理石和青石板等。

花岗岩板材

花岗岩俗称麻石，色彩多样，有黑色、灰色、红色、棕色等，花纹多为斑点状，属于硬石材。其抗压强度高，吸水率极小，抗冻性和耐磨性能均好，抵抗风化性能好，室内外均可适用。

对大理石板材的质量要求为：棱角方正，规格符合设计要求，颜色一致，无明显色差，无裂纹、隐伤和缺角等问题。

↑棕色系花岗岩

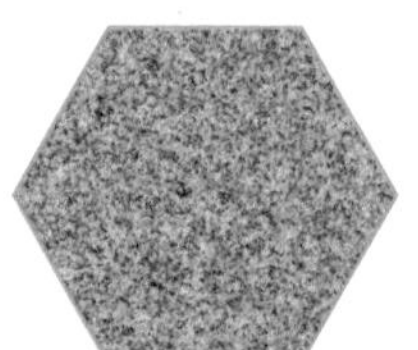

↑灰色系花岗岩

↑红色系花岗岩

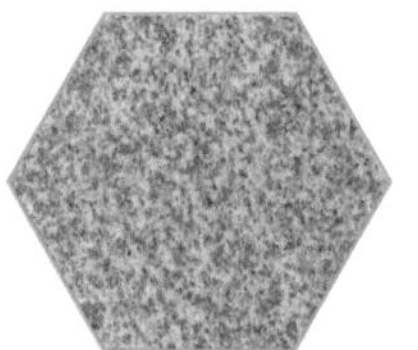

↑黄色系花岗岩

大理石板材

大理石花纹种类多样，色彩有灰色、绿色、黑色、米黄色、红色及白色等。其硬度中等，质地密实，可以锯切成薄板，通常会经过抛光后打蜡，制成表面光滑的饰面板材再使用。

对大理石板材的质量要求为：光洁度高、质地细密、无腐蚀斑点、棱角齐全、底面整齐、色泽美观、无明显色差。

↑灰色系大理石

↑棕色系大理石

↑米黄色系大理石

↑黑色系大理石

青石板饰面板

青石板是水成岩，质地软，较容易风化。有暗红色、棕色、灰色、绿色、蓝色及紫色等多种颜色。因其纹理和构造特点，使其多被加工成面积不大的薄板，且边缘不要求过于平直。它属于中低档建材，且加工方式便捷，因此造价低于其他天然石材。

青石板与花岗岩和大理石不同，其铺贴方法与贴墙砖类似。因其具有较高的吸水率，粘贴前需用水浸透。黏结砂浆可用水泥：细沙 =1：2的水泥砂浆(厚度为 5mm ）或者掺入 5%~7% 水泥量的 107 胶的聚合物水泥砂浆（厚度可适当降低）。

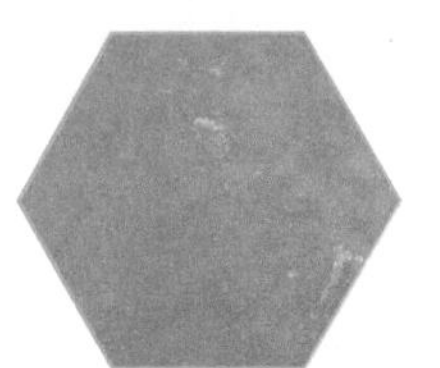

↑灰色系青石板

↑棕色系青石板

↑绿色系青石板

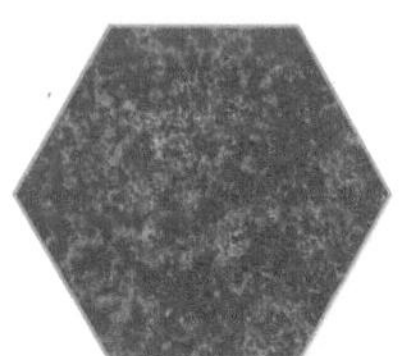

↑蓝色系青石板

（2）花岗岩和大理石的饰面构造

花岗岩和大理石的构造做法主要有四种：湿挂法（捆扎再灌浆）、聚酯砂浆固定法、树脂胶黏结法及干挂法。

湿挂法

- 施工方式：先捆扎或钩挂再灌浆。
- 构造做法：有两种做法，第一种是钢筋网挂贴法，即在墙面预埋铁件，将直径为 6mm 的钢筋焊接成钢筋网，钢筋同基层的预埋件焊接牢固。将加工成薄材的石材用铜丝将石材绑扎在钢筋网上，或者用金属扣件钩挂在金属网上，墙面与石材之间的距离一般为 30 ~ 50mm，在该缝隙中分层灌入 1 ： 2.5 的水泥砂浆，待初凝后再灌上一层。第二种是木楔固定法，即在墙面预埋木楔，用捆扎丝固定石板，而后用大木楔塞在石板和基层之间，再灌浆，或者墙体内直接预埋 U 形钢钉，石板用钢钉固定，中间的缝隙灌浆。
- 注意事项：若粘贴多层石材，则每层距离上口 80 ~100mm 时停止灌浆，留至上层时再灌，使上下连成整体。

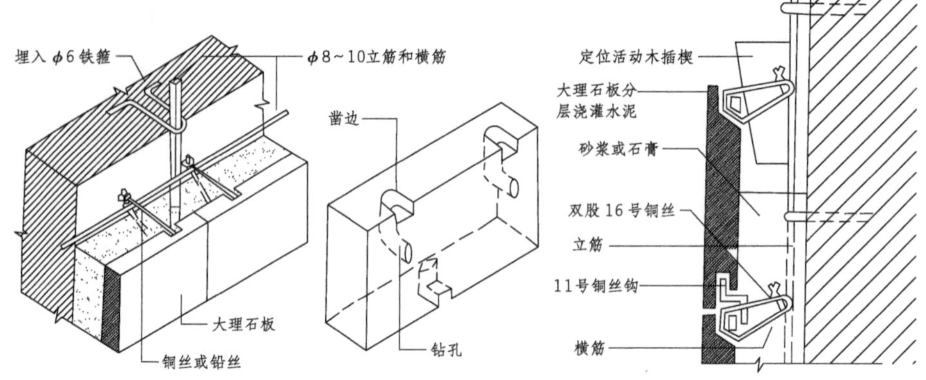

↑ 钢筋网捆扎丝挂贴法构造示意图

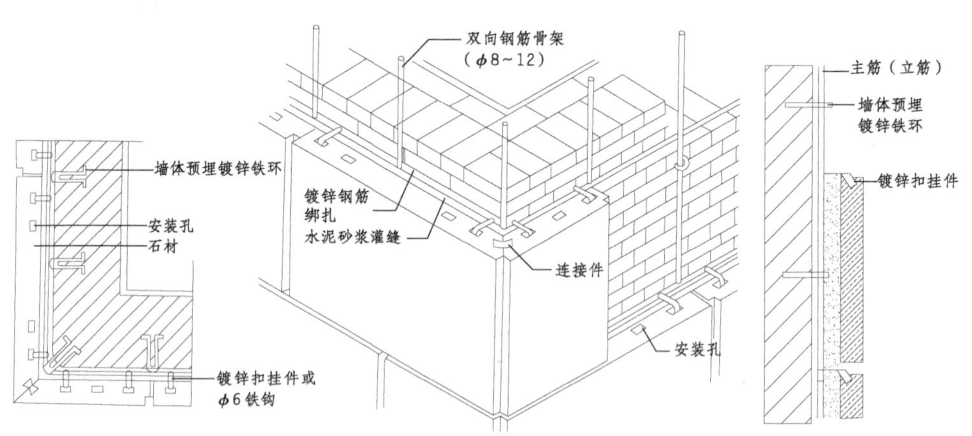

↑ 钢筋网金属扣件钩挂法构造示意图

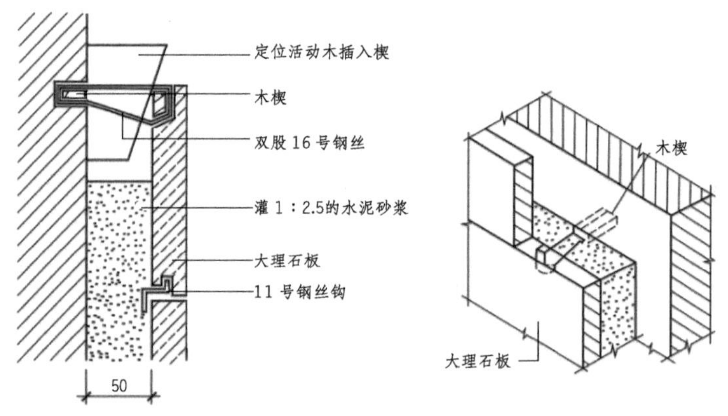

↑ 木楔捆扎丝固定法构造示意图

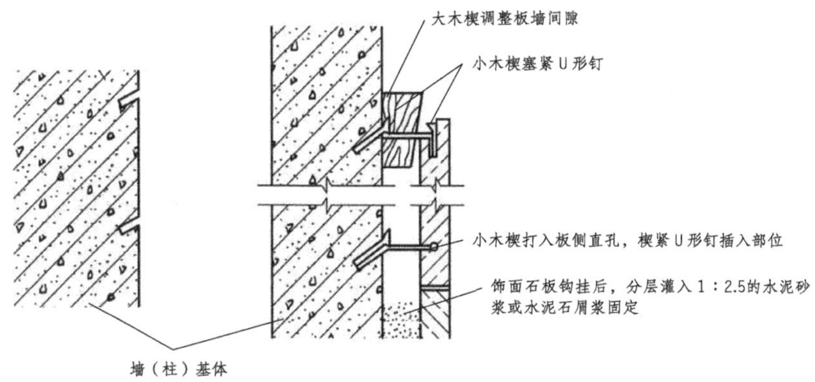

↑ 木楔 U 形钉固定法构造示意图

聚酯砂浆固定法

● 施工方式：用聚酯砂浆固定板材，而后再灌浆。

● 构造做法：先用胶砂质量比为 1 ：（4.5 ～5）的聚酯砂浆固定板材四角和填满板材之间的缝隙，等待至聚酯砂浆固化并能够起到固定拉紧作用以后，再进行灌浆操作。

● 注意事项：分层灌浆的高度每层不能超过 15mm，初凝后才能进行第二次灌浆。无论灌浆的次数及高度如何，每层板的上口都应留 5cm 余量作为上层板材灌浆时的结合层。胶的掺入量应根据使用要求而定。

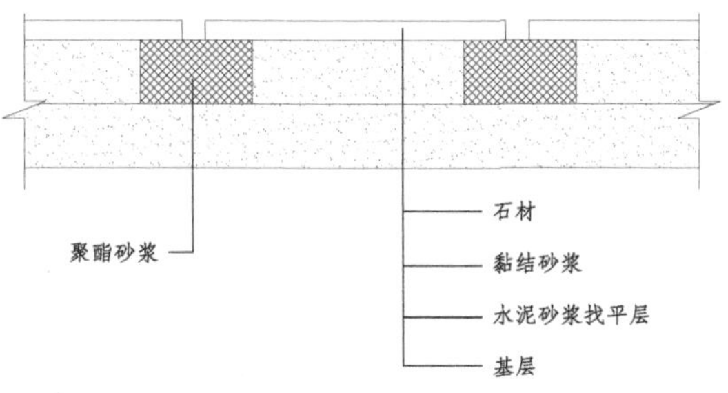

↑ 聚酯砂浆粘贴法构造示意图

树脂胶黏结法

● 施工方式：用树脂胶固定板材。

● 构造做法：基层需整洁、平整，将胶黏剂涂抹在石板背面的相应位置上，尤其是悬空的板材，用料必须饱满（饱满的标准可根据使用部位的情况决定，但必须能够粘牢）。将带胶黏剂的板材粘贴在基层上，压紧，找平、找正、找直，而后用固定支架顶、卡固定。将缝外的胶黏剂清理干净，待胶黏剂固化并将石板黏结得足够牢固后，将固定支架拆除。

干挂法

● 施工方式：用螺栓或金属卡具固定板材。

● 构造做法：干挂法总体来说有两种做法，第一种为无龙骨做法，在需要安装石材的基层部位预埋木砖、金属型材，而后在石板背面用云石机开槽，槽内涂胶，将石板固定在预埋件上；或者在墙面上打入膨胀螺栓，在石板上用电钻钻孔，然后用膨胀螺栓或金属型材卡紧固定。石板安装完成后，进行勾缝和压缝处理。第二种为有龙骨做法，龙骨即为钢筋网，做法与湿挂法相同，石板上开槽，与金属网之间采用铁钩连接。

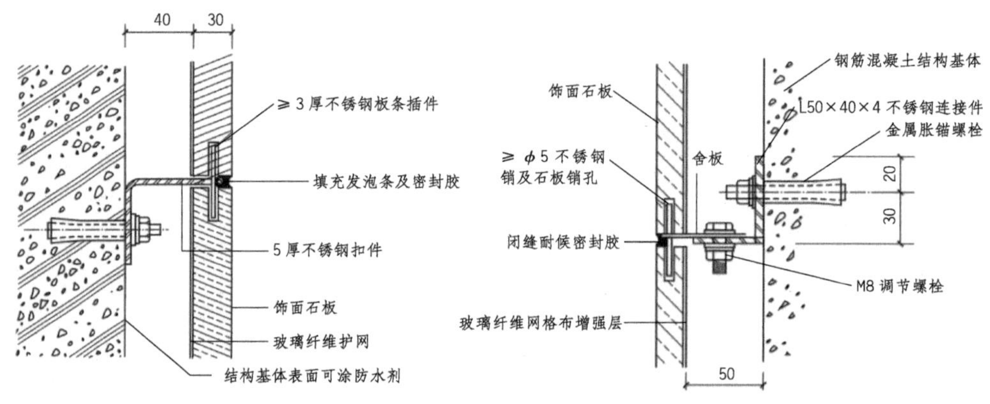

↑ 干挂无龙骨法构造示意图

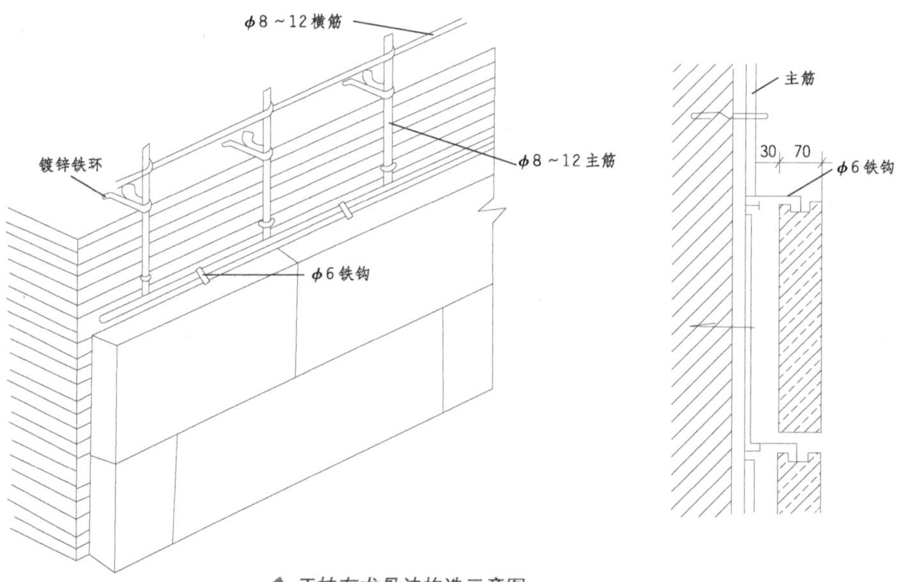

↑ 干挂有龙骨法构造示意图

6 板材类饰面的细部构造

在板材类饰面的施工过程中，除了需要解决饰面板与墙体之间的固定外，还应处理好各个细部的构造，包括阴阳角等交接处、不同基层和材料的连接、缝隙的处理等。

（1）交接处的细部构造

交接处包括墙面阴阳角、饰面板墙面与踢脚板交接处、饰面板墙面与地面交接处及饰面板墙面与顶棚交接处等。

墙面阴阳角的构造

墙面的阴角构造处理方法包括对接、弧形转角、方块转角及斜面转角等；墙面的阳角构造处理方法包括对接、斜接、企口及加方块等。

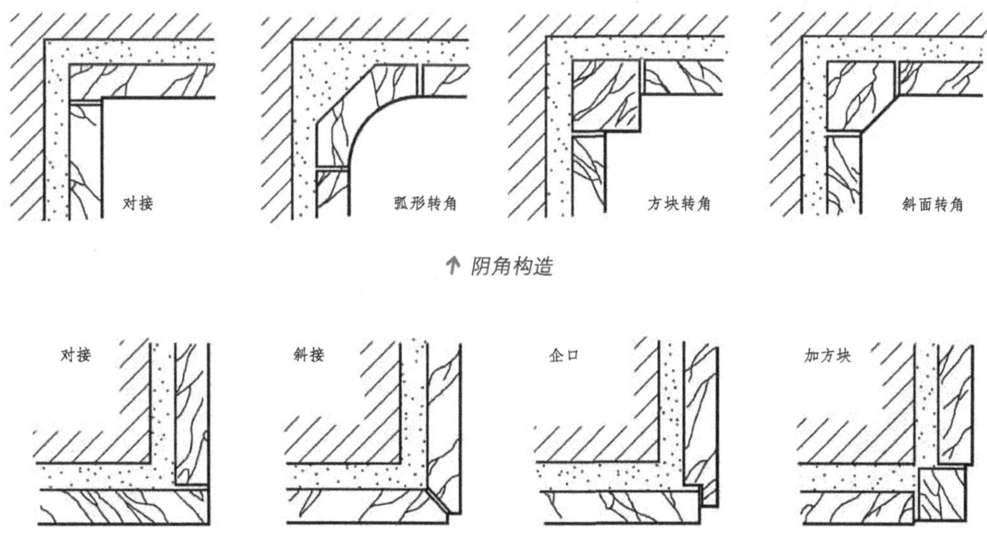

↑ 阴角构造

↑ 阳角构造

饰面板墙面与踢脚板交接处的构造

饰面板墙面与踢脚板交接处理方法包括墙面凸出踢脚板、踢脚板凸出墙面或踢脚板与墙面平齐。

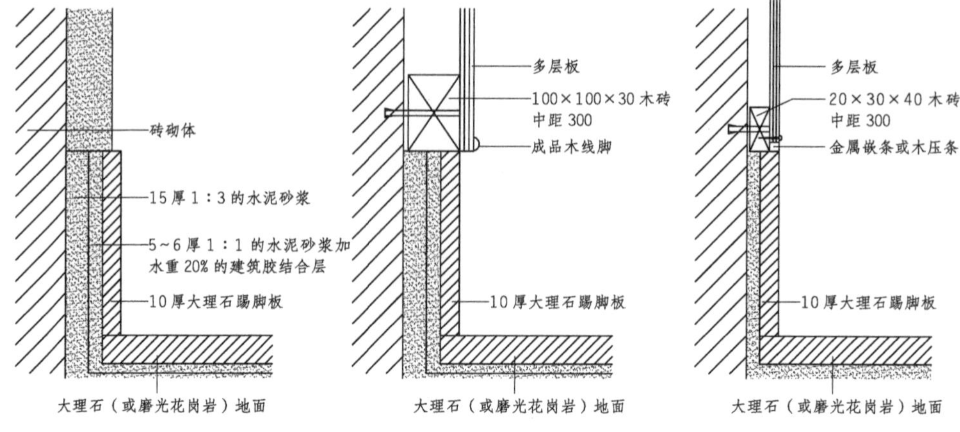

↑ 踢脚板与墙面交接处的构造处理

饰面板墙面与地面交接处的构造

板材饰面的墙面或柱面本身较耐磨、耐脏，因此与地面的交接部位，可采用踢脚板，也可让饰面板直接落地。无论何种构造方式，墙面与地面的交接，均应直接落在地面饰面层上，使接缝比较隐蔽，若略有间缝可用相同色彩的水泥浆封闭。

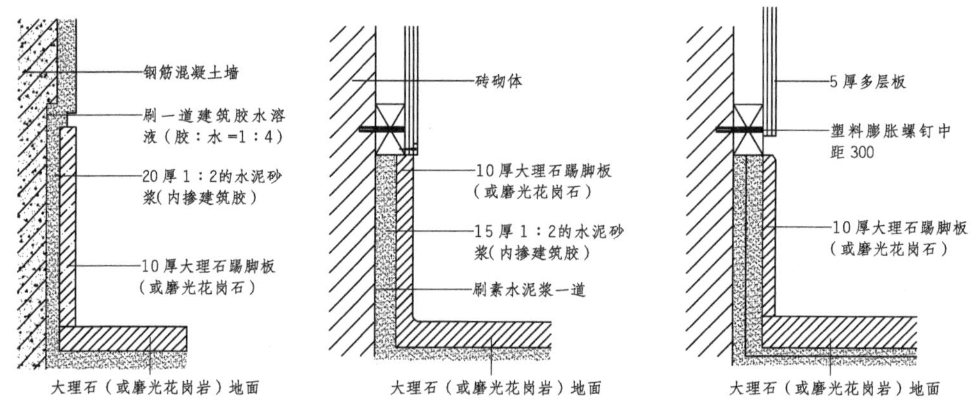

↑ 踢脚板与不同材质墙面上的构造示意图

饰面板墙面与顶棚交接处的构造

饰面板墙面与顶棚交接时，常因墙面的最上部一块饰面板与顶棚直接碰上而无法绑扎铜丝或灌浆（如果有吊顶空间，则不存在这种现象），这种问题是可以通过设计来解决的。较为妥当的方式是在石板墙面与顶棚之间留出一段距离，改用其他方式来处理，但应注意这段尺寸不宜过长，且应在做法上加强处理。例如，采用多线角曲线抹灰的方式（也可做成装饰抹灰），将顶棚与墙面衔接；或者采用凹嵌的手法，将顶部最后一块板改用薄板（或贴面砖），并采用聚合物水泥砂进行粘贴，在保证黏结力的条件下使灌浆砂缝的厚度减薄，从而使顶部最后一块板凹陷进去一段距离。

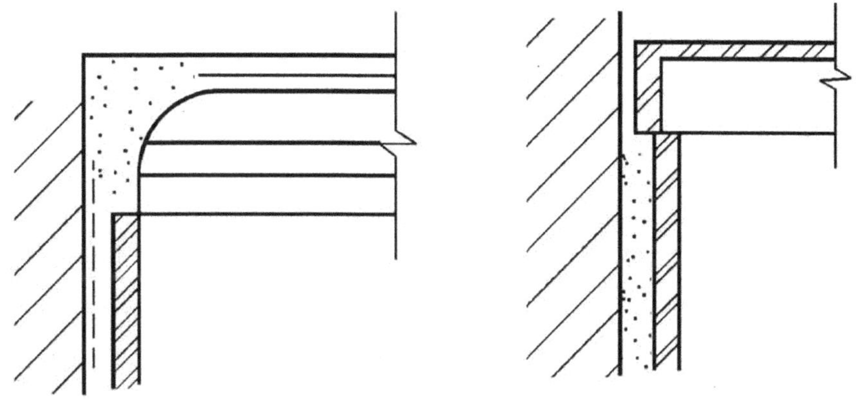

↑ 石材墙面与顶棚交接处的构造

（2）不同基层和材料的构造处理

根据墙体基层材料、饰面板的厚度及种类的不同，饰面板材的安装构造有所不同。但总体来说，还是存在以下规律。

①墙体方面：在砖墙等预制块材墙体的基层上安装天然石块时，在墙体内预埋U形铁件，然后铺设钢筋网；而对于混凝土墙体等现浇墙体，则可在墙体内预设金属导轨等铁件的方法，一般不铺设钢筋网。

②饰面材料方面：对于板材，通常采用打孔或板上预埋U形铁件，然后以钢丝绑扎固定的方法；对于块材，一般采用开接榫口或埋置U形铁件，然后通过系墙铁等固定件来连接的方法。

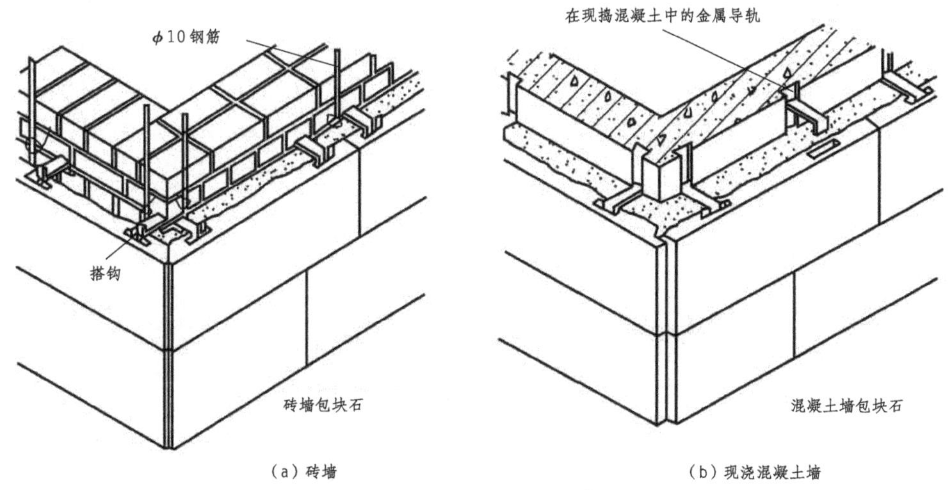

(a) 砖墙　　(b) 现浇混凝土墙

↑ 不同墙体基层饰面板材的构造方法

（3）小规格饰面板构造

小规格饰面板是指用于踢脚板、勒脚、窗台板等部位的各种尺寸较小的天然或人造板材，以及加工大理石、花岗石时所产生的各种不规则的边角碎料。

小规格饰面板通常直接用水泥浆、水泥砂浆等粘贴，必要时可辅以铜丝绑扎或连接。

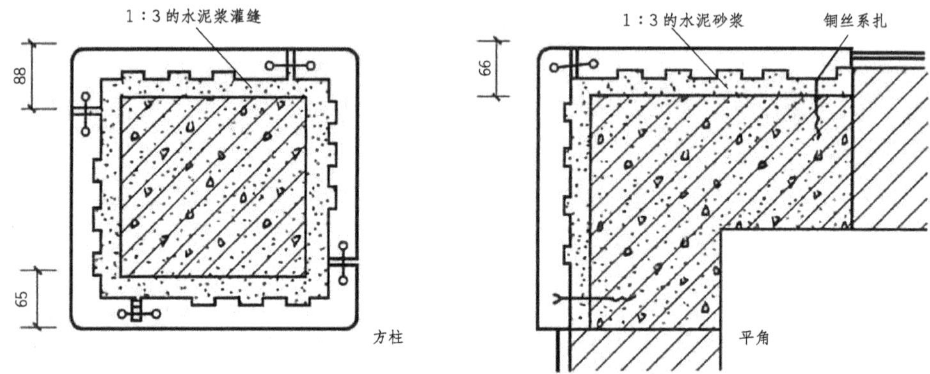

↑ 小规格饰面板构造

（4）拼缝

饰面板的拼缝对装饰效果影响很大，常见的拼缝方式有平接、搭接、嵌接等。

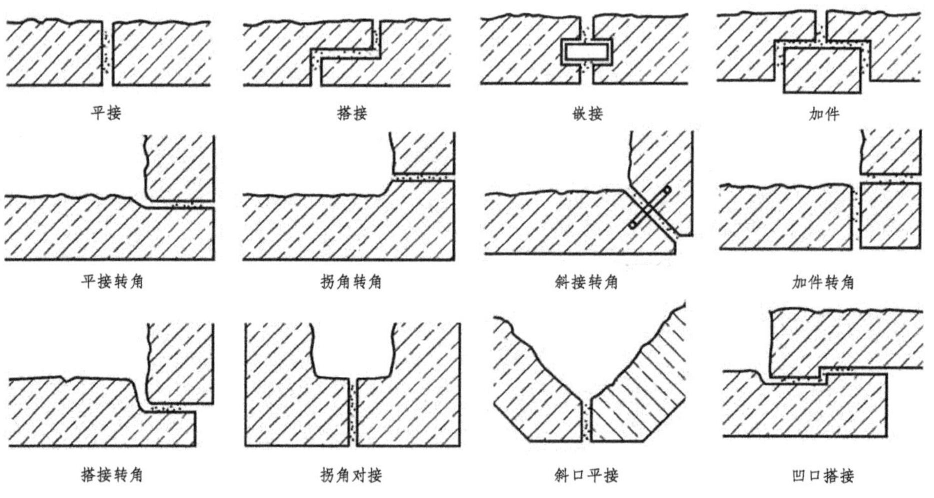

↑ 饰面板的拼缝方式

(5) 灰缝

板材类饰面通常都留有较宽的灰缝，灰缝的形式有凸形、凹形、圆弧形等。常将饰面板材、块材的周边凿琢成斜口或凹口等不同的形式。

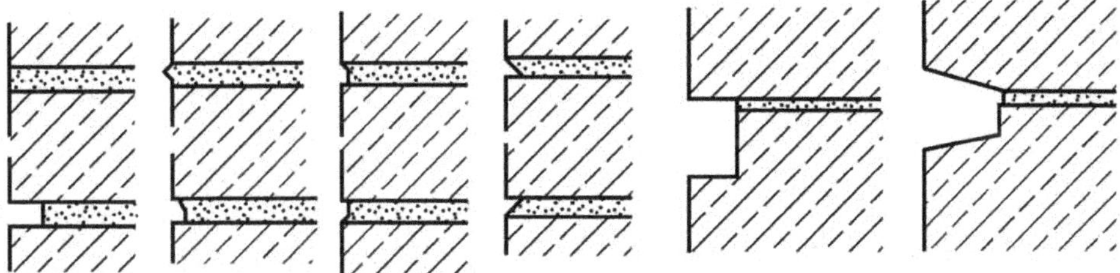

↑ 饰面板材的灰缝形式

饰面板的灰缝宽度		
名称	类型	灰缝宽度 /mm
天然石	光面、镜面	1
	粗磨面、麻面、条纹面	5
	天然面	10
人造石	水磨石	2
	水刷石	10

思考与巩固

1. 面砖和瓷砖采用直接粘贴法施工时，对于不同类型的基层，饰面构造分别分为几层？每层的做法是什么？

2. 陶瓷锦砖和玻璃锦砖各有什么特点？饰面构造分别是什么？

3. 釉面砖具有什么特点？饰面构造是什么？

4. 预制人造石材饰面板共有几种类型？饰面构造分别是什么？

5. 天然石材饰面板共有几种类型？饰面共有几种构造？

四、涂刷类饰面

学习目标	本小节重点讲解涂料类饰面。
学习重点	了解合成树脂乳液和油漆涂饰的分类、特点及构造。

1 合成树脂乳液

合成树脂乳液内墙涂料是以合成树脂乳液为黏结料，加入颜料、填料及各种助剂，经研磨而成的薄型内墙涂料。

（1）合成树脂乳液的类型

合成树脂乳液包括溶剂型涂料、乳液型涂料、水溶性涂料及硅酸无机盐涂料四种类型。

溶剂型涂料的特点

溶剂型涂料是以高分子合成树脂为主要成膜物质、有机溶剂为分散介质而制作的一种挥发性涂料。虽然溶剂型涂料存在着污染环境、浪费能源以及成本高等问题，但溶剂型涂料仍有一定的应用范围，还有其自身明显的优势。

①涂膜的质量：与水性涂料涂膜相比，溶剂型涂料涂膜的丰满度更强，因此，在对高装饰性有要求的场合中，高光泽涂料多需要依靠溶剂型涂料来实现。

②综合性能较好：溶剂型涂料一般都有较好的硬度、光泽、耐水性、耐化学药品性及一定的耐老化性。

③对各种施工环境的适应性：水性涂料无法调节挥发速率，要想获得高性能的水性乳胶涂料涂膜，就必须控制施工环境的温度和湿度。在一些条件较为苛刻的环境中，无法人工营造一个温湿度可控的条件，因此水性涂料的应用可能会受到限制；相反，采用溶剂型涂料，可随地点和气候的变化进行溶剂比例的控制，以获得优质涂膜。

乳液型涂料的特点

各种有机物单体经乳液聚合反应后生成的聚合物，以非常细小的颗粒分散在水中，形成乳状液，将这种乳状液作为主要成膜物质配成的涂料称为乳液型涂料。乳液型涂料与溶剂型涂料和油脂不同，它以水为分散介质，无毒，不污染环境，使用操作方便。性能和耐久效果均优于油漆。主要有两种类型。

①乳胶漆：当所用的填充料为细粉末时，所得涂料可以形成类似油漆涂膜的平滑涂层，这种涂料称为乳胶漆，一般用于室内墙面装饰。乳胶漆装饰墙面，可以擦洗，易于保持整洁，且装饰效果好。除了可以做成平滑的涂层外，也可做成各种拉毛的凹凸涂层，但是不适合用于有裂缝的墙面基层。

②乳液厚涂料：若掺有类似云母粉、粗砂粒等粗填料所配得的涂料，能形成有一定粗糙质感的涂层，称为乳液厚涂料。它对墙面基层有一定的遮盖能力，涂层均实饱满，有较好的装饰质感，通常用于建筑外墙或大墙面装饰。

乳胶漆和乳液厚涂料的涂膜有一定的透气性及耐碱性，可以在基层抹灰未干透（只是达到基层龄期）的情况下进行施工。

水溶性涂料（聚乙烯醇类涂料）的特点

聚乙烯醇内墙涂料以聚乙烯醇树脂为主要成膜物质，其优点是不掉粉，有的能经受湿布轻擦，价格不高，施工也较方便，是介于大白浆与油漆和乳胶漆之间的一种饰面材料。

聚乙烯醇类涂料主要有聚乙烯醇水玻璃内墙涂料和聚乙烯醇缩甲醛内墙涂料。

聚乙烯醇水玻璃内墙涂料

- 聚乙烯醇水玻璃内墙涂料的商品名称是“106内墙涂料”
- 此种涂料生产工艺简单、价格低廉，且无毒、无味、不燃，施工非常方便
- 涂层干燥快，表面光洁平滑，能配成多种颜色，与墙面基层有一定的黏结力，有一定的装饰效果

聚乙烯醇缩甲醛内墙涂料

- 聚乙烯醇缩甲醛内墙涂料又称SJ-803内墙涂料
- 此种涂料无毒无味，不燃，涂层干燥快，可喷可刷，施工方便，涂料还有较好的耐湿擦性
- 用于墙面时可使表面光洁，易于保持清洁，同时还具有反光作用；一些品种还具有隔气层的作用，能减少墙体吸收室内空气中的湿气

硅酸无机盐涂料的特点

硅酸盐无机涂料以碱性硅酸盐为基料（常用硅酸钠、硅酸钾和胶体二氧化硅），外加硬化剂、颜料、填料及助剂配制而成。目前，市场上所出售的这种涂料商品名为 JH80-1 和 JH80-2。

硅酸盐无机涂料具有良好的耐光、耐热、耐放射线及耐老化性，加入硬化剂后涂层具有较好的耐水性及耐冻融性，有较好的装饰效果。同时无机涂料的原料来源方便，无毒，对空气无污染，成膜温度比乳液涂料低。无机建筑涂料用喷涂或辊涂的施工方法。

（2）合成树脂乳液饰面的构造

合成树脂乳液的饰面构造一共包括四层，分别为基层、找平层、封闭涂层和面层。

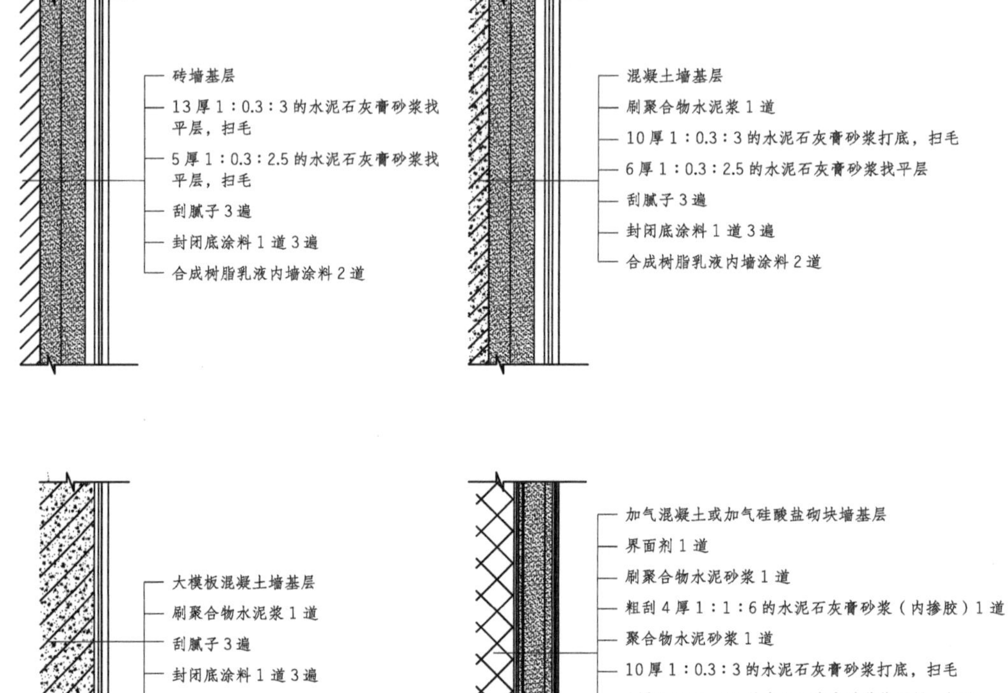

↑ 合成树脂乳液饰面的构造

2 油漆涂饰

油漆是指涂刷在材料表面能够干结成膜的有机涂料，用这种涂料做成的饰面称为油漆饰面。油漆耐水、易清洗，装饰效果好，但涂层的耐光性差，施工工序复杂，工期长。

（1）油漆的种类

油漆的种类很多，按使用效果分为清漆、色漆等；按使用方法分为喷漆、烘漆等；按漆膜外观分为有光漆、亚光漆、皱纹漆等；按成膜物进行分类，有油基漆、含油合成树脂漆、不含油合成树脂漆、纤维衍生物漆、橡胶衍生物漆等。

（2）油漆的施工方式

油漆墙面可做成平涂漆，也可做成各种图案、纹理和拉毛。

油漆拉毛分为石膏拉毛和油拉毛两种。石膏拉毛的一般做法是将石膏粉加入适量水，不断地搅拌均匀，之后用刮刀平整地刮在墙面垫层上，然后拉毛，干后涂油漆；油拉毛是用石膏粉加入适量水不停地搅拌，使之均匀，之后注入油料搅拌均匀，刮在墙面垫层上，然后拉毛，干透后涂油漆。

（3）油漆饰面的构造

用油漆做墙面装饰时，要求基层平整，充分干燥，且无任何细小裂纹。油漆墙面的一般构造做法是，先在墙面上用水泥石灰砂浆打底，再用水泥、石灰膏、细黄沙粉面两层，总厚度20mm左右，最后刷油漆，一般油漆至少涂刷一底二面。

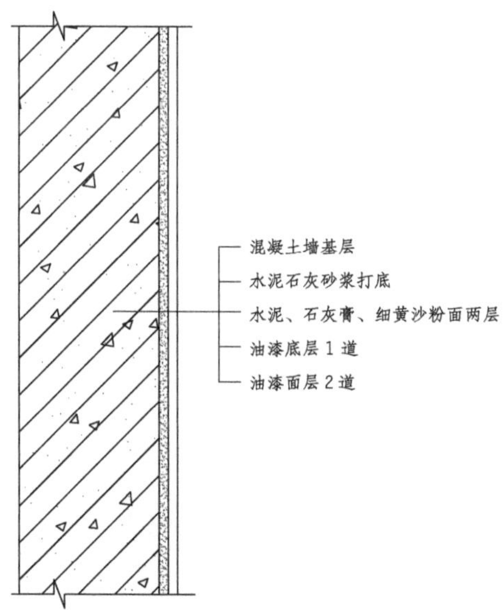

↑ 油漆饰面构造示意图

思考与巩固

1. 合成树脂乳液具有几种类型？每种类型分别具有什么特点？
2. 合成树脂乳液饰面的构造共分为几层？
3. 对于不同类型的基层，用合成树脂乳液做饰面的构造分别是什么？
4. 油漆共有几种类型和施工方式？
5. 油漆饰面的构造做法是什么？

五、罩面板类墙体饰面构造

学习目标	本小节重点讲解罩面板类墙体饰面构造。
学习重点	了解罩面板类饰面的特点、分类与每种类型罩面板类墙体饰面构造的做法。

1 罩面板类墙体饰面的特点与分类

罩面板类墙体饰面，也叫作镶板类墙体饰面，是指以天然木板、胶合板、石膏板、金属薄板、金属复合板、塑料板、玻璃板及具有装饰吸声功能的面板，通过镶钉、拼贴等方式所制成的内墙饰面。

(1)罩面板类墙体饰面的特点

装饰效果丰富

不同的饰面板，因材质不同，可以达到不同的装饰效果。如采用木条、木板做墙裙、护壁可使人感到温暖、亲切、舒适、美观；采用木材还可以按设计需要加工成各种弧面或形体转折，若保持木材原有的纹理和色泽，则更显质朴、高雅；各类的石膏板表面可涂饰，也可裱糊，简洁而大方；采用经过烤漆、印花等处理过的玻璃板饰面，则会使墙体饰面色泽美观，效果时尚。

↑木护壁具有温暖感

↑石膏板饰面简洁、大方

↑玻璃饰面效果多样

耐久性能好

根据墙体所处环境选择适宜的饰板材料，若技术措施和构造处理合理，墙体饰面必然具有良好的耐久性。

施工安装简便

饰面板通过镶、钉、拼、贴等构造方法与墙体基层固定，虽然施工技术要求较高，但现场湿作业量少，安全简便。

（2）罩面板的分类

罩面板按照制作材料的不同，可分为木质制品、石膏板、金属饰面板、塑料饰面板、装饰吸声板和玻璃饰面 6 种类型。

罩面板的分类		
名称	类型	特点
木质制品	原木制品、人造制品	原木制品包括木条、竹条、木板等罩面板，有丰富的纹理和色泽，具有自然感，光洁、坚硬 人造制品包括胶合板、装饰板、硬质纤维板、刨花板等，其中胶合板应用较多，它通过人工合成可以将原木丰富的纹理和色泽展现出来，使装饰效果更多样化
石膏板	纸面石膏板、纤维石膏板、空心石膏板	石膏板的制作原料是建筑石膏、废纸浆及其他纤维填充料、胶黏剂、缓凝剂和发泡剂等材料。具有防火、隔声、质轻、不受虫蛀等优点，并具有可钉、可锯、可钻等加工性能
金属饰面板	单层铝合金板、铝塑板、铜合金板、钛金板、不锈钢板、彩钢板	以薄钢板、铝、铜、铝合金、不锈钢等材质，加工制成的压型薄板，或者在这些薄板上进行搪瓷、烤漆、镀塑等工艺处理。用金属饰面板装饰墙面，新颖美观，自重轻，连接方便、牢固，且经久耐用
塑料饰面板	PVC护墙板、GRP板、PMMA护墙板	塑料和其他材质可以制成复合板，如塑料复合金属板、宝丽板、塑料护墙板等。塑料饰面板，自重轻、易清洁、施工更换方便，可以加工成具有各种形状的断面及表面，色泽艳丽，装饰效果独特
装饰吸声板	石膏纤维装饰吸声板、软质纤维装饰吸声板、硬质纤维装饰吸声板、钙塑泡沫装饰吸声板、矿棉装饰吸声板、玻璃棉装饰吸声板、聚苯乙烯泡沫塑料装饰吸声板、珍珠岩装饰吸声板	具有良好的吸声效果和装饰效果，质轻、防火、保温、隔热等特性，且施工方便
玻璃饰面	平板玻璃、彩色玻璃、压花玻璃、磨砂玻璃、蚀刻玻璃、镜面玻璃等	具有光滑、易于清洁、装饰效果豪华美观的特点，如采用镜面玻璃墙面可使视觉延伸，扩大空间感，与灯具和照明结合起来会形成各种不同的环境气氛

2 木质类罩面板墙体饰面构造

木质类罩面板墙体饰面的构造，总体可分为基本构造和细部构造两部分。

（1）基本构造

木质类罩面板墙体饰面的基本构造包括木质基层和饰面层。

木质基层

● 作用：找平或造型，并使饰面层牢固地附着其上。

● 类型：木骨架基层、板材类基层、木骨架加板材类基层等。

● 构造做法：所有基层通常均需先在墙体内埋入木砖、木楔或胀管，而后通过钉或螺栓来连接。木骨架基层使用木方纵横交错制成，使其具有强度和平整度，木格的间距视面板规格而定；板材类基层是将具有一定厚度、表面平整的材料，例如多层胶合板、木工板、硬质纤维板、刨花板等直接与墙体固定；木骨架加板材类基层是先将木骨架固定在墙体上，再在木骨架上钉接基层板。

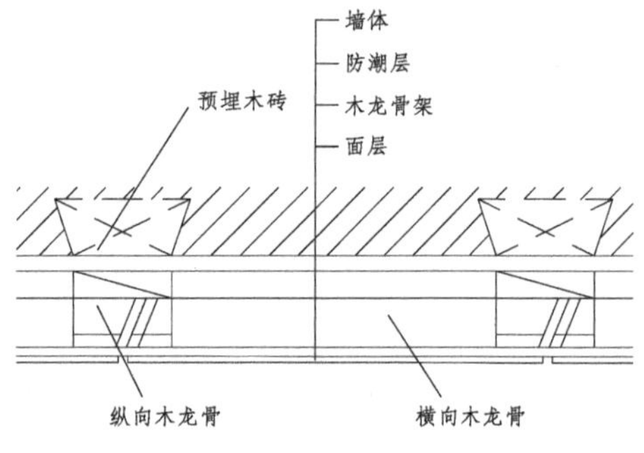

↑木饰面的基本构造

● 注意事项：有潮气的墙体应做防潮处理，木质基层与饰面层非连接表面须做防火处理。

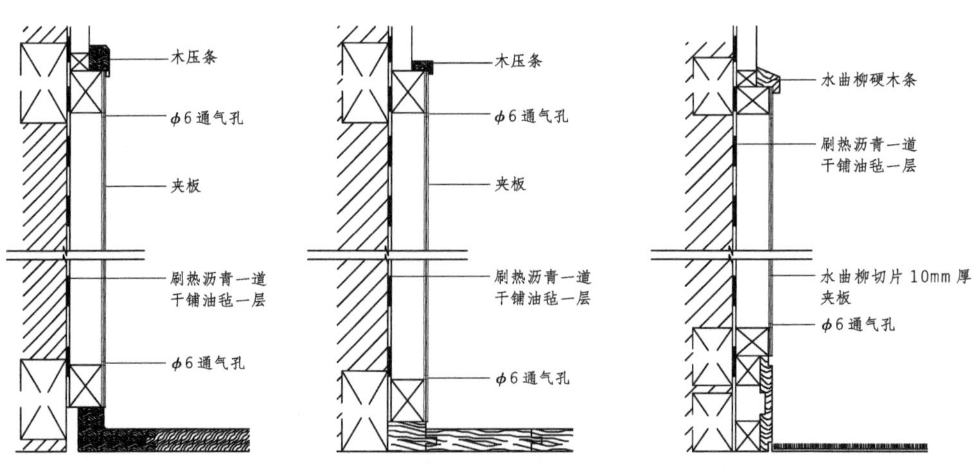

↑木护壁的构造

饰面层

● 作用：装饰、保护。

● 类型：各类装饰性面板。

● 构造做法：木质面板与基层可通过胶粘、钉接或胶粘加钉接以及螺栓直接固定等方式来连接。面板之间的缝隙处理方式包括密缝、离缝、压条、高低缝等。

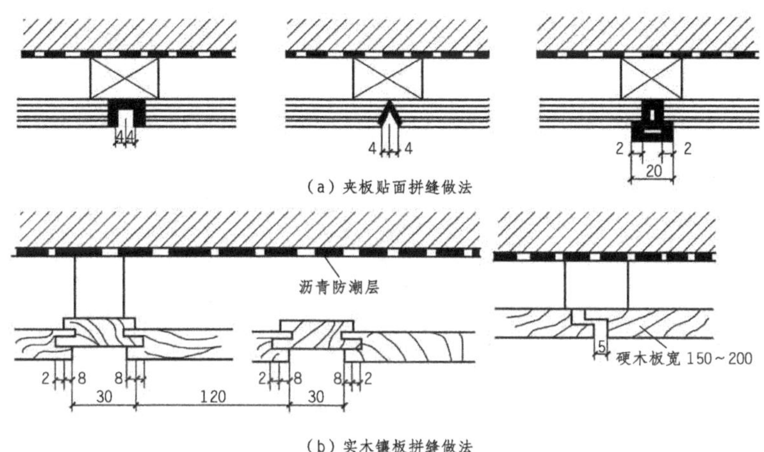

↑木护壁饰面层的拼缝做法

（2）细部构造

木质类罩面板饰面的细部包括上口、转角、踢脚板及阴、阳角。它们对整体装饰效果和使用质量有着重要的影响。

上口及转角

木质类护壁与顶棚交接处的收口、木墙裙的上端以及转角处，一般宜做压顶或压条处理。

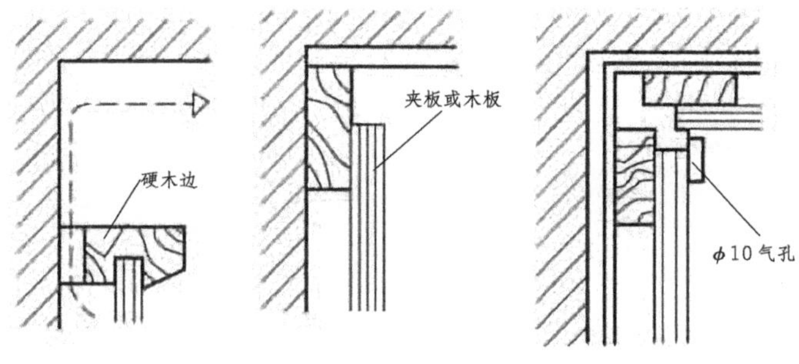

↑木护壁与顶棚交接处构造

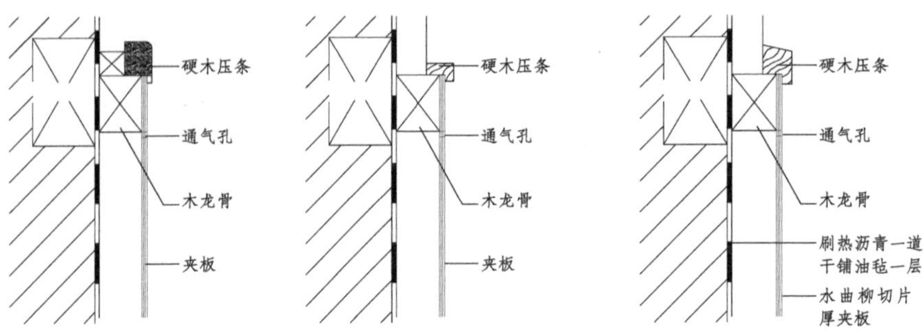

↑木护壁上口构造

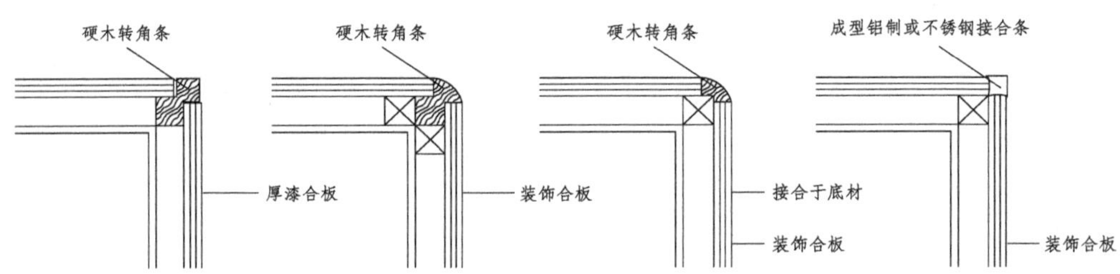

↑木护壁转角构造

踢脚板

踢脚板的处理，主要有外凸式和内凹式两种。当护墙板与墙的距离较大时，宜用内凹式，且踢脚板与地面间宜平接。

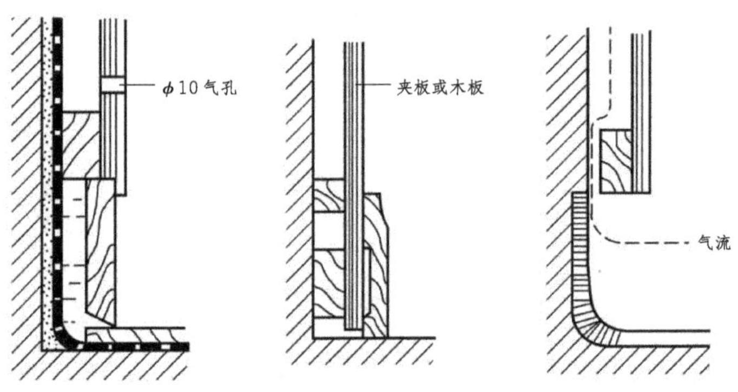

↑踢脚板构造

阴、阳角

阴、阳角的处理，可采用对接、斜口对接、企口对接、填块等方法。

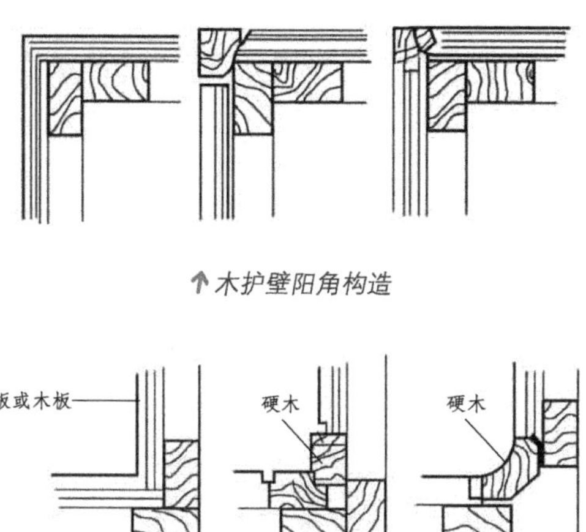

↑木护壁阳角构造

↑木护壁阴角构造

3 硬木条和竹条墙体饰面构造

硬木条和竹条墙体饰面，是以硬木条和竹条为饰面材料制作的一类墙体饰面。

（1）硬木条饰面

硬木条墙面制作时与基层之间通常会预留一定的空隙形成空气层，或者使用玻璃棉、矿棉、石棉或泡沫塑料等吸声材料，一起形成具有吸声效果的墙体饰面。因此，木条的形状既要符合吸声要求，又要兼顾施工的便捷性。

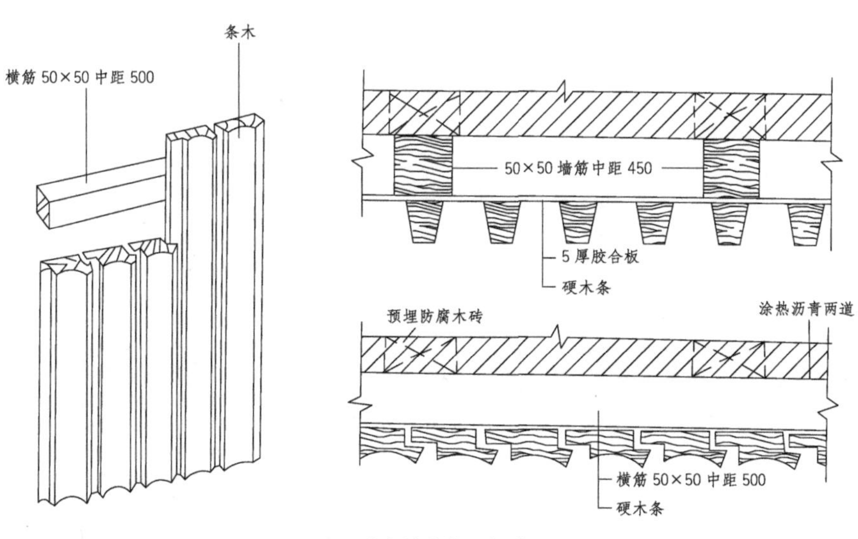

↑硬木条墙体饰面构造

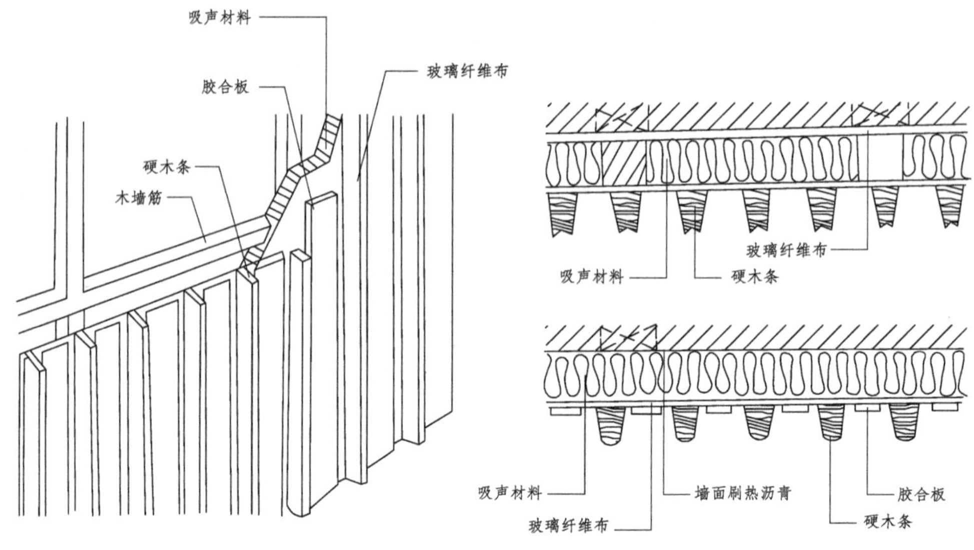

↑硬木条吸声墙体饰面构造

(2) 竹条饰面

竹材表面光洁、细密，其抗拉、抗压性能均优于普通木材，富有韧性和弹性，具有浓郁的地方风格；竹材易腐烂、易被虫蛀、易干裂，使用前应进行防腐、防蛀、防裂处理，如涂油漆、桐油等。

竹条饰面一般应选用直径均匀的竹材，约 ϕ20mm 的整圆或半圆使用，较大直径的竹材可剖成竹片使用，取其竹青作面层，根据设计尺寸固定在木框上，再嵌在墙面上。

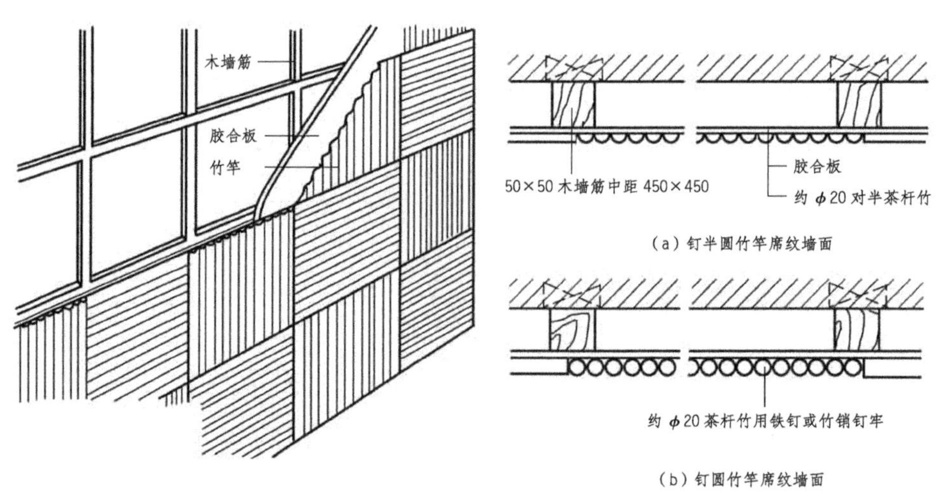

↑竹条饰面构造

4 金属薄板饰面

金属薄板饰面的构造层次与木质类饰面基本相同，但在具体连接固定和用料上又有区别。基层有木质和金属龙骨基层两种，基层不同，连接固定方式也不同。金属饰面板通常采用插接、螺钉连接或胶粘等方式与龙骨或基层板固定。

（1）铝合金饰面板饰面

铝合金饰面板的类型

铝合金饰面板根据表面处理的不同，可分为阳极氧化处理和漆膜处理两种；根据几何尺寸的不同，可分为条形扣板和方形板。条形扣板的板条宽度在 150mm 以下，长度可视使用要求确定。方形板包括正方形板、矩形板、异形板。有时为了加强板的刚度，可压出肋条；有时为保暖和隔声，还可将其断面加工成空腔蜂窝状板材。

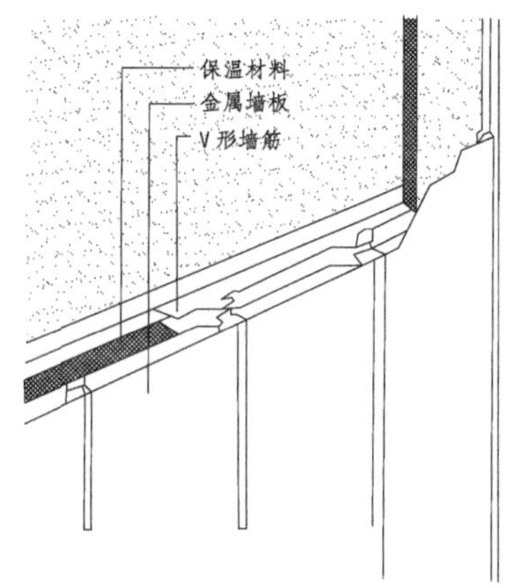

↑铝合金饰面板饰面构造

铝合金饰面板饰面构造

铝合金饰面板一般安装在型钢或铝合金型材所构成的骨架上，由于型钢强度高、焊接方便、价格便宜、操作简便，所以用型钢做骨架的较多。

室内铝合金饰面板构造连接方式，一般是利用铝合金板材压延、拉伸、冲压成形的特点，做成各种形状，然后将其压卡在特制的龙骨上。

铝合金饰面墙体的细部，如饰面水平的压顶处、断面的收口处、阴阳角的转折处等，除了可以直接采用基本类板材或对其做适当变形后进行处理外，还可采用特质的铝合金板。

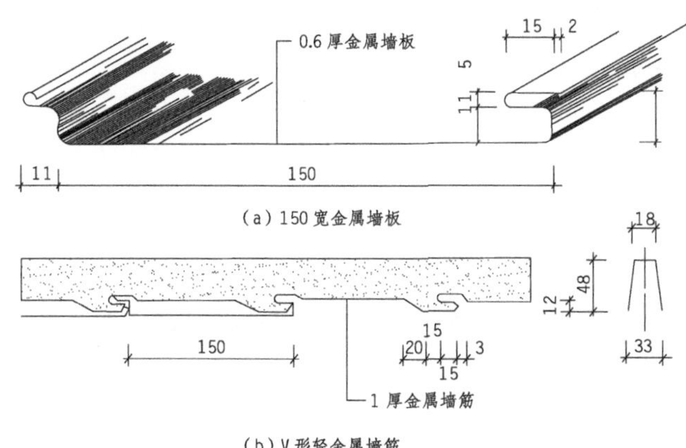

↑铝合金墙板的加工形态

(2) 不锈钢饰面板饰面

不锈钢饰面板的类型

不锈钢饰面板按其表面处理方式不同分为镜面不锈钢饰面板、压光不锈钢饰面板、彩色不锈钢饰面板和不锈钢浮雕饰面板。

不锈钢饰面板的构造

不锈钢饰面板的构造与铝合金饰面板构造相似，通常将骨架与墙体固定，用木板或木夹板固定在龙骨架上作为结合层，将不锈钢饰面板镶嵌或粘贴在结合层上。也可以采用直接贴墙法，即不需要龙骨，将不锈钢饰面板直接粘贴在墙表面上。

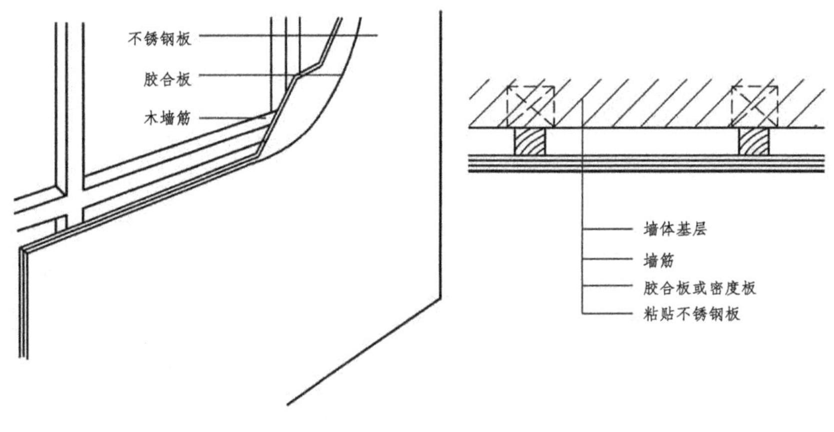

↑ 不锈钢饰面板饰面构造

(3) 铝塑饰面板饰面

铝塑饰面板室内墙面一般采取粘贴法固定在木质基层上，特殊情况下，也可使用装饰螺钉固定。施工时要求基层必须平整和干净。

5 玻璃饰面

玻璃饰面可使视觉延伸、扩大空间感、与灯具和照明结合起来会形成各种不同的环境气氛及光影趣味。但玻璃容易破碎，故不宜设在墙、柱面较低的部位，否则要加以保护。

(1) 玻璃饰面的基本构造

在墙基层上设置一层隔汽防潮层；按要求立木筋，间距按玻璃尺寸，做成木框格；在木筋上钉一层胶合板或纤维板等衬板；最后将玻璃固定在木边框上。

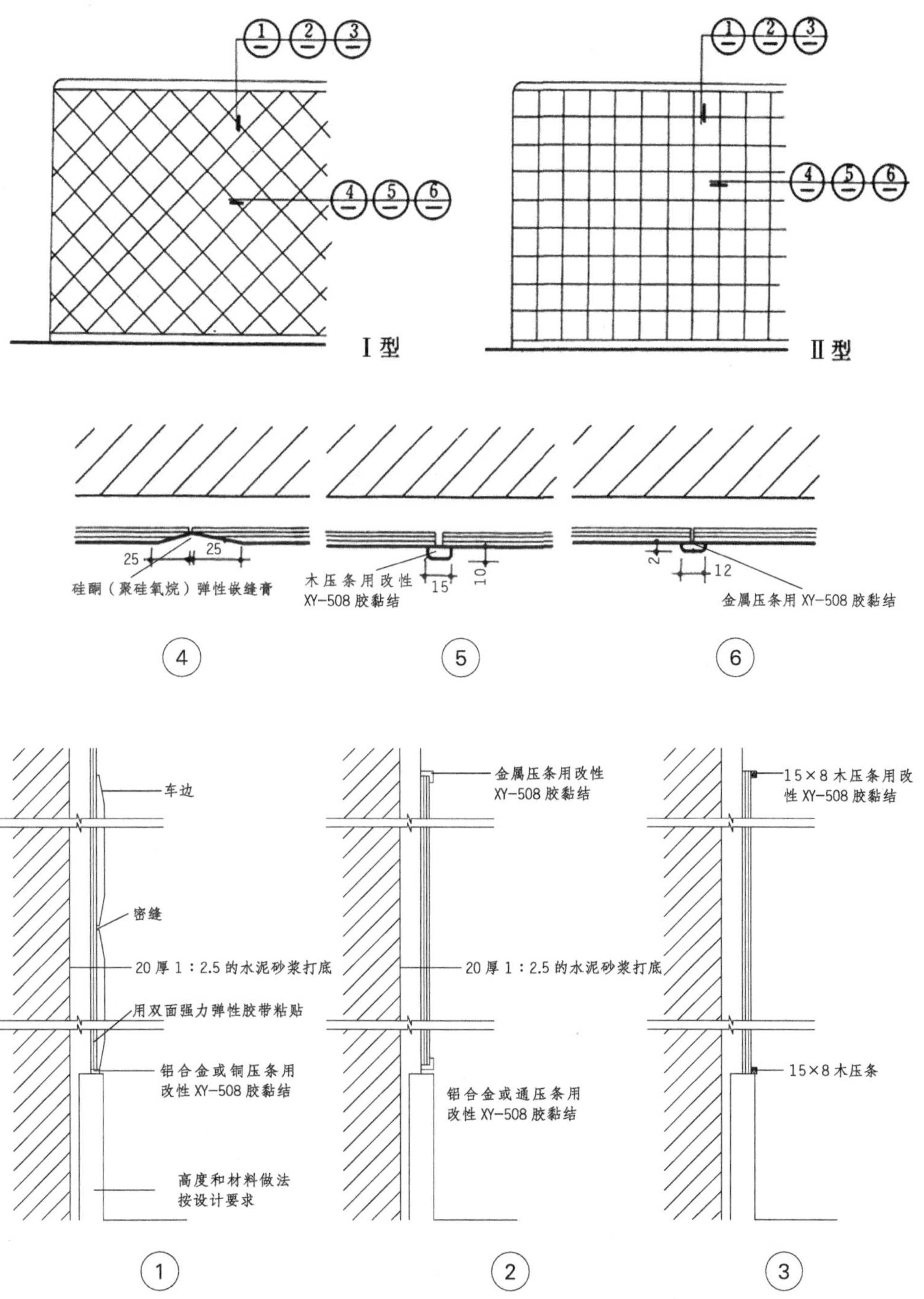

↑玻璃墙面一般构造示意图

(2)固定玻璃的方法

固定玻璃的方法主要有四种：一是螺钉固定法，在玻璃上钻孔，用不锈钢螺钉或铜螺钉直接把玻璃固定在板筋上；二是嵌条固定法，用硬木、塑料、金属（铝合金、不锈钢、铜）等压条压住玻璃，压条用螺钉固定在板筋上；三是嵌钉固定法，在玻璃的交点用嵌钉固定；四是粘贴固定法，用环氧树脂把玻璃直接粘在衬板上。

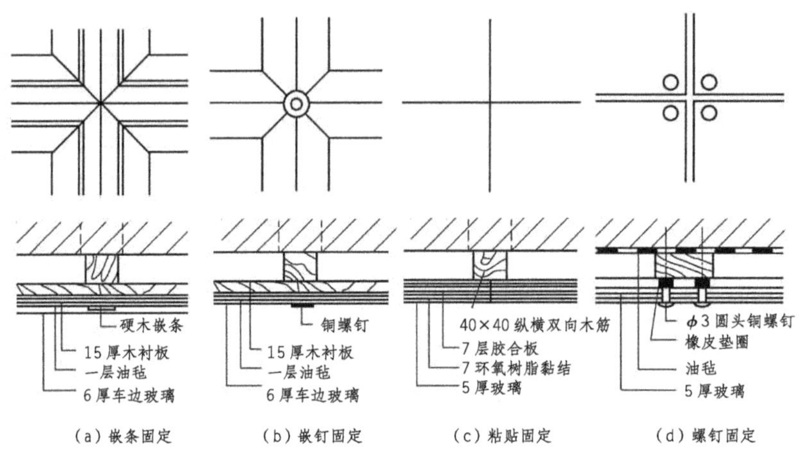

↑固定玻璃的方法

6 其他饰面

其他饰面包括石膏板、塑料护墙板及装饰吸声板等。

(1)石膏板饰面

石膏板饰面的安装方式有用钉固定和粘贴固定两种方式。

钉固定的构造做法

首先在墙体上涂刷防潮涂料，然后在墙体上铺设龙骨，将石膏板钉在龙骨上，最后进行板面修饰。龙骨用木材或金属制作，木龙骨适合普通情况，金属龙骨则适合用于防火要求较高的墙面。采用木龙骨时，石膏板可直接用钉或螺钉固定；采用金属龙骨时，需在石膏板和龙骨上钻孔，然后用自攻螺钉固定。

粘贴固定的构造做法

安装时，将石膏板、矿棉板或水泥刨花板直接粘贴在墙面基层上，要求基层平整和洁净。

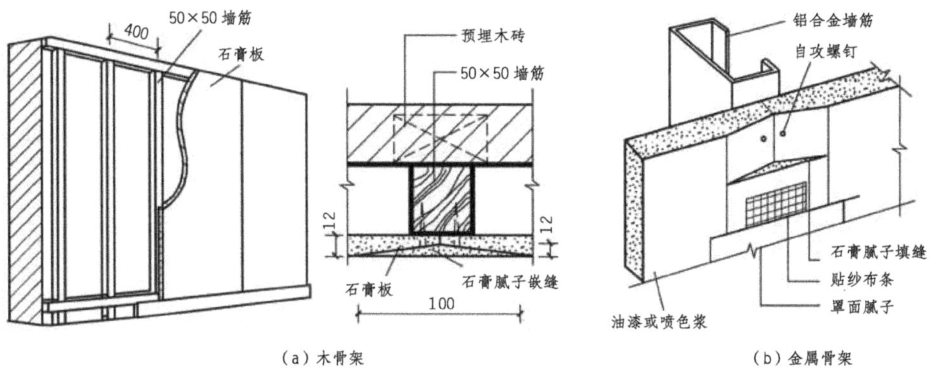

↑石膏板钉固定的构造

(2) 塑料护墙板饰面

塑料护墙板饰面构造是，先在墙体上固定龙骨，然后用卡子或与板材配套的专门的卡入式连接件将护墙板固定在龙骨上即可。

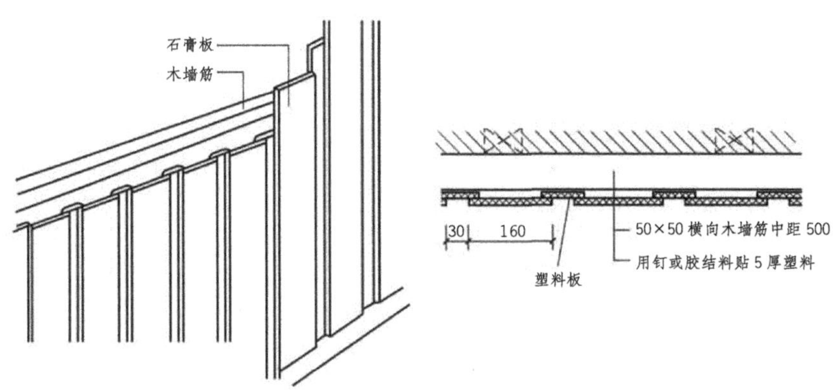

↑塑料护墙板饰面构造

(3) 装饰吸声板饰面

装饰吸声板饰面构造比较简单，一般方法是直接贴在墙面上或钉在龙骨上。

思考与巩固

1. 罩面板共有哪些类型？分别具有什么特点？
2. 木质类罩面板材可分为几部分？构造分别是什么？
3. 铝合金饰面板共有几种类型？内墙铝合金饰面板应如何安装？

六、清水砖墙与装饰混凝土墙体饰面构造

学习目标	本小节重点讲解清水砖墙与装饰混凝土墙体饰面构造。
学习重点	了解清水砖墙与装饰混凝土墙体饰面的种类及构造做法。

1 清水砖墙饰面

清水砖墙是指砖墙墙面砌成后，只需要勾缝，即成为成品，不需要其他饰面材料所形成的砖墙。这是一种传统的墙体装饰方法，具有粗犷而凝重的独特效果。

（1）清水砖墙的分类

墙面不抹灰的墙叫清水墙，工艺要求较高；反之，墙面抹灰的墙叫混水墙。

（2）清水砖墙的勾缝

● 用料：多采用 1 ∶ 1.5 的水泥砂浆，沙子的径粒以 0.2mm 为宜。根据设计需要，可以在勾缝砂浆中掺入一定量的颜料。还可以在砖墙勾缝之前涂刷颜色或喷色，色浆可用石灰浆、颜料、胶黏剂来调和。

● 形式：平凹缝、斜缝、弧形缝、平缝等，若为钩凹缝，则凹入不应小于 4mm。

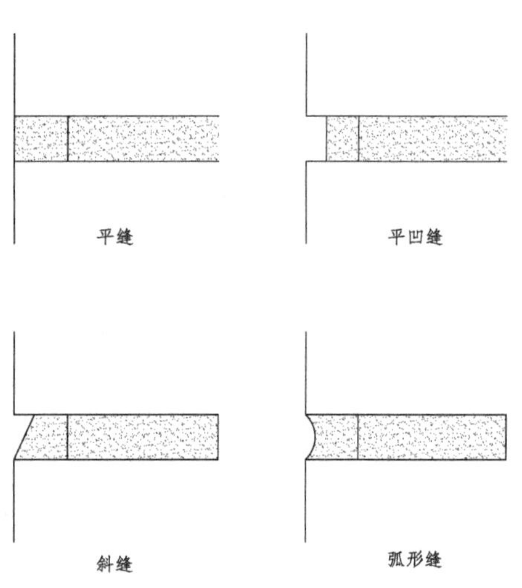

↑清水砖墙饰面的勾缝形式

小贴士

清水砖墙对砖及砌筑工艺的要求

清水砖墙，对砖的要求极高。首先砖的大小要均匀，棱角要分明，色泽要有质感。这种砖要定制，价钱是普通砖的5～10倍。

其次，砌筑工艺十分讲究，要求采用每皮顶顺相间（梅花丁）或一顺一丁的砌筑方式，并砌筑平整，灰缝平、直、均匀，向外部分应光洁，对砖的标号要求较高，并要求勾缝且勾缝要一致，阴阳角要锯砖磨边，接槎要严密并具有美感。

2 装饰混凝土墙体饰面

装饰混凝土墙体饰面总体来说包括装饰混凝土饰面、预制饰面和现制饰面三种类型。

（1）装饰混凝土饰面

装饰混凝土的特点

装饰混凝土也叫作混凝土压花，它能在原本普通的混凝土表层，通过色彩、色调、质感、款式、纹理和不规则线条的创意设计，图案与颜色的有机组合，创造出石纹、木纹、竹纹等天然材料的效果，图形美观自然、质地坚固耐用，且具有极高的安全性和耐用性。同时，它施工方便，不受地形限制，可任意制作。

装饰混凝土的分类

总体可分为清水混凝土墙面和露骨料混凝土墙面两种类型。

①清水混凝土墙面：混凝土经过处理，保持原有外观质感纹理。

②露骨料混凝土墙面：将表面水泥浆膜剥离，露出混凝土粗细骨料的颜色和质感。

装饰混凝土的构造

在基层墙面上，通过浇筑搭配各种模板来施工。混凝土的浇筑质量要求较高，表面不得有蜂窝和麻面，因此对配合比和浇筑方法有特定的要求。

（2）预制饰面

预制饰面的混凝土壁板能够减少现场的工程量和工期，表面还可预制成干粘石等类型的饰面。到达现场后可通过干挂、钉接、粘贴等方式与基层连接。但预制饰面混凝土壁板在运输过程中容易因磕碰而受损，修补较为麻烦且难以与原有色彩一致。

（3）现制饰面

如大模板、滑升模块现浇混凝土墙体的内墙饰面只能在现场进行浇筑施工，因此可归纳为现制饰面。现场施工有利于保证它们的质量并减少修补，但施工较为麻烦，且功效低。

思考与巩固

1. 清水砖墙饰面的勾缝应如何处理？一共有几种形式？
2. 清水砖墙饰面对砌筑工艺有哪些要求？
3. 什么是装饰混凝土墙体饰面？

七、内墙面特殊部位的装饰构造

学习目标	本小节重点讲解内墙面特殊部位的装饰构造。
学习重点	了解窗帘盒、暖气罩、壁橱、线脚与花饰的构造。

1 窗帘盒

窗帘盒设置在窗口上方，主要用来吊挂窗帘，并对窗帘导轨等构件起遮挡作用。窗帘盒的长度一般为洞口宽度 +400mm 左右（洞口两侧各 200mm 左右）；深度（即出挑尺寸）与所选用的窗帘材料的厚薄和窗帘的层数有关，一般为 120～200mm。

（1）吊挂窗帘的方式

窗帘盒内吊挂窗帘的方式有软线式、棍式和轨道式三种。

软线式

● 做法：使用直径为 4mm 的铅丝或包有塑料的各种软线吊挂窗帘。为防止软线受气温的影响产生热胀冷缩而出现松动或由于窗衬过重而出现下垂，可在端头设元宝螺母加以调节。

● 适用：适用于吊挂较轻质的窗帘或用于跨度在 1.2m 以内的窗口中。

棍式

● 做法：采用直径为 10mm 的钢筋、铜棍或铝合金棍等吊挂窗帘布，具有较好的刚性。

● 适用：适用于 1.5 ～1.8m 宽的窗口。

轨道式

● 做法：采用铜或铝制成的窗帘轨道，轨道上安装小轮来吊挂和移动窗帘，具有较好的刚性。

● 适用：可用于大跨度的窗口和重型窗帘布。

（2）窗帘盒的构造

窗帘盒多采用 20mm 厚的木板制作，固定在过梁或其他结构构件上。当层高较低或者窗过梁下沿与顶棚在同一标高时，窗帘盒可以隐蔽在顶棚上，并固定在顶棚格栅上。另外，窗帘盒还可以与照明灯具、灯槽结合布置。

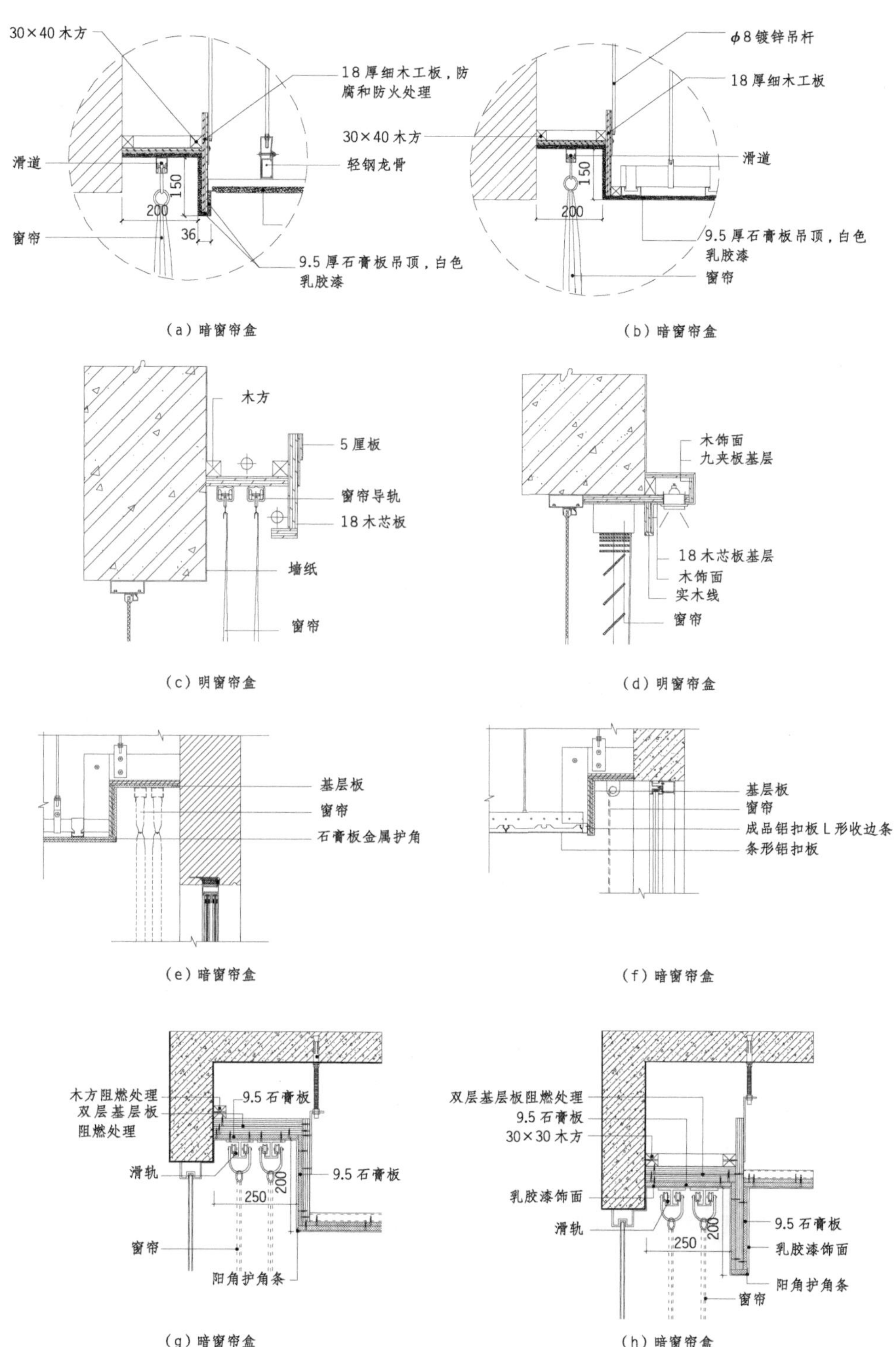
30×40 木方
18 厚细木工板，防腐和防火处理
30×40 木方
滑道
轻钢龙骨
150
200
36
窗帘
9.5 厚石膏板吊顶，白色乳胶漆
(a) 暗窗帘盒
ϕ8 镀锌吊杆
18 厚细木工板
滑道
150
200
9.5 厚石膏板吊顶，白色乳胶漆
窗帘
(b) 暗窗帘盒
木方
5 厘板
窗帘导轨
18 木芯板
墙纸
窗帘
(c) 明窗帘盒
木饰面
九夹板基层
18 木芯板基层
木饰面
实木线
窗帘
(d) 明窗帘盒
基层板
窗帘
石膏板金属护角
(e) 暗窗帘盒
基层板
窗帘
成品铝扣板 L 形收边条
条形铝扣板
(f) 暗窗帘盒
木方阻燃处理
双层基层板阻燃处理
9.5 石膏板
滑轨
9.5 石膏板
250
200
窗帘
阳角护角条
(g) 暗窗帘盒
双层基层板阻燃处理
9.5 石膏板
30×30 木方
乳胶漆饰面
滑轨
250
200
9.5 石膏板
乳胶漆饰面
阳角护角条
窗帘
(h) 暗窗帘盒

↑窗帘盒的构造

2 暖气罩

暖气散热器一般设在窗前下，通常与窗台板等连在一起。常用的布置方法有窗台下式、沿墙式、嵌入式和独立式等几种。暖气罩既要能保证室内均匀散热，又要造型美观。暖气罩可分为木质和金属两类。

（1）木质暖气罩

木质暖气罩，采用硬木条、胶合板等做成格片状，也可采用上下留空的形式。这种暖气罩的舒适感较好。

（2）金属暖气罩

金属暖气罩，采用钢或铝合金等金属板冲压打孔，或采用格片等方式制成。钢板表面可做成烤漆或搪瓷面层，铝合金表面可氧化成光泽或色彩。固定方式有挂、插、钉、支等。这种暖气罩具有性能良好、坚固耐用等特点。

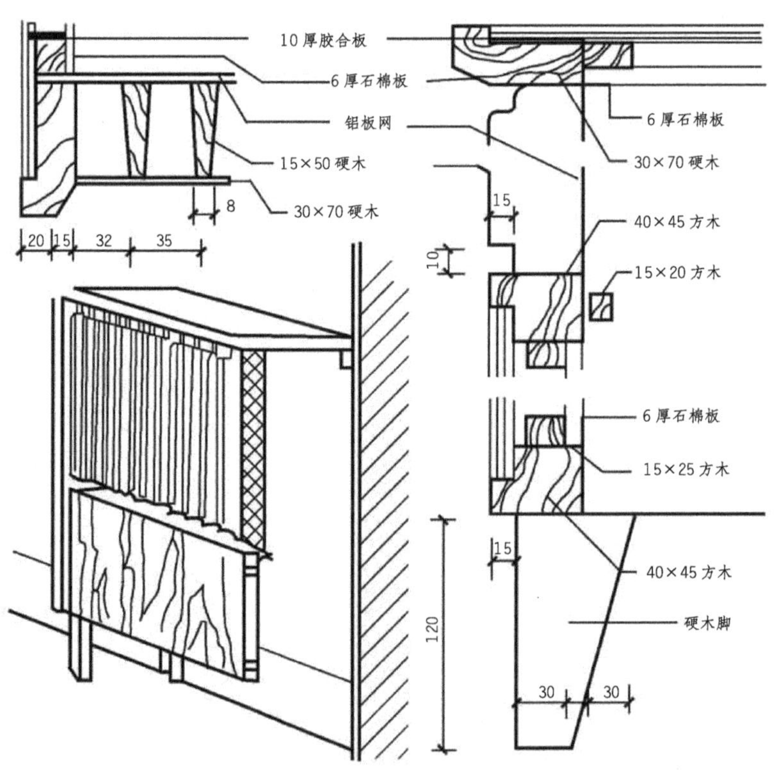

↑木质暖气罩的构造

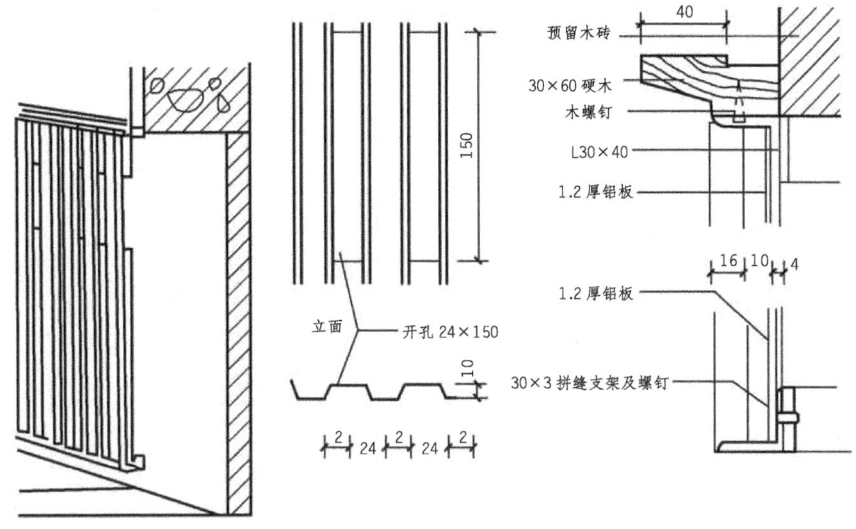

↑金属暖气罩的构造

3 壁橱

壁橱通常设置在室内的入口、边角部位或者与其他家具组合在一起，主要作用为储物，深度通常为 500 ～650mm。

壁橱的主体部分主要由壁橱板和橱柜门组成，门可以是平开门也可以是移门，还可以不安装门，而直接用门帘遮挡内部。橱柜内部还应设置抽屉、隔板、挂衣棍和挂衣钩等。

小贴士

壁橱构造须知

壁橱构造应注意解决防潮和通风问题，以避免变形现象。当壁橱兼做两个房间的隔断使用时，还应注意隔声的问题。对于尺寸较大的壁橱，还可安装灯具用于照明。

4 线脚与花饰

线脚是装饰线的总称；花饰是指在抹灰过程中现制或预制的各种应用于墙面上的浮雕图形。

(1) 线脚

线脚按照作用可分为挂镜线、檐板线、装饰压条等；按照材质分类可分为抹灰线脚、木线脚及其他材料线脚，其中抹灰线脚和木线脚应用广泛。

作用分类

①挂镜线：是在室内四周墙面、距顶棚以下 200mm 处悬挂装饰物、艺术品、图片或其他物品的支撑件。壁纸、壁布上部收边压条，可用挂镜线代替。挂镜线与墙体的固定采用胀管螺钉固定或用胶黏剂直接与墙体粘接。

②檐板线：是内墙与顶棚相交处的装饰线。檐板线可用于各类内墙面上部装饰的收口、盖缝，同时，对内墙与顶棚相交处的阴角进行装饰。可采用粘、钉的方式进行固定。

③装饰压条：是对内墙的墙裙板、踢脚板及其他装饰板的接缝进行盖缝、装饰的压条。可采用钉、粘方式进行固定。

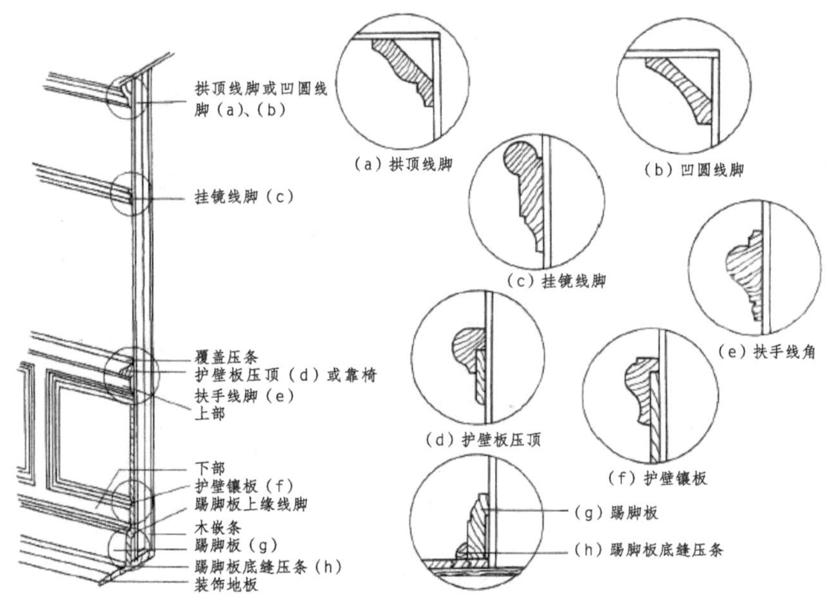

↑不同类型的线脚应用示意图

材料分类

①抹灰线脚：抹灰线脚的式样很多，线条有简有繁，形状有大有小，一般可分为简单灰线和多线条灰线两大类。简单灰线常用于室内顶棚四周及方柱、圆柱的上端；多线条灰线一般指三条以上、凹槽较深、开头不一定相同的灰线，常用于房间的顶棚四周、灯光装置的周围等。

②木线脚：木线脚主要有檐板线脚、挂镜线脚等。挂镜线角是悬挂镜框和其他装饰物的支撑件，实用性很强，多设置在距顶棚 200mm 以下。木线脚的各种板条一般都固定于墙内木榫或木砖上。

③其他材料线脚：其他材料线脚包括石膏线胶、PU 线脚、金属线脚等。石膏线脚是用石膏粉掺入纤维脱模而成，成本低，效果良好；PU 线脚是用 PU 合成原料制作的，防潮、防霉，阻燃、质轻，不会受天气变化影响而龟裂或变形，可水洗，使用寿命长；金属线脚是用铝、铜、不锈钢板冲压而成，体轻壁薄。

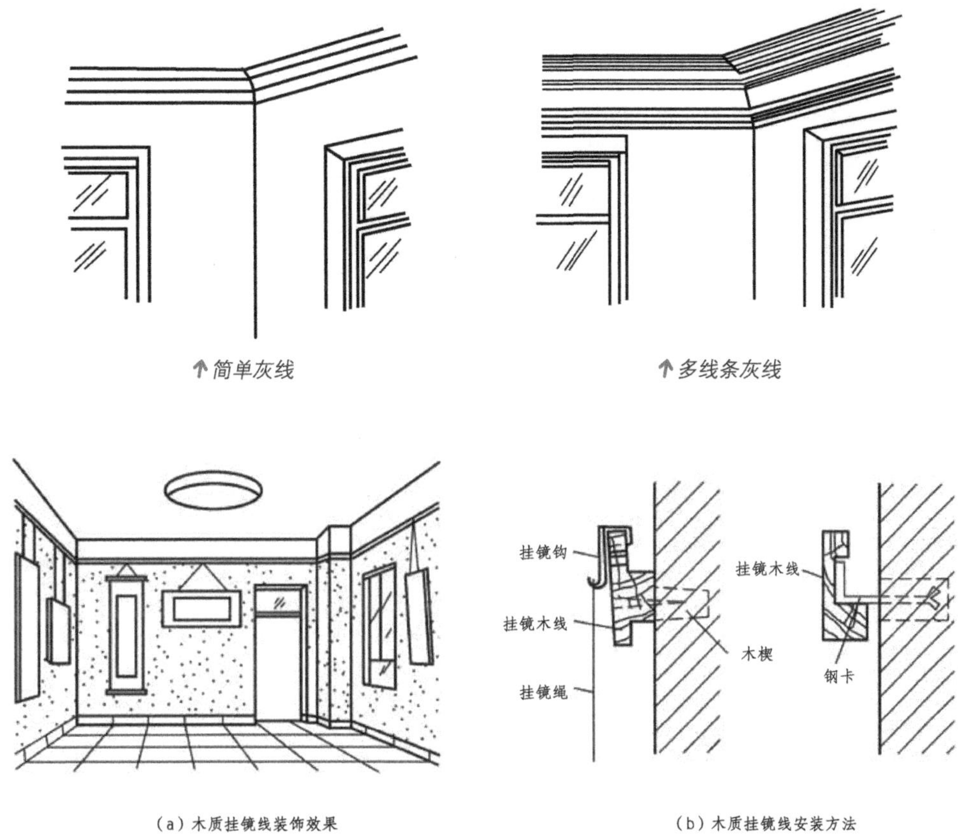

↑简单灰线

↑多线条灰线

(a) 木质挂镜线装饰效果

(b) 木质挂镜线安装方法

↑木质挂镜线的构造

(2) 花饰

花饰与抹灰线脚在适用范围和工艺原理等方面均相同，不同的是花饰的花型会根据采用模具的不同而发生变化，且原料是石膏浆。其制作工艺同抹灰线。

思考与巩固

1. 窗帘盒通常使用何种材料制作？固定位置有几种？
2. 暖气罩有几种布置形式？可分为几种类型？
3. 安装壁橱应注意哪些方面的问题？
4. 线脚按照作用可分为几类？分别如何安装？
5. 抹灰线脚通常设置在房间内的哪些位置上？

八、隔墙与隔断

学习目标	本小节重点讲解隔墙与隔断。
学习重点	了解隔墙与隔断的特点、设计要求，以及不同种类隔墙和隔断的构造。

1 隔墙与隔断的特点及设计要求

一般性抹灰是指采用石灰砂浆、混合砂浆、聚合物水泥砂浆、麻刀灰、纸筋灰等材料，对建筑物内墙的面层进行抹灰和石膏浆罩面。

（1）隔墙与隔断的特点

隔墙与隔断均是分隔空间的非承重构件，作用为对空间的分隔、引导和过渡。但两者在分隔空间的程度、特点和拆装的灵活性方面又存在一些差异。

隔墙

· 范围：一般到顶

· 特点：不仅能够限定空间范围，还能较大限度地满足隔声、阻隔视线等需求。隔墙一旦设置，往往不能经常变动

隔断

· 范围：镂空或可活动的

· 特点：限定空间的程度比隔墙小，但在空间的变化上，可以产生丰富的效果，能够增加空间的层次感，有些隔断还可通过折叠或推拉随时使空间独立或连通。与隔墙相比，隔断比较容易移动和拆装

（2）设计要求

隔墙与隔断属于非承重构件，对它们的设计有以下要求。

①隔墙和隔断的重量需要由其他构件承重，因此要求它们自身应有较轻的重量。

②应具有较薄的厚度，以减少建筑内有效空间的占用。

③便于移动或拆卸，满足使用功能的变化。

④隔墙应具有一定的隔声能力，且根据所处位置的不同，还应具有防水、防潮、防火等功能。

⑤隔断应根据分隔空间的性质来确定具体形式，一般要求空透且样式美观，并能与整体环境相协调。

2 隔墙构造

隔墙按照构造方式可分为砌筑式隔墙、立筋式隔墙及板材隔墙三种类型。

(1) 砌筑式隔墙

用黏结砂浆将预制块材砌筑成非承重墙体即为砌筑式隔墙，适合用在长期分隔的空间之间，其隔声性、耐久性和耐潮湿的性能都比较好。但自重大，且必须湿作业。可分为黏土砖隔墙、切块隔墙和玻璃砖隔墙三类。

黏土砖隔墙

- 砌筑材料：普通黏土砖或黏土空心砖。
- 砌筑方式：顺砌或侧砌，普通黏土砖半砖顺砌隔墙较为常见。
- 注意事项：构造上应注意墙的稳定性，若高度超过 3m，长度超过 5m，通常每隔 5 ～7 皮砖，在纵横墙交接处的砖缝中应放置两根直径为 6mm 的毛拉钢筋。在隔墙上部和楼板交接处，需用立砖斜砌。当隔墙上设门时，需用预埋件或木砖将门框拉结牢固。

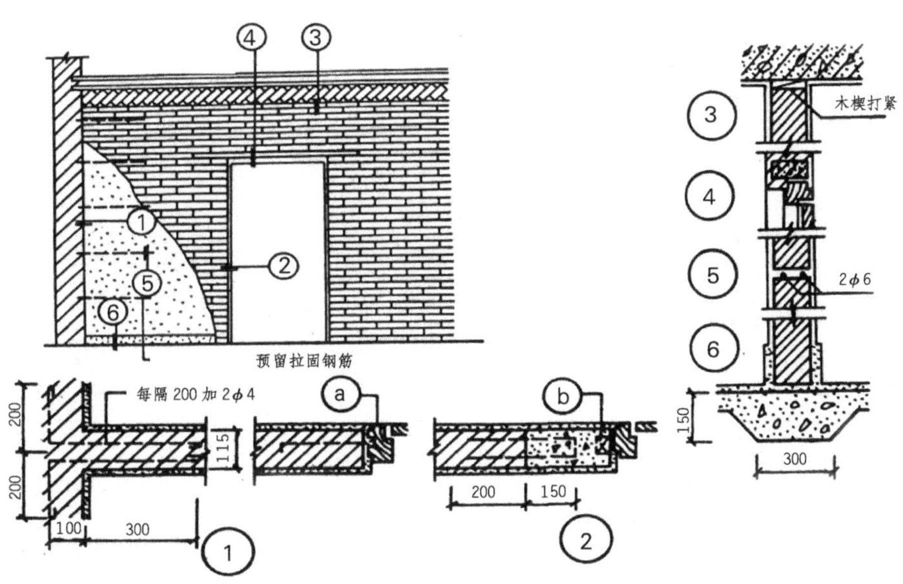

↑半砖隔墙（120mm 厚）构造示意图

小贴士

半砖隔墙的砌筑要求

砂浆≥M2.5；高度≤5m；顶部砖斜砌；楼板加厚。两端每600mm高设2φ4钢筋与承重墙拉结。

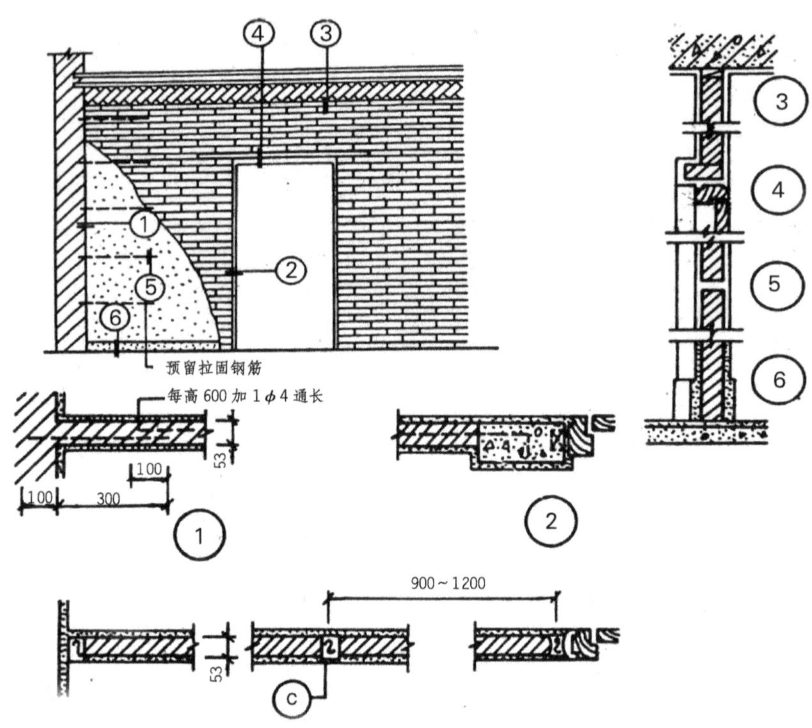

↑ 1/4 砖隔墙 (60mm 厚) 构造示意图

小贴士

1/4砖隔墙的砌筑要求

砂浆≥M5；尽量不设门窗洞口。两端每600mm高设1ϕ4钢筋与承重墙拉结；每1.2m长设构造柱。

切块隔墙

● 砌筑材料：加气混凝土、泡沫混凝土、水泥炉渣砌块等。

● 砌筑方式：同黏土砖隔墙。

● 注意事项：同黏土砖隔墙，但采用防潮性能差的砌块时，应在墙下部先砌 3 ～ 5 皮黏土砖。

玻璃砖隔墙

● 隔墙特点：隔热、隔声，绝缘、防水、耐火，通过对光的控制，可满足功能要求或特殊效果，整面墙、窗、隔断、楼板、楼梯等部位均适用。

● 砌筑材料：特厚玻璃砖或组合玻璃砖。

● 砌筑方式：分为有框和无框两种。

● 注意事项：缝隙中应设置钢筋加强整体性；采用白水泥浆或玻璃胶粘贴。

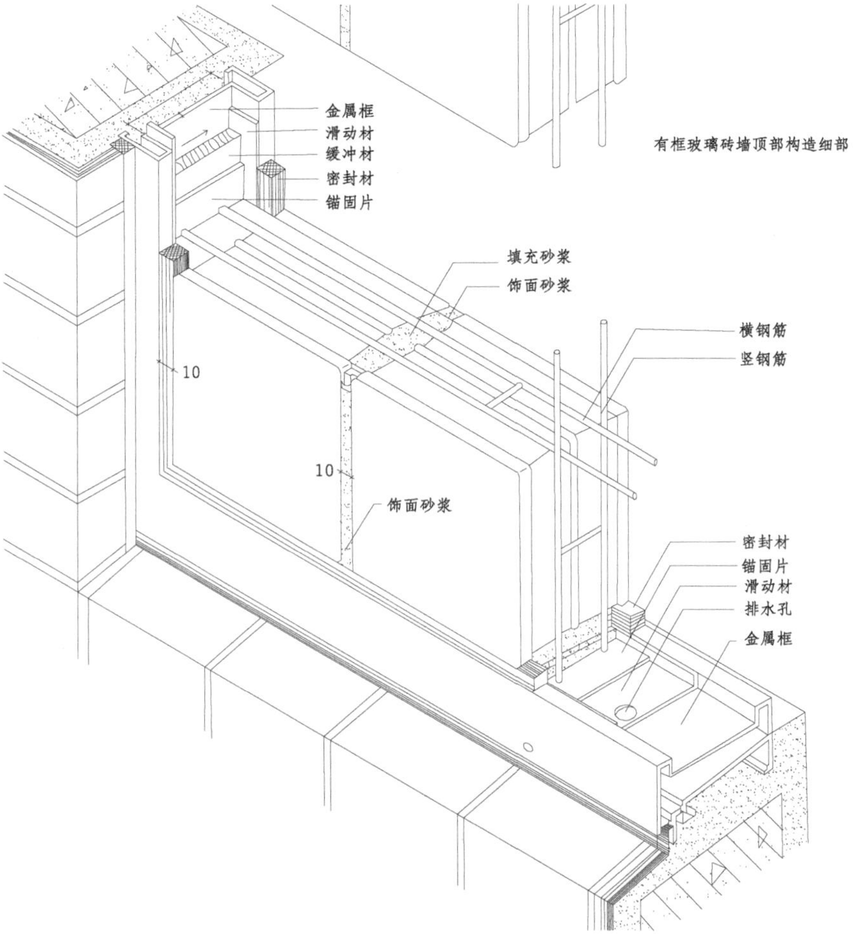

有框玻璃砖墙顶部构造细部
金属框
滑动材
缓冲材
密封材
锚固片
填充砂浆
饰面砂浆
横钢筋
竖钢筋
10
10
饰面砂浆
密封材
锚固片
滑动材
排水孔
金属框

↑有框玻璃砖墙侧部、底部构造示意图

120
转角玻璃砖
饰面砂浆
填充砂浆
横钢筋
竖钢筋
95
25
120
120
95
95
190
145

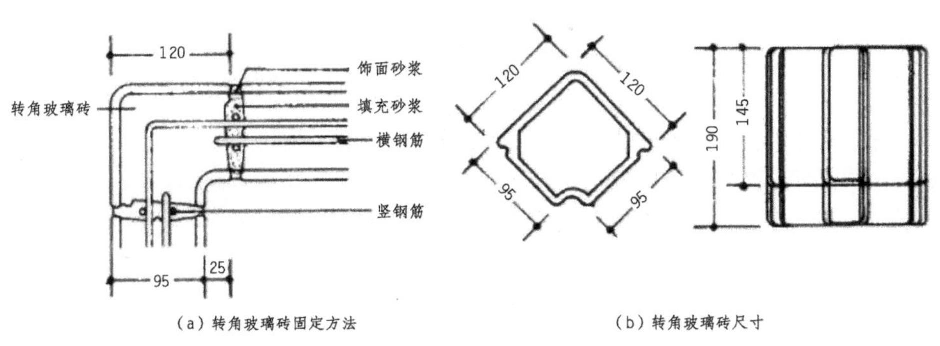

（a）转角玻璃砖固定方法

（b）转角玻璃砖尺寸

↑玻璃砖墙转角构造示意图

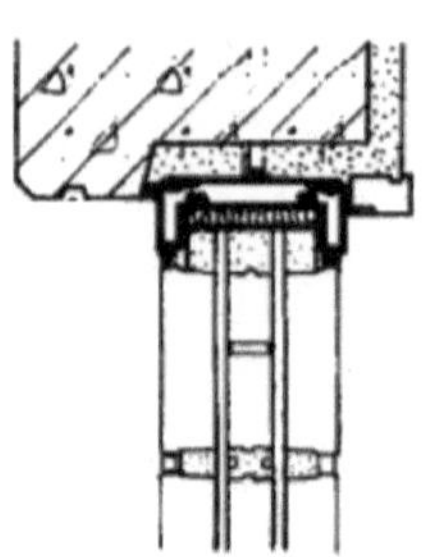
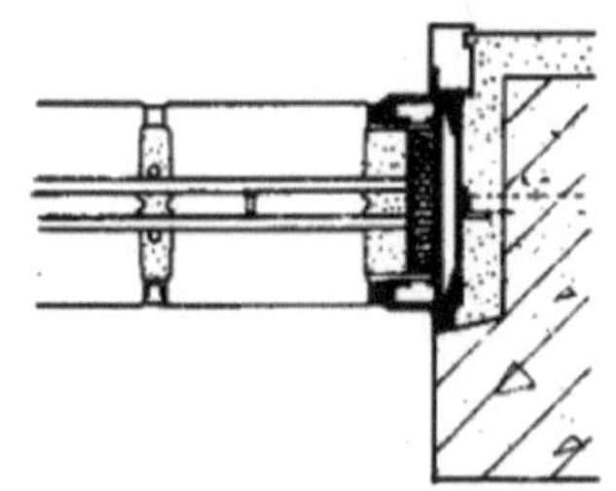
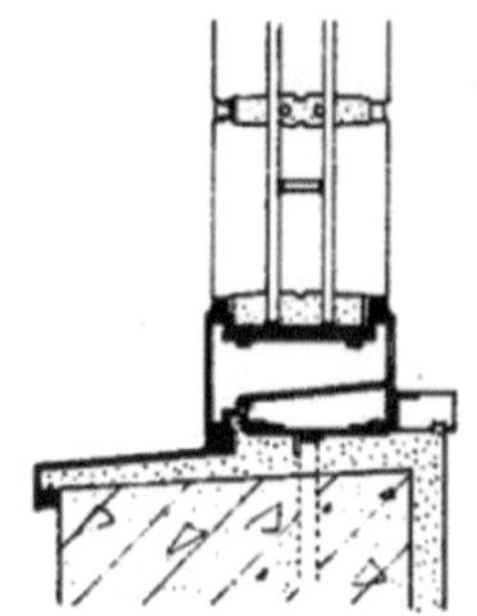

↑玻璃砖金属框墙顶部、侧部及底部构造示意图

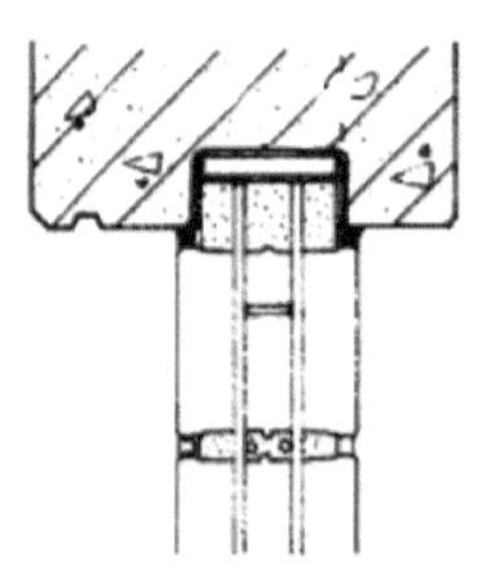
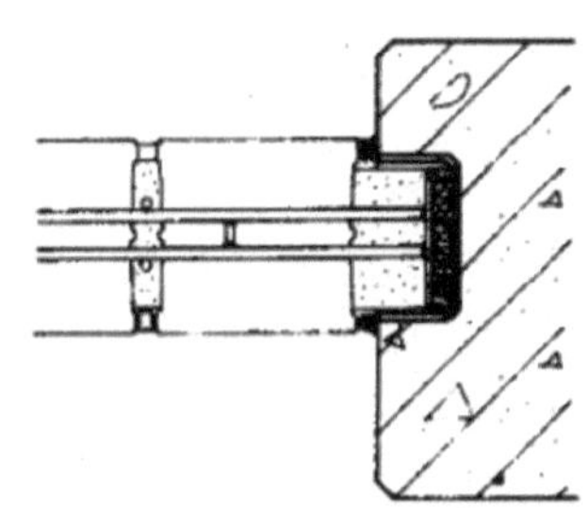
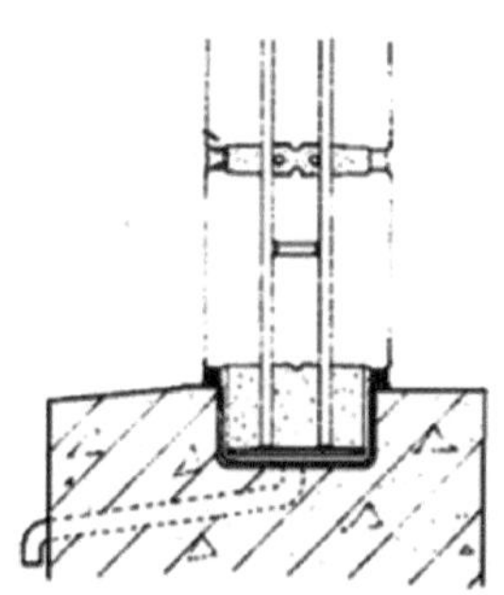

↑玻璃砖无框墙顶部、侧部及底部构造示意图

（2）立筋式隔墙

立筋式隔墙也称为立柱式、龙骨式隔墙。它是以木材、钢材或其他材料构成骨架，把面层钉结、涂抹或粘贴在骨架上形成的隔墙。面层有抹灰面层和人造板面层。此类隔墙重量轻、厚度薄、采用干作业法施工，是目前应用较为广泛的隔墙形式。常用的骨架有木骨架、金属骨架和石膏骨架等。

木骨架隔墙

木骨架隔墙具有自重轻、构造简单、拆装方便等特点，因此应用广泛；但其不耐火和水，且隔声性能差。

木骨架由上槛、下槛、立筋、斜撑或横档等构成，立筋靠上下槛来固定。木料断面通常为50mm×70mm或50mm×100mm，可根据房高选择。立筋之间沿高度方向每隔1.5m左右应设斜撑一道，两端与立筋撑紧、钉牢，若表面为铺钉式面板，则应将斜撑改为水平横档，立筋与横档的间距视面层材料的规格而定，一般灰板条抹灰饰面为400mm或600mm，饰面板为450mm或600mm。

隔墙饰面及在木骨架上铺饰的各种墙面材料，常用的为板条抹灰、板条钢丝网抹灰、钢丝网抹灰、纸面石膏板、水泥刨花板、塑钙板、装饰吸声板及各种胶合板、纤维板等。

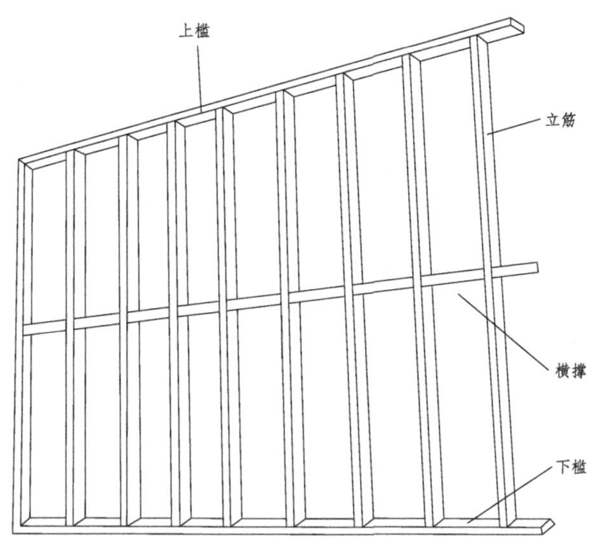

↑木骨架隔墙骨架

①板条抹灰隔墙：在墙筋上钉灰板条，然后抹灰即为板条抹灰隔墙。板条的尺寸有两种：1200mm×24mm×6mm（适用于 400mm 间距的墙筋）和 1200mm×38mm×9mm（适用于 600mm 间距的墙筋），前者使用较多。板条横钉于墙筋上，隔墙上如设门窗时，门窗框两侧须加设墙筋。为了防水和防潮，并保证水泥砂浆踢脚的质量，下部可先砌 2 ~3 皮黏土砖。对于防火和防潮性能要求高的房间，灰板条外可加钉钢丝网，而后用水泥砂浆抹面。

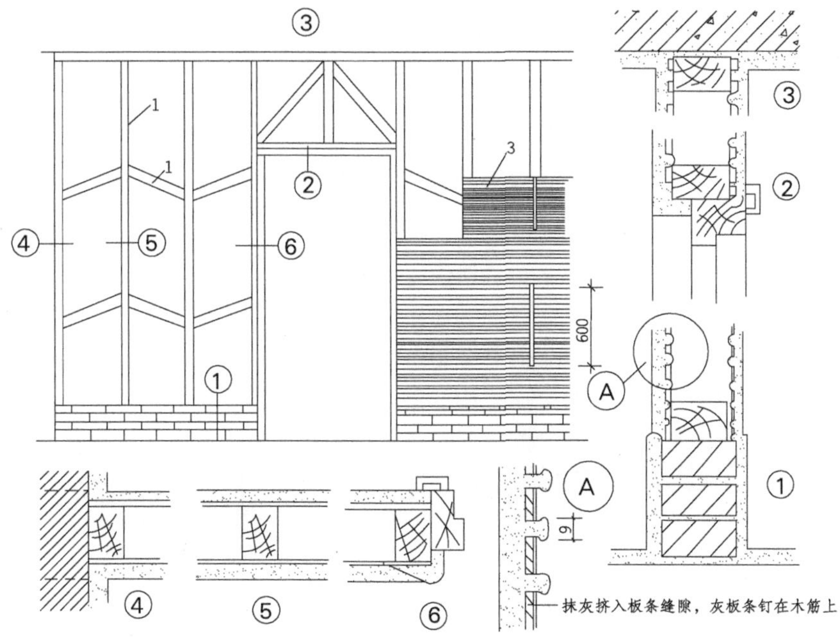

↑板条抹灰隔墙构造

小贴士

板条抹灰隔墙施工注意事项

板条与板条之间要留出7～10mm的间隙，便于让底灰挤入板条间隙的背面；板条的接头处应留出3～5mm的缝隙，以避免因板条湿胀干缩而引起面层抹灰开裂或变形；为了避免因板条接缝在一根墙筋上过长，而导致面层抹灰开裂、脱落，每间隔约600mm应左右错开一档墙筋，并在板条墙与砖墙相交处加钉钢筋网，每侧宽200mm左右，以进一步减少面层抹灰开裂的可能性。

②面板隔墙：在立筋的一面或两面固定面板，即为面板隔墙。室内木墙筋隔墙所使用的面板多为三合板、木纤维板及石膏板等，面板可采用钉固定或加胶粘的固定方式。罩面板的安装主要有两种方式：一种是将面板镶嵌在骨架内，或将面板用木压条固定在骨架之间，即为嵌装式；另一种是将面板安装在骨架之外，将骨架完全掩盖，即为贴面式。

贴面式隔墙需要在立筋上拼缝，常见的拼缝方式有明缝、压缝、嵌缝、坡缝、暗缝等。不同类型的缝隙装饰效果不同，明缝以凹形为主；压缝和嵌缝是在缝隙处钉木压条或嵌装金属压条；坡缝多为V形；暗缝是指将石膏板边缘刨成斜角，拼接后板缝处嵌填腻子，表面粘贴纸带的做法。缝隙可根据造型风格及形式要求具体选择。

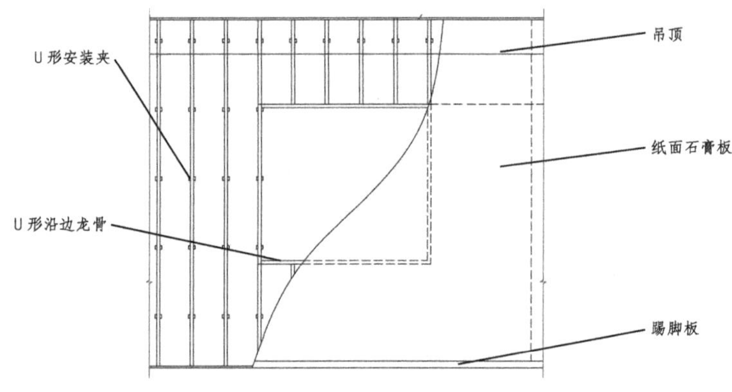

（a）纸面石膏板轻钢龙骨隔墙

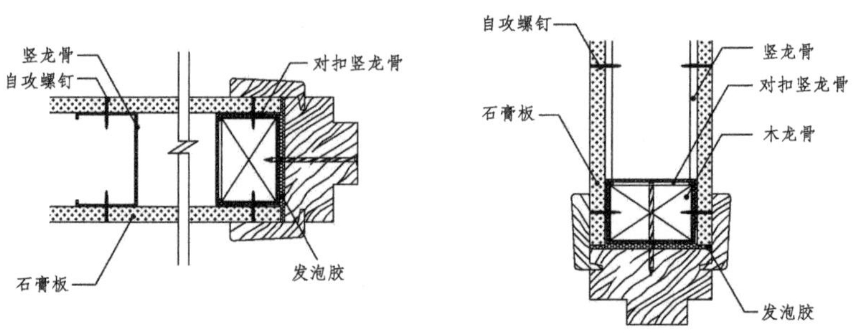

（b）细部构造节点

↑面板隔墙的构造

金属骨架隔墙

金属骨架一般采用薄壁型钢、铝合金或拉眼钢板网制作，具有强度高、刚度大、自重轻、整体性好等特点，且易于加工和大批量生产，还可根据需要拆卸和组装。金属骨架隔墙是在金属墙筋外铺钉面板而制成的隔墙。常用的为轻钢龙骨隔墙和铝合金框架隔墙。

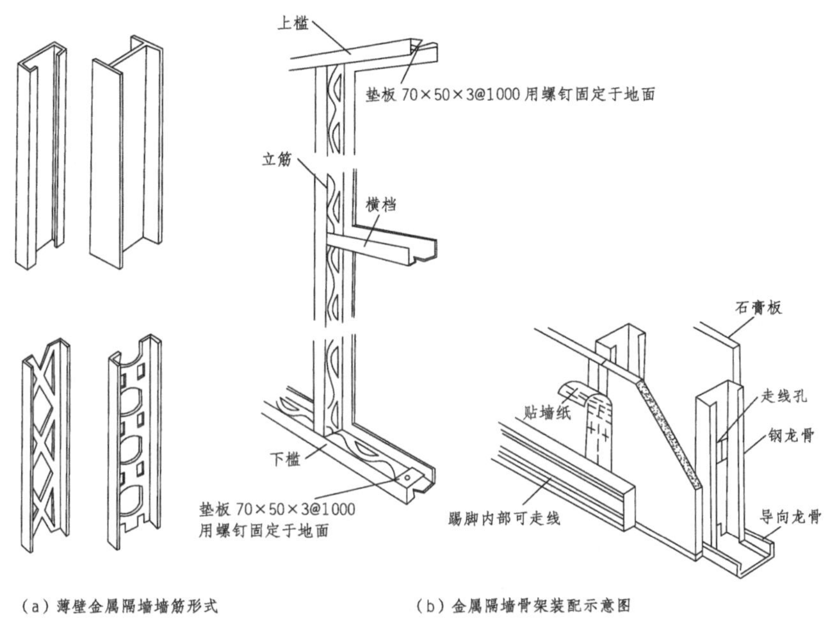

↑金属骨架形式及装配

①轻钢龙骨隔墙：一般由竖向龙骨、横撑龙骨、加强龙骨及各种配件组成。一般做法是用沿顶、沿地龙骨与沿墙（柱）龙骨构成隔墙的边框，而后在中间设竖龙骨，若需要加强骨架的整体刚性，还可加横撑龙骨和加强龙骨，龙骨间距一般为 400 ~600mm，具体可按照面板尺寸而定。骨架和楼板、墙或柱等构件连接时，多采用膨胀螺栓，墙筋、横档之间则靠各种配件或膨胀铆钉连接。

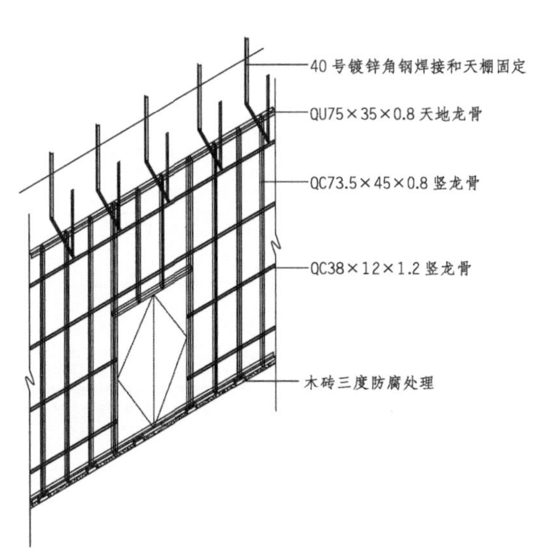

↑轻钢龙骨隔墙骨架构造

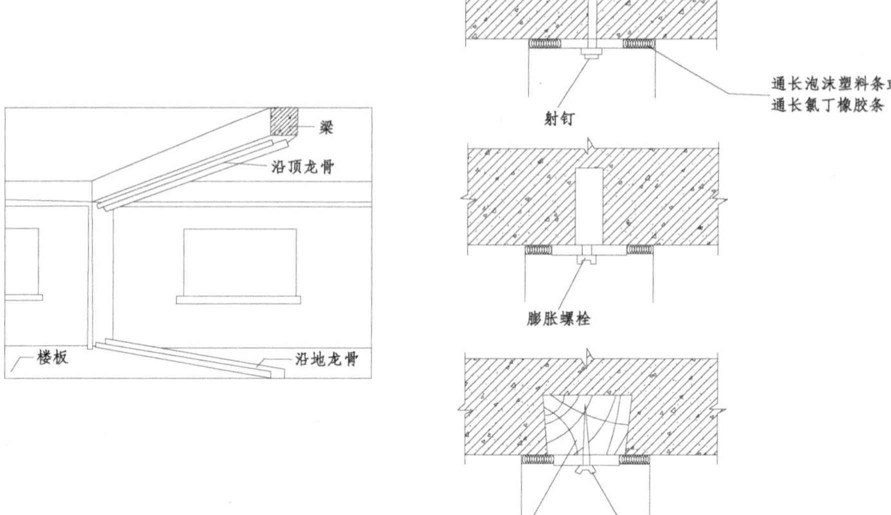

（a）隔墙轻钢龙骨的安装

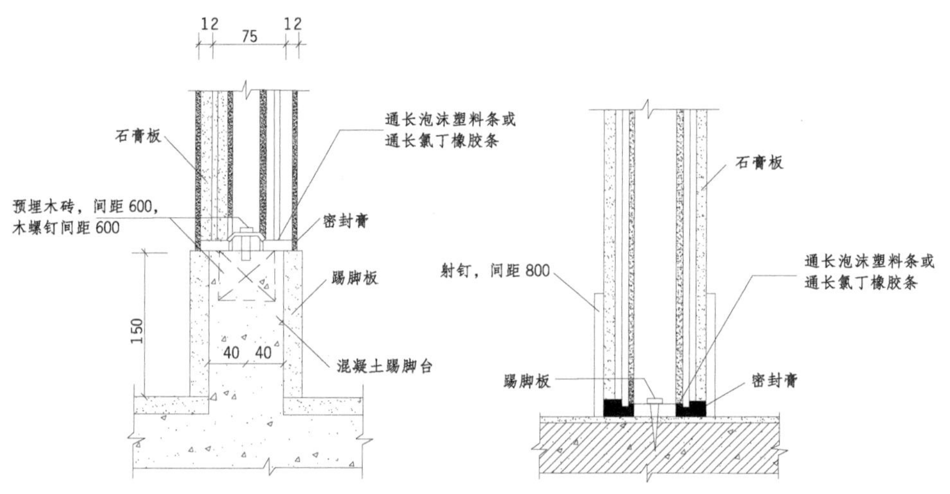

（b）隔墙下部构造

↑轻钢龙骨隔墙构造示例

②铝合金骨架隔墙：铝合金框架是一种新型的隔墙材料，采用 1.4 ~1.8mm 厚的钛镁铝合金制成龙骨，色彩鲜艳、抗氧化性强，面板为组装式，可拆卸，内部中空，可避免线管外露，维修方便，隔声；可重复使用，环保性强。面板可以采用玻璃。面板与骨架的固定方式有钉、粘、卡三种。

(3) 板材隔墙

板材隔墙是单板高度与房间净高相同、面积较大且不依赖骨架，直接装配而成的隔墙。但在需要增加隔墙稳定性时，也可以按照一定的间距设置一些竖向的龙骨。目前使用板条的主要为加气混凝土条板、泰柏板、轻质板、碳化石灰板、石膏空心板、彩色灰板等类型，以及如纸面蜂窝板、纸面草板等类型的复合板。

加气混凝土条板隔墙

● 特点：加气混凝土条板热导率低，保温性能、抗震性能和防火性能好，可锯、可刨、可钉，但其吸水性大、耐腐蚀性差、强度较低，不适合高温、高湿环境的室内。

● 做法：隔墙两端板与建筑墙体的连接，可采用预埋插筋的做法；条板顶端与楼面或梁下用黏结砂浆做刚性连接，下端用一对对口木楔在板底处将条板楔紧。而后用细石混凝土将木楔空间填实；条板之间用水玻璃砂浆 [水玻璃：磨细矿砂：细砂 =1 ：1 ：2（质量比）] 或 107 胶砂浆 [107 胶：珍珠岩粉：水 =100 ：15 ：2.5（质量比）] 黏结。当隔墙设门窗洞口时，门窗框与隔墙多采用胶粘圆木的做法连接，即在条板与门窗框连接的一侧钻孔（直径 25 ～30mm，深 80 ～100mm），孔内先用水润湿，而后将涂满 107 胶水泥砂浆的圆木塞入孔内，用圆钉或木螺钉将门窗框紧固在圆木上。

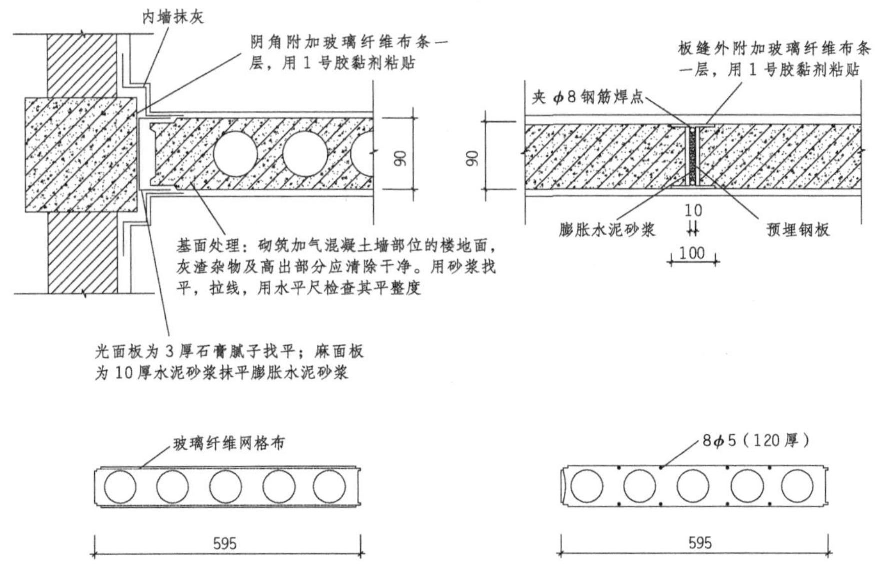

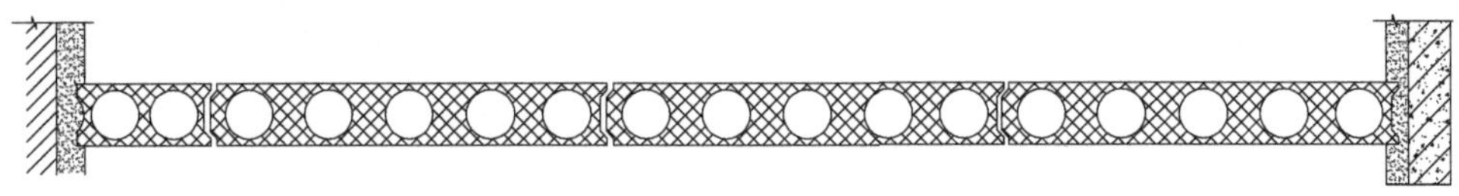

↑加气混凝土条板隔墙构造

泰柏板隔墙

● 特点：泰柏板也叫作双面钢丝网架板，是以阻燃聚苯泡沫板或岩棉板为板芯，两侧配以直径为 2mm 的冷拔钢丝网片，钢丝网目为 50mm × 50mm，腹丝斜插过由芯板焊接而成的轻质板材。具有较高节能、重量轻、强度高、防火、抗震、隔热、隔声、抗风化、耐腐蚀的优良性能，并有组合性强、易于搬运、适用面广、施工简便等特点。

● 做法：泰柏板安装时必须使用配套的连接件来固定，板与板的拼缝用配套的箍码连接，再用铅丝绑扎牢固，外用连接网或“之”字条覆盖，阴阳角和门窗洞口则采取加强措施。

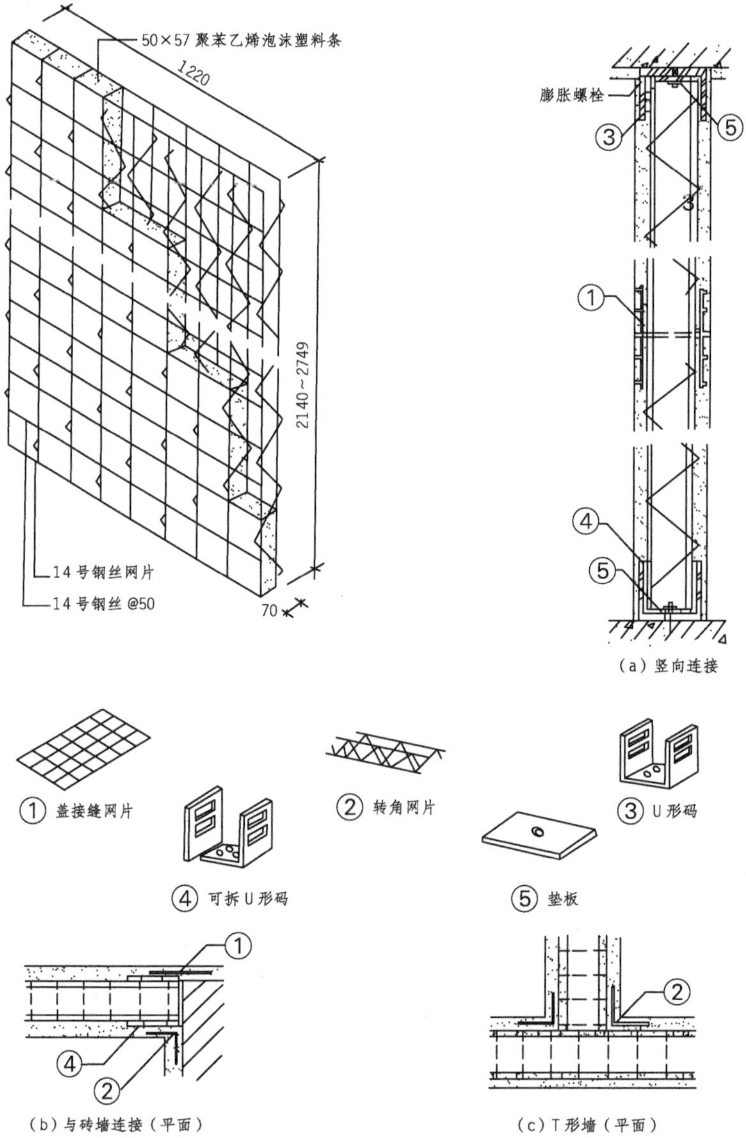

50×57 聚苯乙烯泡沫塑料条
1220
2140～2749
70
14 号钢丝网片
14 号钢丝 @50

膨胀螺栓

(a) 竖向连接

① 盖接缝网片
② 转角网片
③ U 形码
④ 可拆 U 形码
⑤ 垫板

(b) 与砖墙连接（平面）

(c) T 形墙（平面）

↑泰柏板隔墙构造

轻质板隔墙

● 特点：轻质板是用石膏、水泥或炉渣、水泥等为原料，以钢网为骨架做成的空心板，具有强度高、韧性好、保温隔热、耐火、隔声、抗震等优点，且经济耐用。

● 做法：轻质板隔墙一般是通过钢制 L 或 U 件配合水泥来连接固定。门窗与隔墙连接时，可采用胶粘法和附加框法。当采用木门窗框时，在框和轻质板之间先涂胶黏剂，而后再用木螺钉连接，即为胶粘法；当采用金属门窗框时，则需要用附加件连接，即为附加框法。

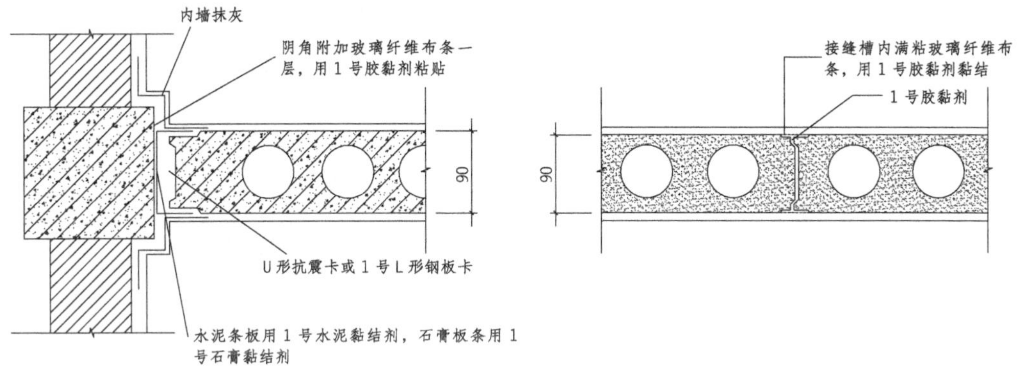

↑轻质板隔墙构造

3 隔断构造

隔断从形式上来说，可分为家具式隔断、屏风式隔断、移动式隔断和空透式隔断等。

（1）家具式隔断

家具式隔断就是利用各种室内家具，将大面积的空间分隔成多个功能不同区域的隔断方式，如玄关的鞋柜、餐厅和厨房之间的吧台等。这种分隔空间的方式，具有很强的流动性，既能够使空间整体保持开阔感，又能够提高空间组织的灵活性。此类隔断的构造根据使用家具的不同而不同，因此不再做详细的介绍。

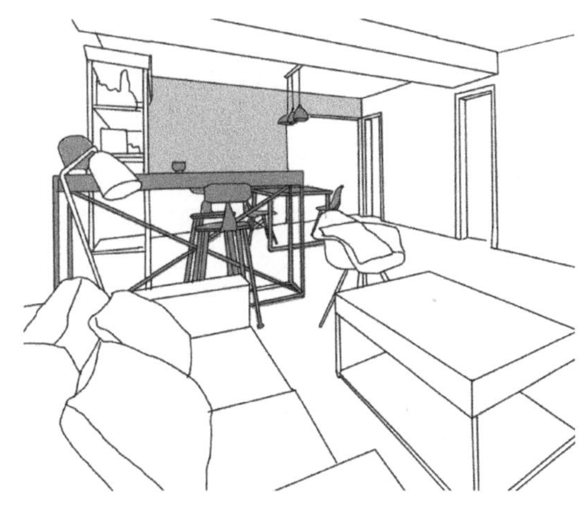

↑家具式隔断

（2）屏风式隔断

屏风式隔断具有一定的分隔空间和遮挡视线的作用，但它通常不到顶，高度一般为 1050 ~1800mm，因此不存在隔声作用。从构造上来说，屏风隔断可分为固定式和活动式两种类型。

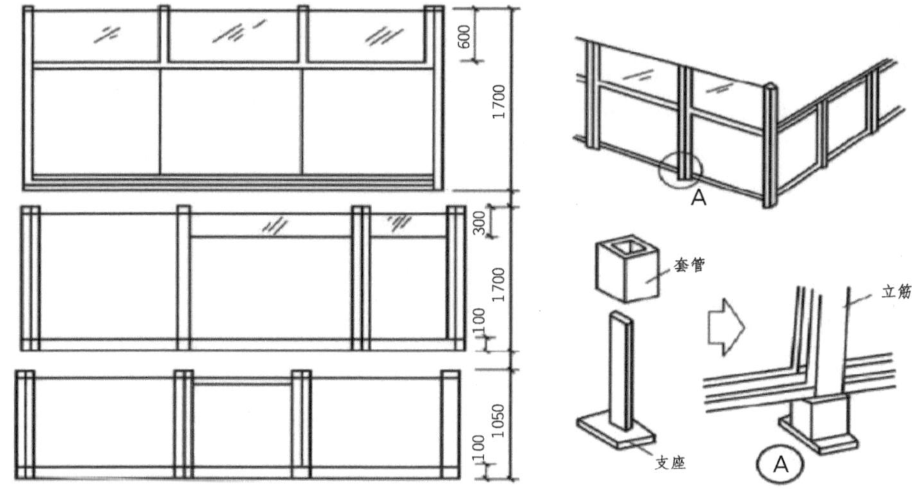

↑屏风式隔断

固定式隔断

固定式隔断分为预制板式和立筋骨架式两类。

①预制板式隔断：此类屏风隔断通过预埋铁件与周围的墙体、地面进行固定。

②立筋骨架式隔断：此类固定式隔断的构造与隔墙的构造类似，先安装骨架，而后在骨架两侧铺钉面板，也可以镶嵌玻璃。

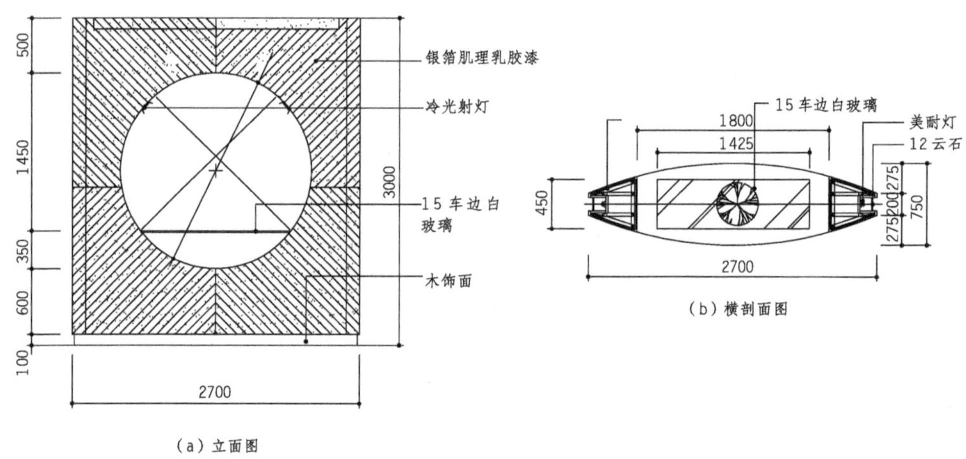

↑固定式隔断构造示例

活动式隔断

活动式隔断分为独立式和联立式两类。

①独立式活动隔断：此类屏风隔断一般采用木骨架或金属骨架，骨架两侧钉胶合板或纤维板，面层再以尼龙布或人造革包衬泡沫塑料，周边可以直接利用织物做缝边，也可以安装压条。而后，需要在下方安装金属支架，支架可以直接放在地面上，也可以加装橡胶滚轮或滑轮，使隔断整体可移动。

②联立式活动隔断：此类屏风隔断的构造与独立式基本相同，不同的是，联立式屏风隔断无支架，而是依靠扇与扇之间的连接形成一定形状而站立。传统的连接方式是在相邻扇的侧边上安装铰链，但不便移动；现多采用顶部连接件连接，移动和拆装都更方便。

（3）移动式隔断

移动式隔断可以随意地闭合和开启，能够灵活地使两部分空间独立或合并，灵活多变，且具有隔声和遮挡视线的作用。按照闭合方式分类，常见的移动式隔断包括拼装式、直滑式和折叠式三种类型。

拼装式隔断

● 特点：由若干独立的隔扇拼装而成，不需要左右移动，所以不安装导轨和滑轮。

● 做法：隔扇多由木框架两侧粘贴纤维板或胶合板制成，也可以粘贴塑料饰面或包人造革。为了便于安装和拆卸，隔断的上部设置一个断面为槽形或“丁”字形的长槛，需注意，采用“丁”字形长槛时，隔断上部应设一道较深的凹槽，而槽形长槛上则不需要凹槽。为了便于装卸，隔扇的顶端与平顶需保持 50mm 左右的缝隙。隔扇的下部做成踢脚，底下可加隔声密封条或使隔扇直接落地来满足隔声需求。还可在两侧板的中间设置隔声层，并将两扇的侧边做成企口缝来加强隔声作用。

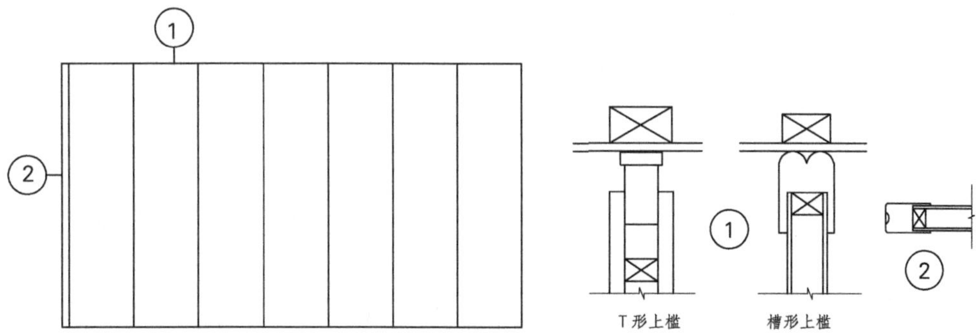

↑拼装式隔断构造

直滑式隔断

● 特点：直滑式隔断由多扇组成，隔扇可独立也可用铰链连接在一起。独立的隔扇可以沿着各自的轨道呈直线滑动。

● 做法：与拼装式隔扇相同，隔扇固定有悬吊导向式固定和支撑导向式固定两种方式。

悬吊导向式固定

悬吊导向式固定主要靠上方的悬吊部件来使隔扇运动，与地面间通常会存在一定的缝隙，常用两种方式来掩盖：第一种是在隔扇下端设置两行橡胶密封刷；第二种是在隔断的下端做凹槽，在凹槽内分段放置密封槛，密封槛可借助隔扇的自重紧压在地面上

支撑导向式固定

此种固定方式构造相对简单，安装方便，滑轮固定在隔扇的下端，与地面轨道共同构成下部的支撑点，并起到转动或移动隔扇的作用。上部安装隔扇晃动的导向杆，无需安装悬吊系统

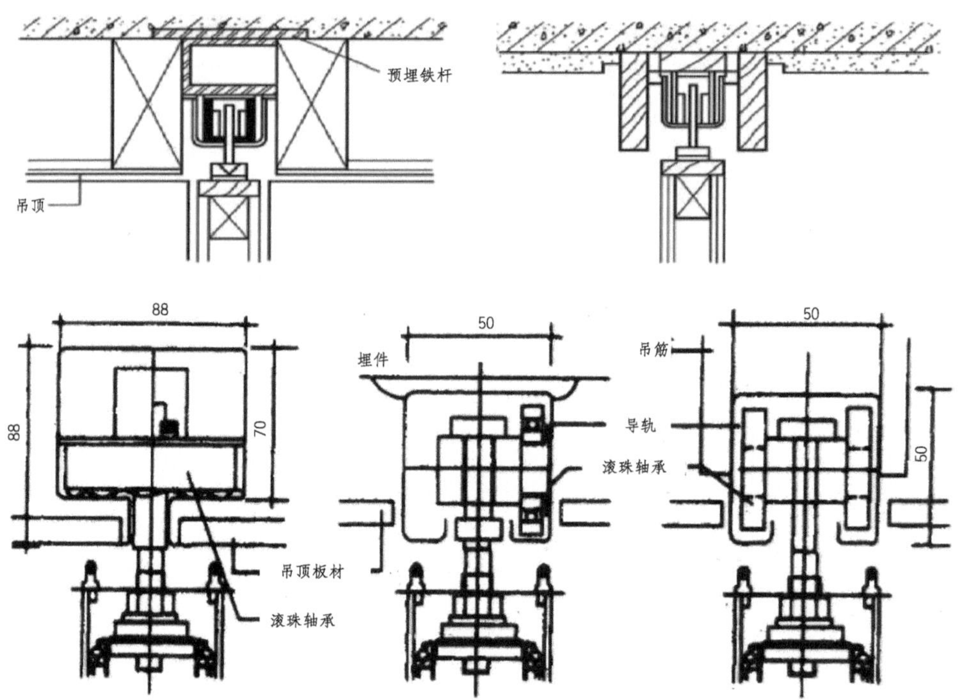

↑悬吊导向式固定

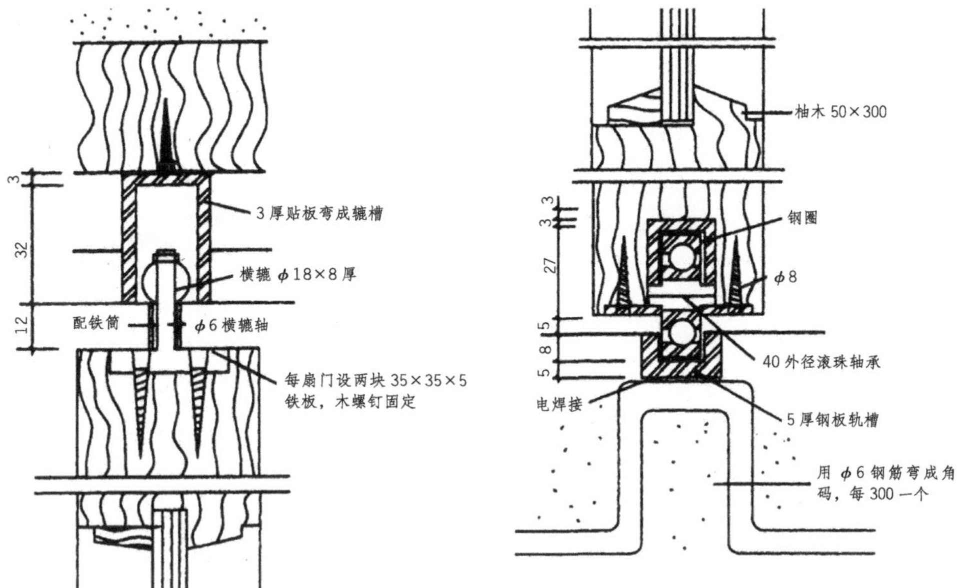

↑支撑导向式固定

折叠式隔断

● 特点：此种隔断可以如折叠门一般展开和收拢，使用材料有硬质和软质两类，硬质折叠式隔断由木隔扇或金属隔扇构成，隔扇之间用铰链连接；软质折叠式隔断由棉麻织品或橡胶、塑料材质制成。

● 做法：折叠式隔断由轨道、滑轮和隔扇三个组成部分。

折叠式隔断根据轨道和滑轮设置的不同，可分为悬吊导向式、支撑导向式和二维移动式三种固定方式

悬吊导向式和支撑导向式的构造同直滑式隔断

二维移动式隔断不仅可以如一般的移动隔断一样在某一位置做线性运动，还可以根据需要变动隔断的位置，对空间的划分更加灵活

硬质隔扇有木框架或金属框架，两面各贴一层木质纤维板或其他轻质板材，两层板之间为隔声层

软质隔断大多为双面式构造，面层可以使用帆布或人造革，面层中间加设内衬，其内部一般没有框架，而是使用木立柱或金属杆，面层固定在立柱或立杆上，立柱或立杆之间设置伸缩架来移动隔断

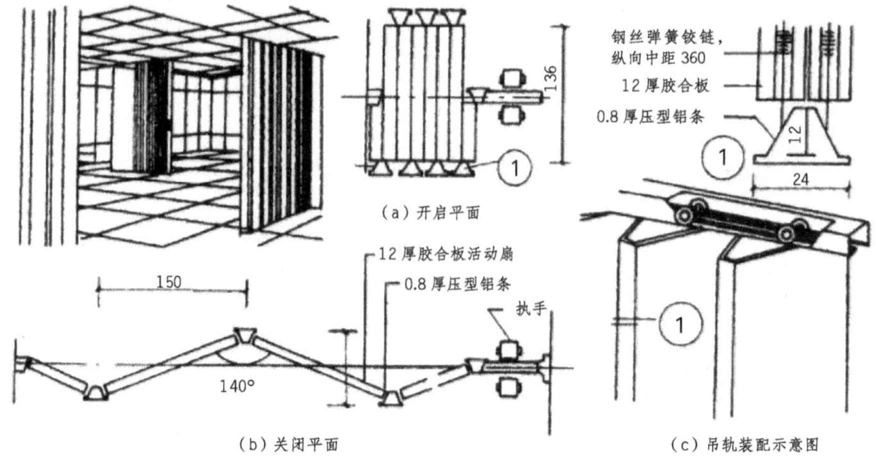

↑折叠式隔断构造

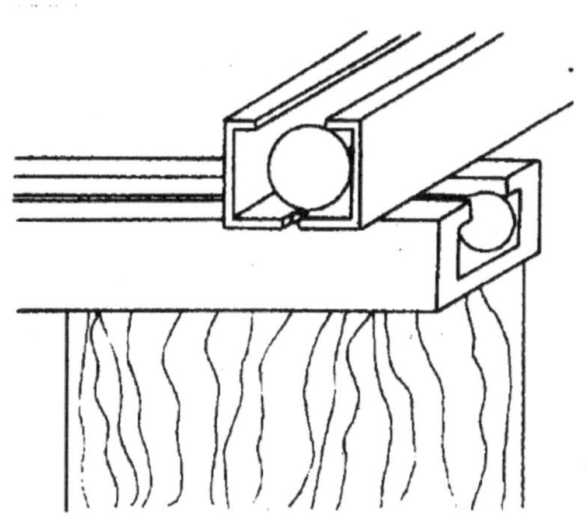

↑二维移动式隔断构造

（4）空透式隔断

空透式隔断指以限定空间为主要目的，辅以隔声、阻隔视线作用，甚至不具备隔声、阻隔视线作用的隔断。此类隔断能够增加空间的层次感和深度，具有极强的装饰性。其形式上有花格、落地罩、飞罩、格栅和博古架等；制作材料包括木料、竹、水泥、金属及玻璃等。

水泥制品空透隔断

● 用料：混凝土或水磨石花格。

● 做法：可用单一构件或多种构件拼装而成，拼装高度不大于 3m；也可以由竖向混凝土板组成框架，而后在板与板中间设置多种花格来制作。拼装构件多采用预留插筋连接和榫接等方式，构件与地面及上部大梁之间可用榫接、焊接或在板段预留钢筋，与梁底立筋焊接在一起。

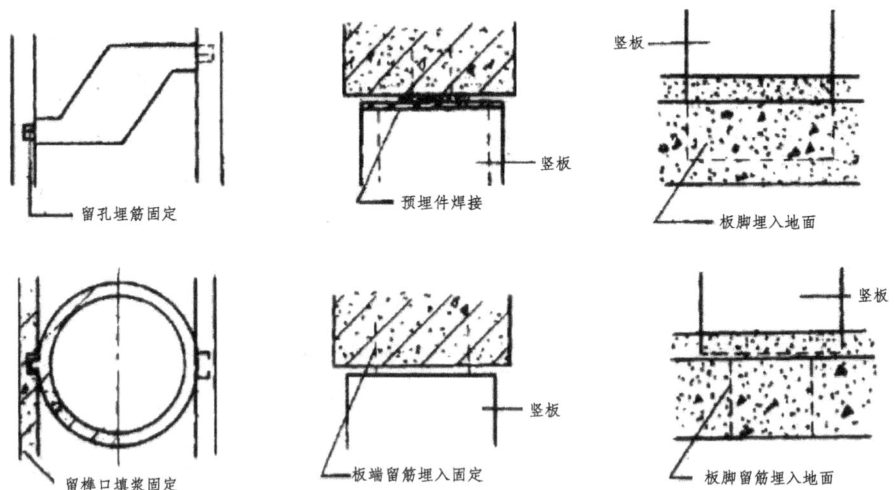

↑水泥条板及花格的拼接与固定

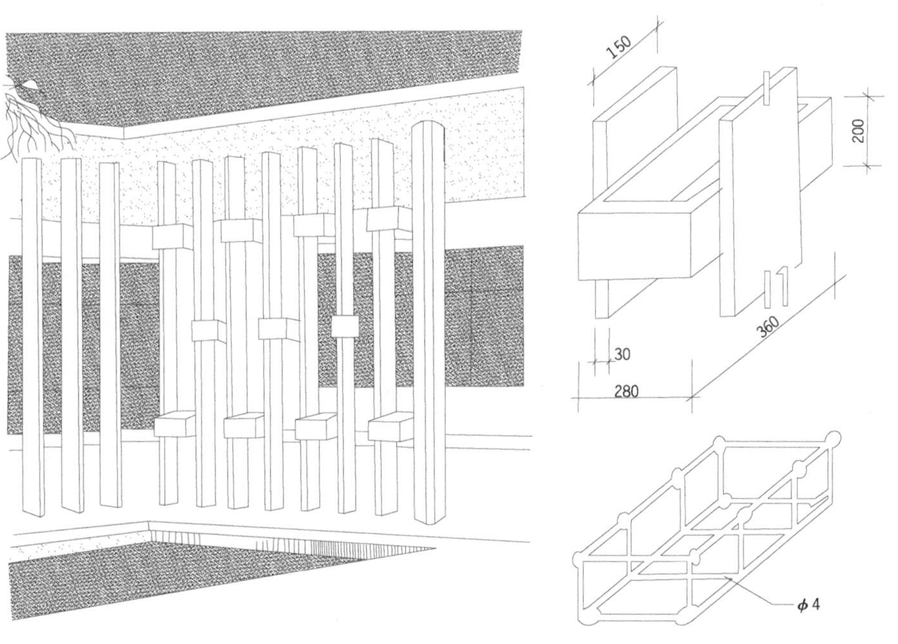

↑水磨石花格隔断

竹木花格空透隔断

- 用料：竹、木板条及花饰。
- 特点：轻巧、具有通透感，易与绿化相配。
- 做法：竹花格空透隔断采用质地坚硬、粗细均匀、表面光洁、直径为 10 ~50mm 的竹子

制作，竹子之间以竹销钉连接为主，此外，还可采用套、塞、穿、钉接、钢销、烘弯结合及胶接等连接方式；木花格空透隔断多使用硬杂木制作，木材之间以榫接为主，此外，还可采用胶接、钉接、销接、螺栓连接等方法。

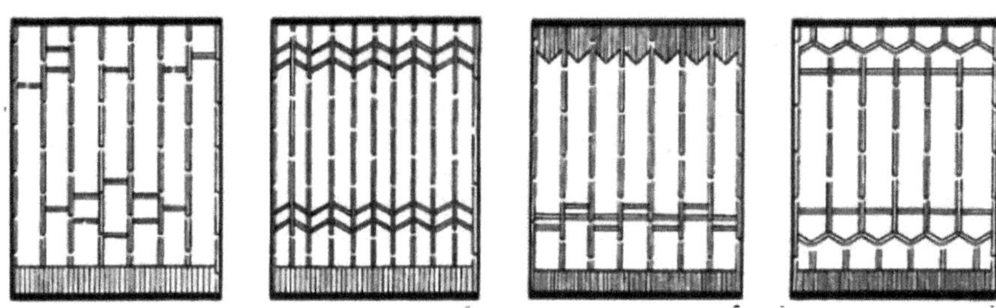

↑竹花格空透隔断

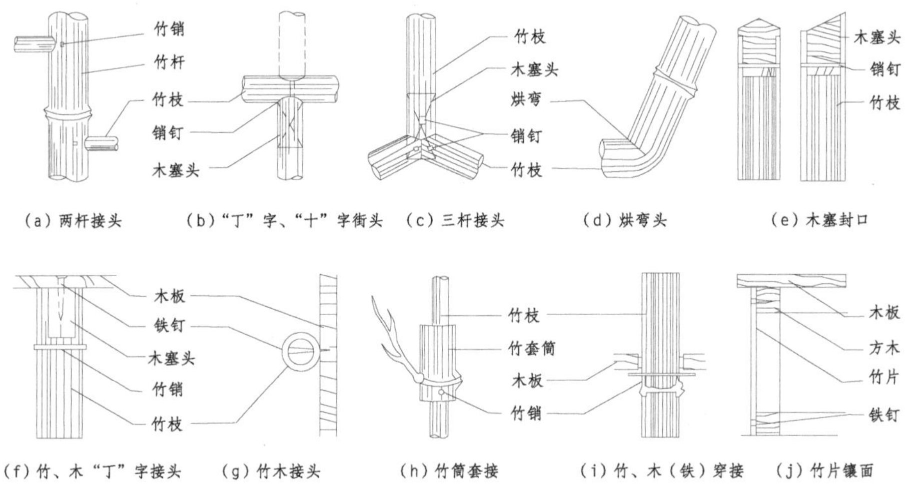

↑竹花格空透隔断连接构造

↑木花格空透隔断

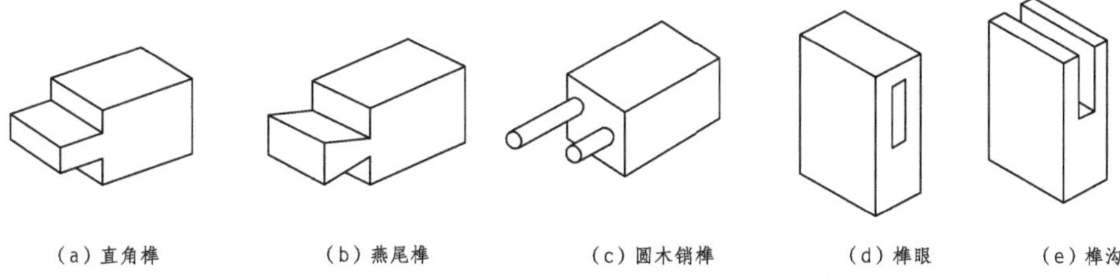

↑木花格空透隔断榫头类型

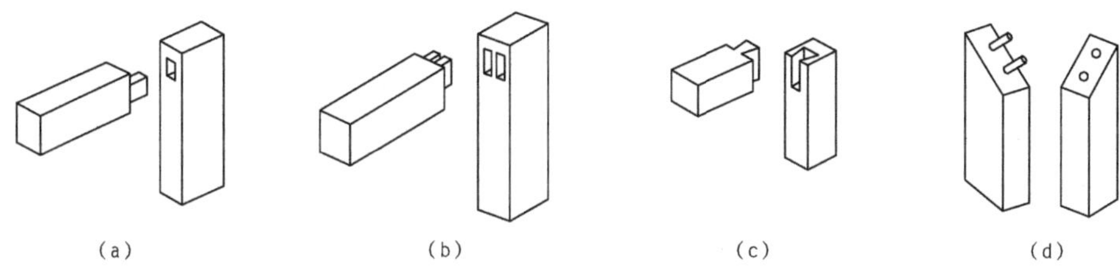

↑木花格空透隔断榫接方式

金属花格隔断

● 用料：借助模型浇铸出来的铁、铜、铝等材质的花格或用扁钢、钢管、钢筋等弯曲成形的花格。

● 特点：纤细、精致，非常美观，可嵌入彩色玻璃、有机玻璃或硬木等，增强美感。金属花格本身还可以采用涂漆、烤漆、镀铬或鎏金等方式来装饰。

● 做法：花格与花格、花格与边框可以采用焊接、铆接或螺栓连接。

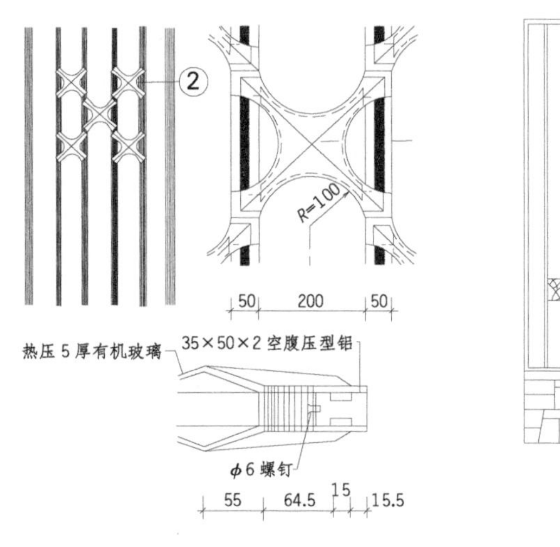

↑铝合金花格有机玻璃空透隔断

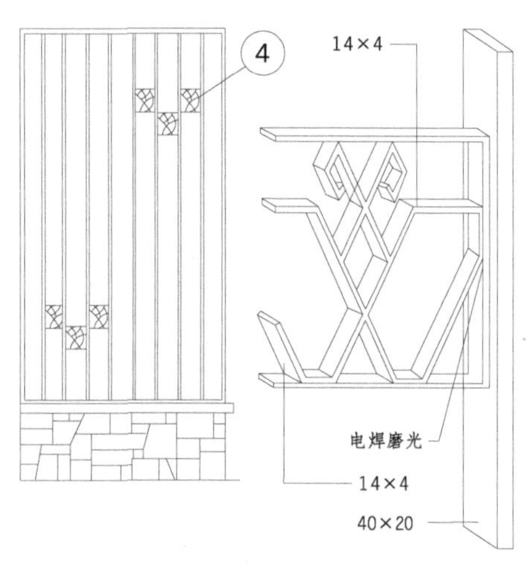

↑扁钢花格空透隔断

玻璃花格隔断

● 用料：木料或金属框架加玻璃或全部为玻璃砖。

● 特点：具有一定的透光性和装饰性，效果明快，色彩艳丽。

● 做法：以木料或金属做框架，中间镶嵌玻璃的隔断，可以采用木压条或金属压条来固定玻璃，玻璃可以使用普通玻璃、压花玻璃、磨砂玻璃、彩色玻璃或雕花玻璃等；以玻璃砖制成的隔断，做法同玻璃砖隔墙。

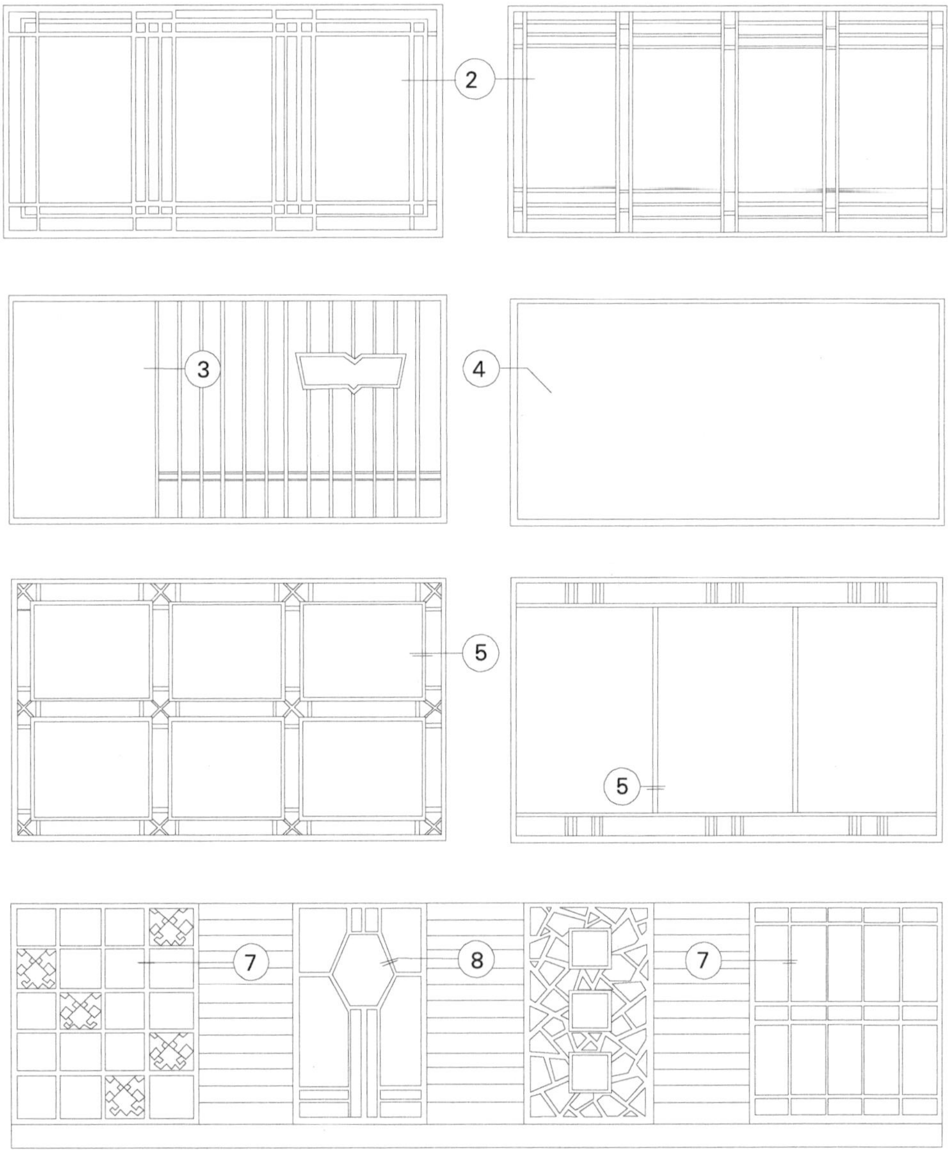

↑玻璃花格空透隔断

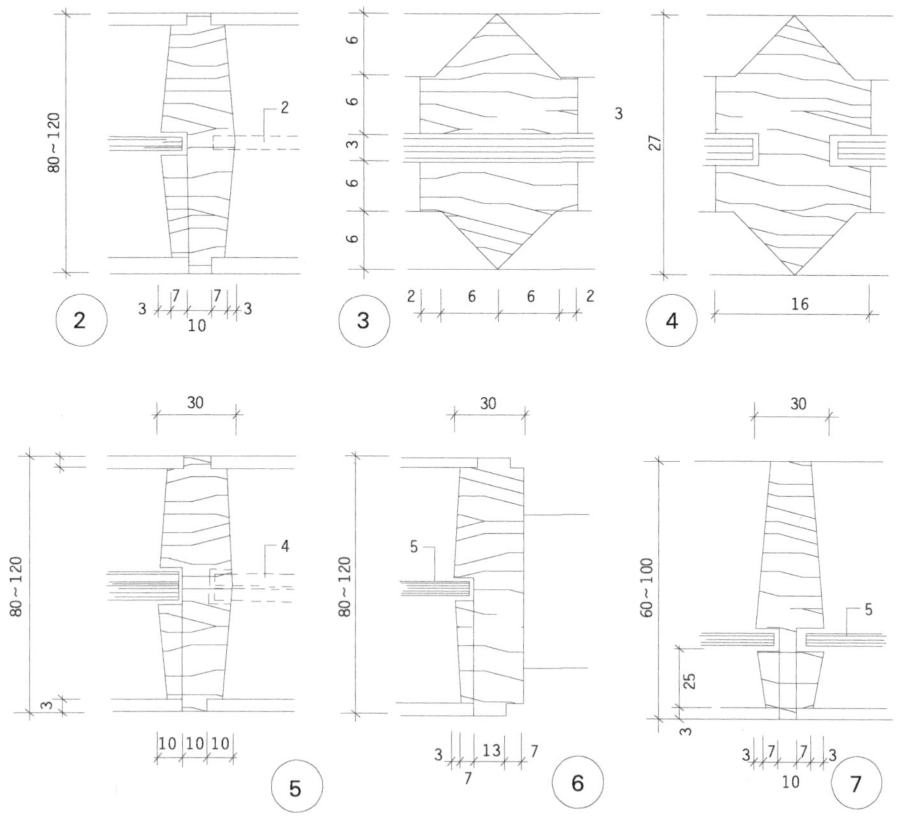

↑玻璃花格空透隔断构造

思考与巩固

1. 隔墙与隔断分别具有什么特点？有哪些设计要求？

2. 砌筑式隔墙有几种类型？构造分别是什么？

3. 什么是立筋式隔墙？共有几种类型？

4. 木骨架隔墙由哪些部分构成？

5. 金属骨架隔墙有几种类型？构造做法分别是什么？

6. 屏风式隔断共有几种类型？构造做法分别是什么？

7. 直滑式隔断有几种固定方式？

8. 空透式隔断共有几种常见类型？构造做法分别是什么？

九、幕墙装饰构造

学习目标	本小节重点讲解幕墙装饰构造。
学习重点	了解幕墙的概念、特点及类型，以及不同类型幕墙的种类及构造做法。

1 幕墙的概念、特点及类型

（1）幕墙的概念

幕墙是将金属构件与各种板材悬挂在建筑主体结构的外侧的一种轻质墙体，可相对主体结构有一定位移能力或自身有一定变形能力，但本身不承受其他构件的荷载。

（2）幕墙的特点

①美观：造型美观，具有很好的装饰性。

②体轻：一般建筑，内、外墙的重量为建筑物总重量的 1/5 ～1/4。采用幕墙可大大减轻建筑物的重量，从而减少基础工程费用。

③工期短：系统化的施工速度快，更容易控制好工期，且耗时较短。

④便于维修：幕墙构件多由单元构件组成，局部损坏可非常方便地更换维修。

⑤良好的使用功能：具有防风、保温、隔热、隔声、防火等功能。

⑥造价高：幕墙造价较高，且对材料及施工技术的要求高。

（3）幕墙的类型

根据使用材料的不同，幕墙可分为玻璃幕墙、金属幕墙和石材幕墙等类型。

2 玻璃幕墙装饰构造

玻璃幕墙是用玻璃为饰面材料。装饰效果好，重量轻（是砖墙重量的 1/10），安装速度快，更新维修方便。但也受到价高、材料及施工技术要求高、光污染、能耗大等因素的约束。

（1）玻璃幕墙的类型和组成

玻璃幕墙按构造可分为有框幕墙和无框（全玻璃）幕墙两种类型。有框幕墙又可分为明框幕墙、全隐幕墙和半隐幕墙；无框幕墙又可分为连接式、底座连接式、吊挂连接式等类型。

有框玻璃幕墙一般由幕墙骨架、幕墙玻璃、封缝材料、连接固定件和装饰件等部分组成。

幕墙骨架

①有框玻璃幕墙：有框玻璃幕墙的骨架具有承受板材的荷载，将荷载传给建筑主体结构的作用，骨架一般采用型钢或铝合金型材等材料。断面有“工”字形、槽形、方管形等。型材的规格和断面尺寸可根据骨架所在位置、受力特点和大小等选择。

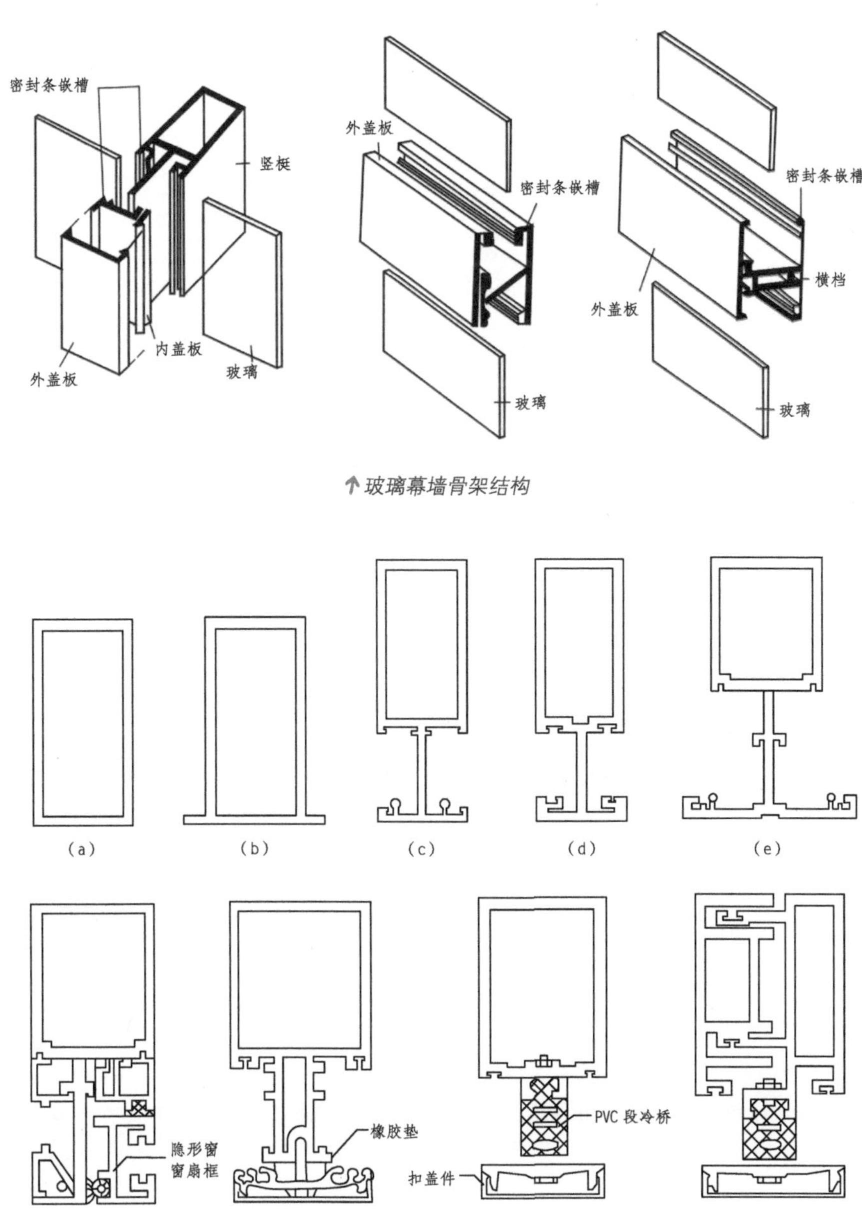

↑玻璃幕墙骨架结构

↑玻璃幕墙骨架断面形式（竖框）

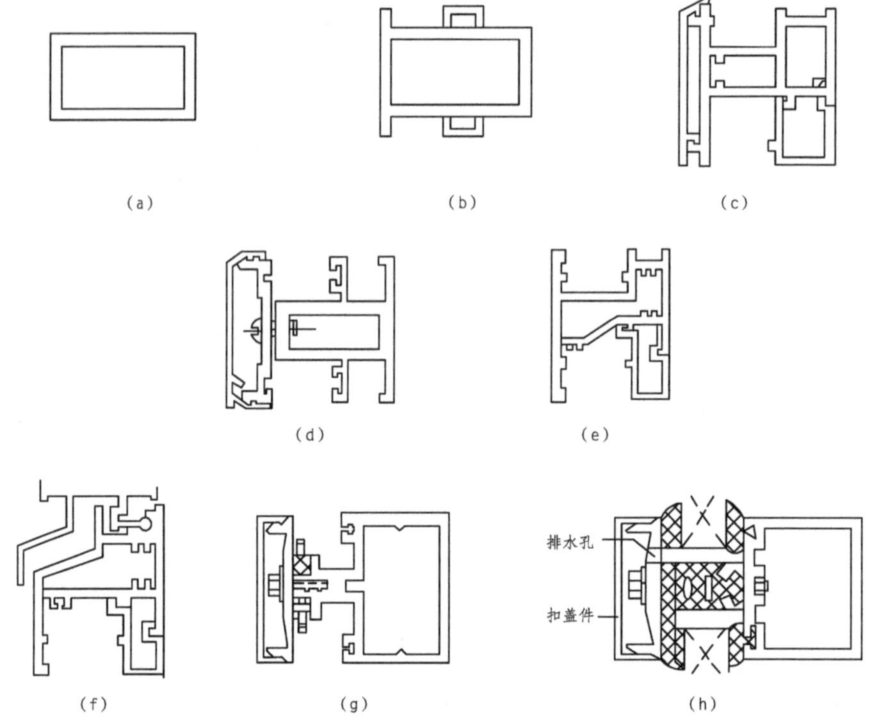

↑玻璃幕墙骨架断面形式（横框）

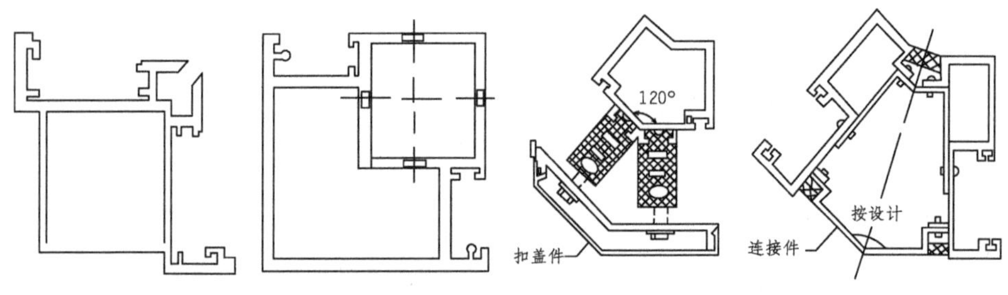

↑玻璃幕墙骨架断面形式（转角竖框）

②无框玻璃幕墙：点连接式支撑结构采用 X 形或 H 形的金属支撑件与幕墙玻璃组成，通过螺栓和柔性垫固定；底座连接式支撑结构由金属夹槽、玻璃肋、螺栓等构成；吊挂连接式支撑结构由钢梁、吊钩、金属夹槽、玻璃肋等构成。

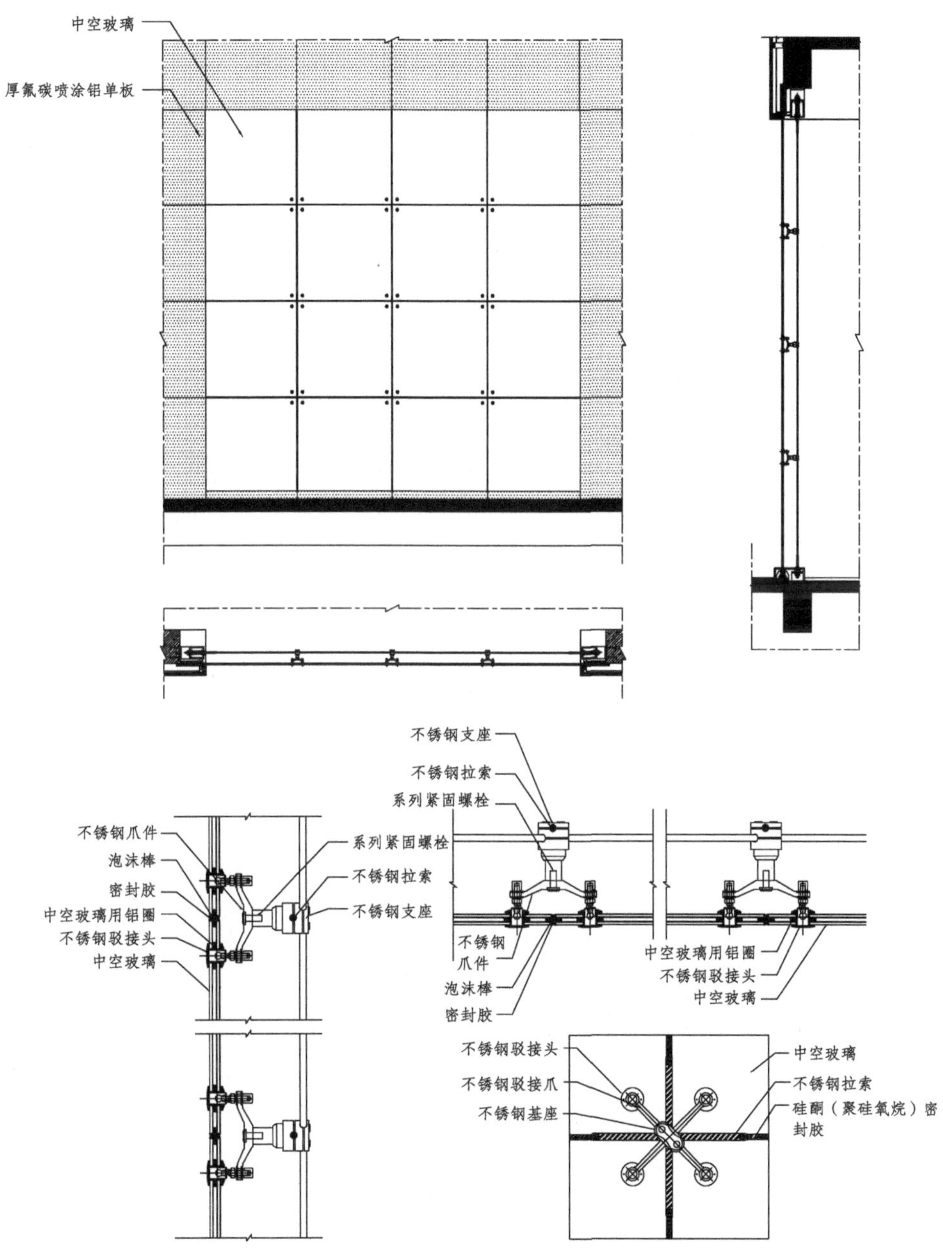
中空玻璃
厚氟碳喷涂铝单板
不锈钢支座
不锈钢拉索
系列紧固螺栓
不锈钢爪件
泡沫棒
密封胶
中空玻璃用铝圈
不锈钢驳接头
中空玻璃
系列紧固螺栓
不锈钢拉索
不锈钢支座
不锈钢
爪件
泡沫棒
密封胶
中空玻璃用铝圈
不锈钢驳接头
中空玻璃
不锈钢驳接头
不锈钢驳接爪
不锈钢基座
中空玻璃
不锈钢拉索
硅酮（聚硅氧烷）密
封胶

↑点连接式支撑结构构造

幕墙玻璃

幕墙玻璃应选择热工性能好和抗冲击力强的特种玻璃，如浮法玻璃、钢化玻璃、夹层玻璃、夹丝玻璃等安全玻璃，或热反射玻璃（镜面玻璃）、吸热玻璃、中空玻璃等节能玻璃。

①浮法玻璃：厚度均匀，还具有良好的透明性、明亮性、纯净性以及使室内的光线明亮等特点。

②钢化玻璃：机械强度是普通退火玻璃的 3 倍以上，破碎后对人体不会造成重大伤害，弯曲强度比普通玻璃大 3 ~4 倍，热稳定性好。

③夹层玻璃：中间为坚韧的聚乙烯醇缩丁醛 (PVB) 中间膜，当玻璃碎裂时，玻璃碎片会牢牢黏附在 PVB 中间膜上，即使玻璃破碎也全无散落下坠伤人之虞。同时 PVB 胶膜对声波具有阻碍作用，能有效地降低噪声，且对紫外线有极高的隔断作用（高达 99% 以上）。

④热反射玻璃（镜面玻璃）：能有效控制太阳直接辐射能入射量，具有丰富多彩的反射色调和极佳的装饰效果，良好的室内和建筑结构体遮避功能，同时有较理想的可见光透过率和反射率，还可以减弱紫外光的透过。

⑤吸热玻璃：在普通透明玻璃原料中加入金属氧化物制成。加入的氧化物不同，会形成不同的颜色，因此也叫作染色玻璃。此种玻璃具有一定的吸热作用，同时可避免眩光并减弱紫外线辐射。

⑥中空玻璃：由两片或多片玻璃，用内部充满高效分子筛吸附剂的铝框间隔出一定厚度的空间，边部再用高强度密封胶密封黏合而成的玻璃。中空玻璃密封空间内的空气构成一道隔热、隔声屏障。若在该空间中充入惰性气体，还可进一步提高产品的隔热、隔声性能。具有干燥空气层的双层或三层玻璃即为中空玻璃。其保温、隔热、隔声、防霜露等性能都比较好，节能效果显著。中空玻璃分块的最小尺寸为 180mm × 250mm，最大尺寸为 25mmmm × 3000mm 等。

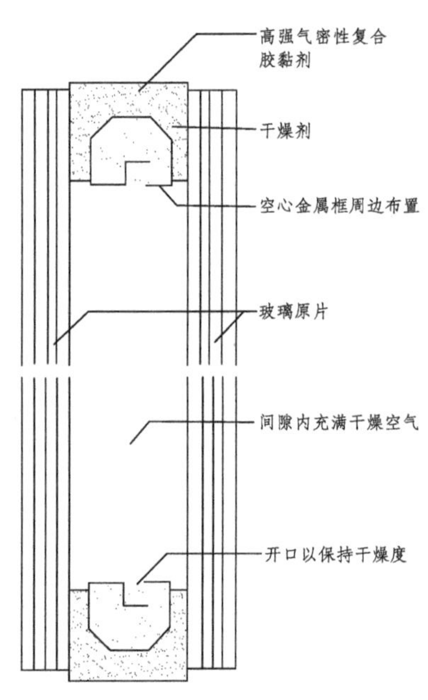

↑双层中空玻璃结构示意图

封缝材料

封缝材料主要用在玻璃幕墙的玻璃与框格或框格与框格之间，作用是填补缝隙，增加密封性，常用的有填充材料、密封材料和防水材料等。

①填充材料：主要有聚乙烯泡沫胶系列及聚苯乙烯泡沫胶系列等，形状有片状和圆柱状等，主要用在框格凹槽底部的间隙处。

②密封材料：使用较多的是橡胶密封条，嵌入玻璃两侧的边框内，起到密封、缓冲和固定压紧的作用。

③防水材料：常用的防水材料为硅酮（聚硅氧烷，下同）系列的密封胶，在玻璃的装配中，硅酮胶常与橡胶密封条配合使用，橡胶密封条在内，外封硅酮胶。

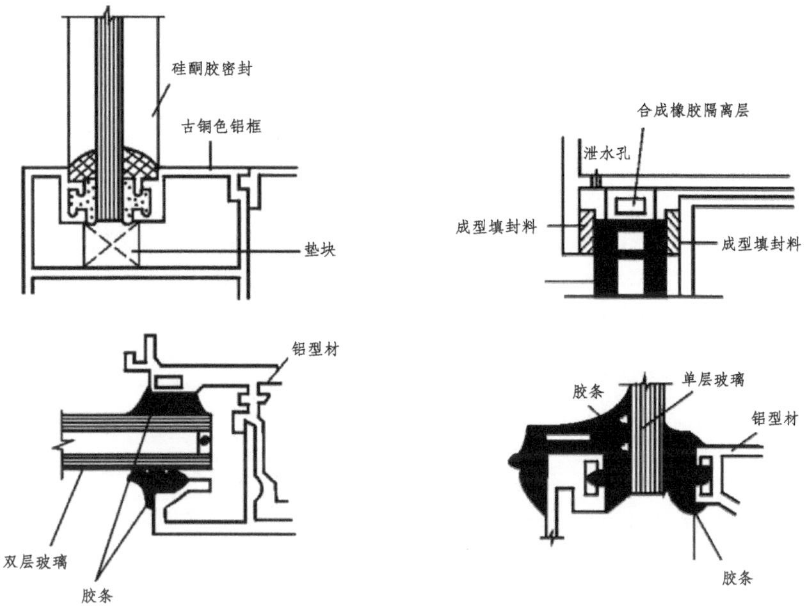

↑玻璃与框材之间的缝隙处理

连接固定件

连接固定件用在玻璃幕墙骨架之间以及骨架与主体结构构件之间，做连接之用。为了避免幕墙变形，连接固定件多采用角钢垫板和螺栓，而不采用焊接。

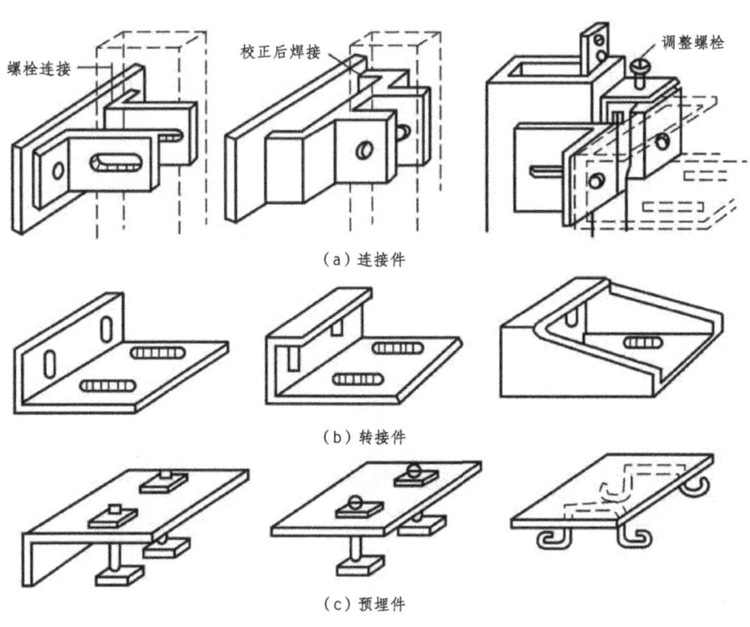

↑玻璃幕墙连接件和转接件

装饰件

装饰件主要包括后衬墙（板）、扣盖件以及窗台、楼地面、踢脚、顶棚等于幕墙相接处的构件，具有装饰、密封与防护等作用。其中，后衬墙（板）内可填充保温材料，来提高整个玻璃幕墙的保温性能。

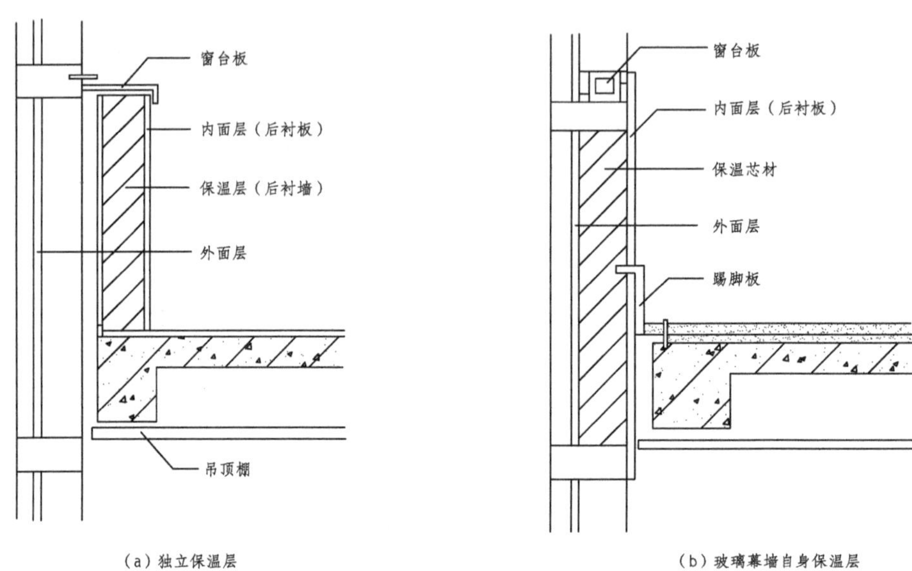

↑玻璃幕墙保温衬墙构造

（2）玻璃幕墙的结构

玻璃幕墙的结构指玻璃将自重和荷载传递给主体结构的受力系统。一般来说，玻璃的荷载是通过骨架及连接固定件传给主体结构的，这种系统称为有骨架体系；但也存在一些特殊形式，例如玻璃自身就有承受自重及荷载能力的“结构玻璃”，这种玻璃同时兼做幕墙的饰面和骨架，直接与固定件连接，这种体系被称为无骨架体系。

有骨架体系

在有骨架体系中，主要的受力构件是幕墙骨架，骨架可采用如工字型钢、角钢、槽型钢或铝合金型材等，但由于型钢的美观性不如铝合金型材，因此现在较多使用的是铝合金型材。有骨架体系的构造方式可分为明骨架（明框式）体系和暗骨架（隐框式）体系。

①明骨架（明框式）：幕墙玻璃镶嵌在金属骨架框内，骨架外露。此种体系玻璃安装得更牢固，安全性更好。明骨架（明框式）体系又可分为竖框式、横框式及框格式等形式。

②暗骨架（隐框式）：幕墙玻璃采用胶黏剂直接粘贴在骨架外侧。骨架不外露，效果更美观，但玻璃与骨架的粘贴技术要求较高，处理不好玻璃易下坠伤人。

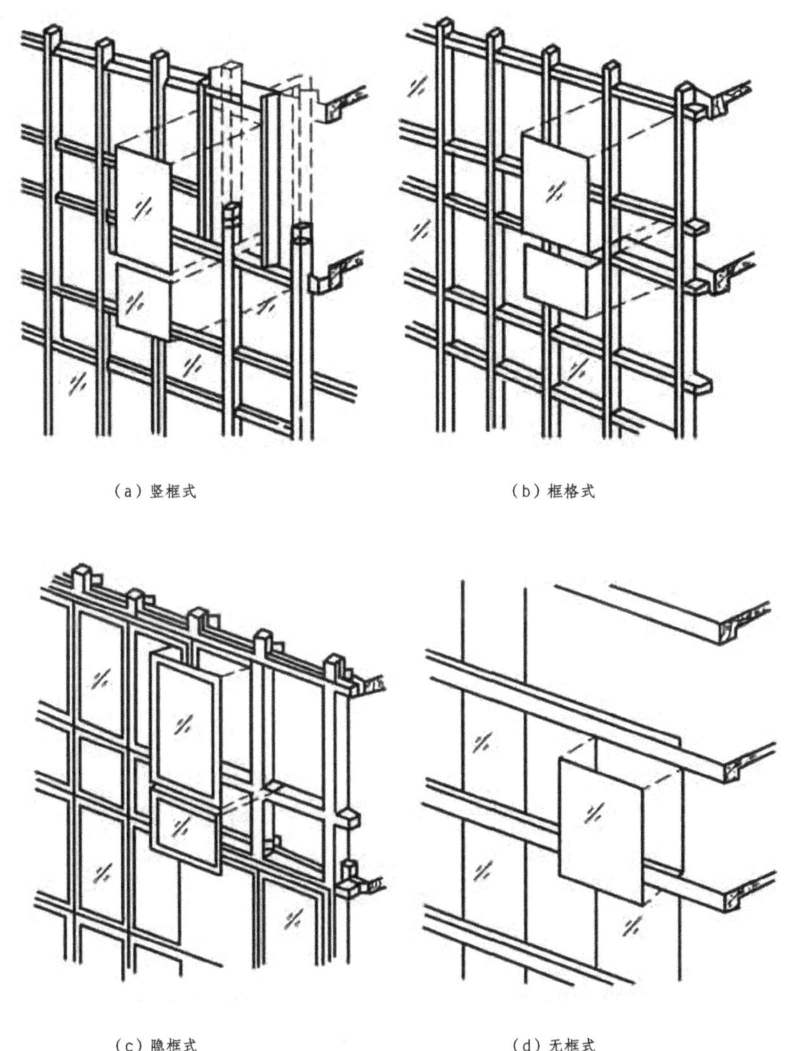

（a）竖框式　（b）框格式　（c）隐框式　（d）无框式

↑玻璃幕墙结构体系

无骨架体系

无骨架（无框式）体系中，主要受力构件是作为幕墙装饰层的玻璃。此类幕墙是利用上下支架将玻璃固定在主体结构上的，玻璃分为面玻璃和肋玻璃两部分。

①面玻璃：面层玻璃称为面玻璃。

②肋玻璃：由于幕墙的玻璃面积较大，为了加强刚度，每隔一段距离需粘贴一条垂直的玻璃肋板，即为肋玻璃。

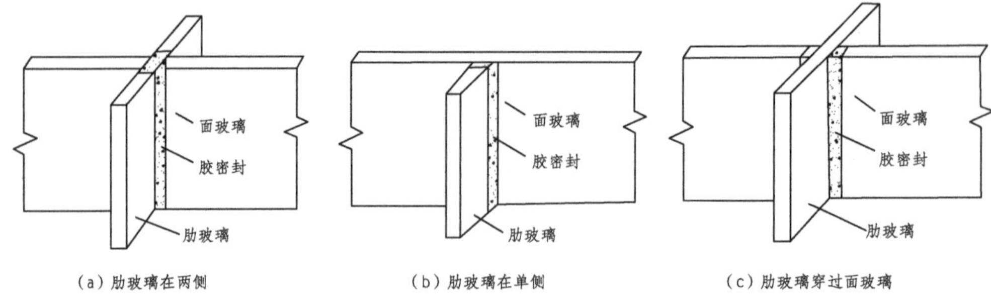

(a) 肋玻璃在两侧　(b) 肋玻璃在单侧　(c) 肋玻璃穿过面玻璃

↑面玻璃与肋玻璃的交接

(3) 玻璃幕墙装饰构造设计原则

①满足刚度和强度：玻璃幕墙的骨架和玻璃须考虑自重及荷载的作用，因此，必须具有足够的强度和刚度。

②满足变形要求：由于环境产生的内外温差和结构变形的影响，玻璃幕墙可能会产生膨胀或扭曲变形的现象，为了避免这种现象的出现，幕墙与主体结构之间、幕墙元件与元件之间应采用“柔性连接”。

③满足防火要求：应根据防火规范采取必要的防火措施，如选择耐火性能合格的幕墙材料、设计防火窗间墙等。

④满足维护功能要求：幕墙是建筑物的围护构件，墙面应具有防水、挡风、保温、隔热及隔声等能力。

⑤保证装饰性：幕墙的材料选择，立面划分均应考虑其外观质量。另外，还需考虑清洗和维修的便捷性。

⑥做到经济合理：幕墙的构造设计应综合考虑上述原则，做到安全、适用、经济、美观。

(4) 玻璃幕墙的装饰构造

不同框架体系的玻璃幕墙及不同厂家生产的产品，做法也不同，下面介绍的仅为一些常见的做法。

立面线型划分

玻璃幕墙的立面线型是由骨架和玻璃的缝隙形成的，与幕墙的装饰效果和材料的尺寸有关，因此，立面的划分不仅应考虑美观性，还应满足结构安装和施工的便利性。

玻璃幕墙施工时可以将金属骨架、玻璃以及其他装饰件现场进行组装，也就是分件安装；也可以将金属骨架、玻璃以及一些必要的装饰件组成定型单元，而后将这些单元固定在主体结构上，也就是成组安装。不同的施工方法，立面的划分方式是不同的。除此之外，玻璃幕墙立面线型的划分还与建筑物的层高和进深有很大关系。

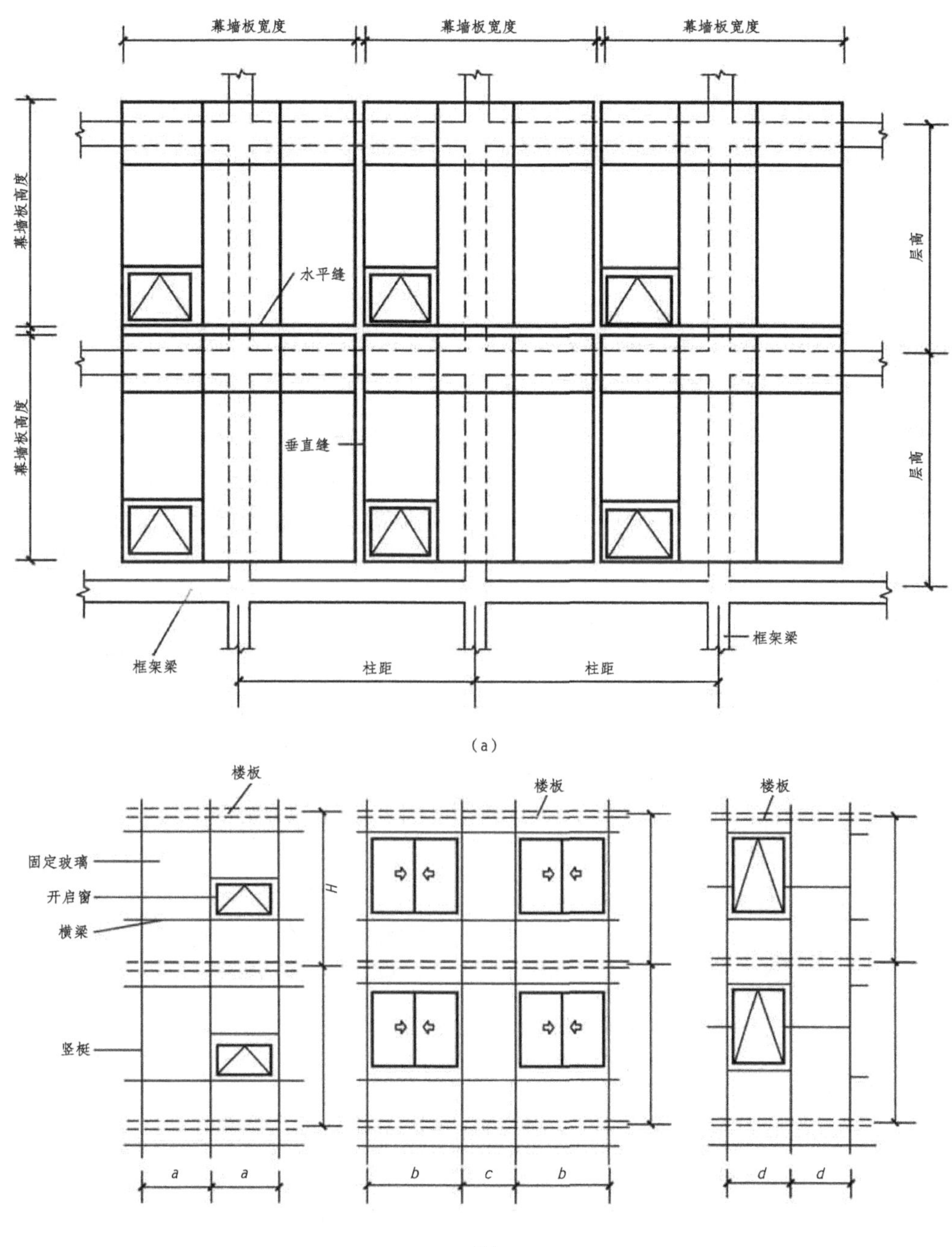

↑玻璃幕墙立面线型划分实例

玻璃与骨架的连接构造

玻璃与骨架是两种不同的材料，若直接连接容易导致玻璃破碎，因此，它们之间必须嵌固弹性材料和胶结材料来增加弹性，以避免玻璃发生破损现象。一般采用塑料垫块、密封带、密封胶条等。但对于隐框式玻璃，则是使用结构胶使其与骨架粘贴固定的。

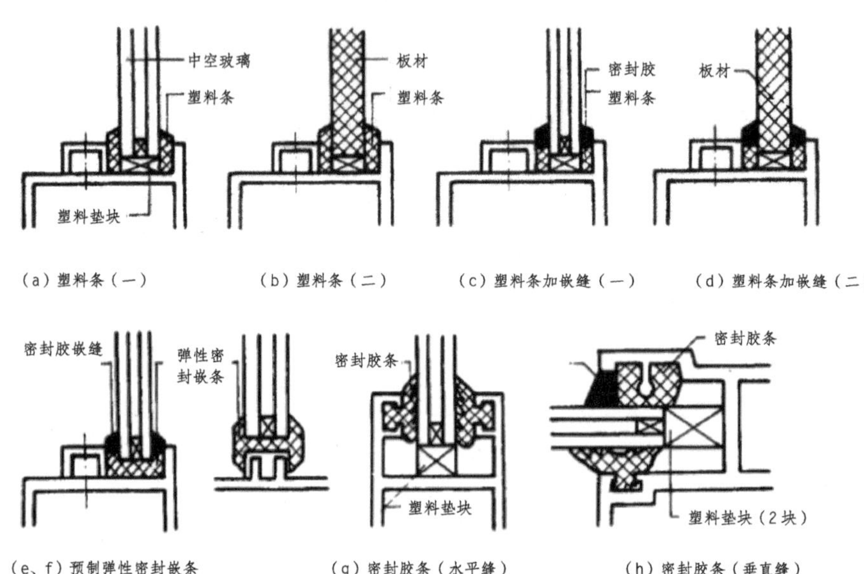

↑玻璃与骨架的连接构造

骨架与骨架的连接构造

玻璃幕墙包括竖向（竖梃）和横向（横梁）两种方向的骨架，两者之间通常采用角形铝铸件连接。具体做法为将铸铁件与竖梃、横梁分别用自攻螺钉固定。较高的玻璃幕墙有横向杆件接长的问题，典型的接长方式是将角钢焊成方管插入立柱的空腔内，然后用 M12mm×90mm 的不锈钢螺栓固定。

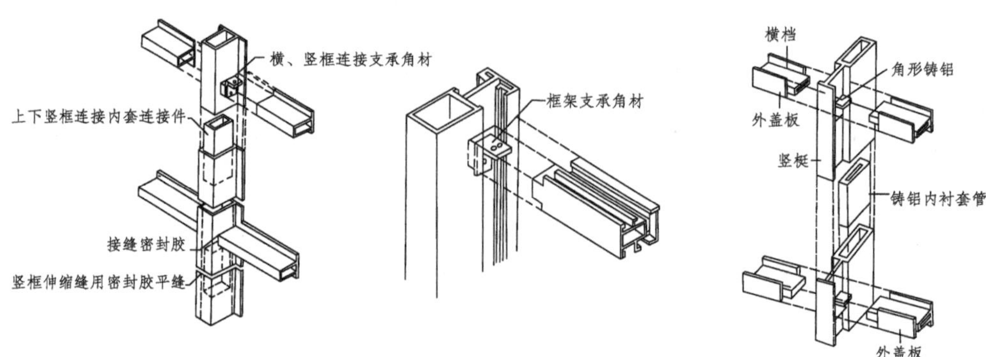

↑骨架与骨架的连接构造

骨架与主体结构的连接构造

骨架与主体结构的连接主要依靠的是连接件。竖向骨架为主的幕墙，主骨架与楼板连接；横向骨架为主的幕墙，主骨架一般与柱子等竖向结构连接。

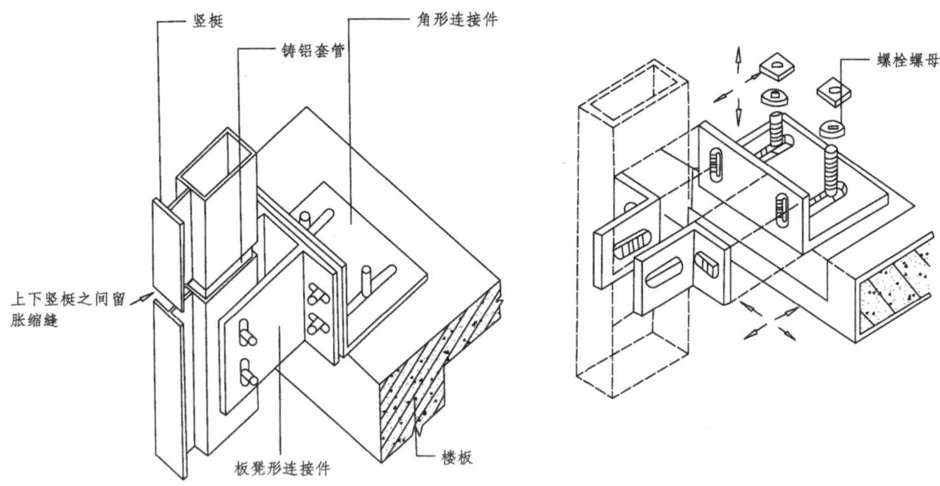

↑骨架与主体结构的连接构造

无骨架玻璃幕墙与主体结构的连接构造

无骨架玻璃幕墙的支承系统分为悬挂式、支撑式和混合式三种。

①悬挂式：用上部结构悬吊下来的吊钩固定面玻璃和肋玻璃。

②支撑式：不采用悬挂设备，而是采用金属支架连接边框料固定玻璃。

③混合式：同时采用吊钩和金属支架连接边框来固定玻璃。

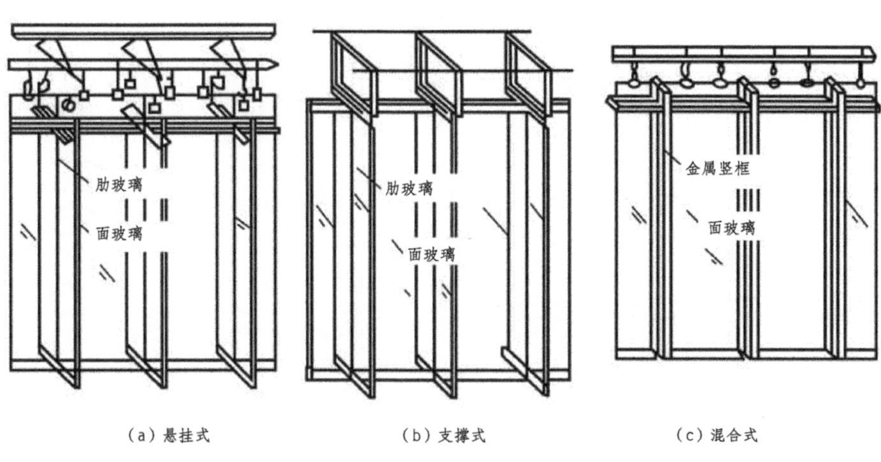

↑无骨架玻璃幕墙的连接构造

3 金属幕墙装饰构造

金属幕墙采用铝合金和不锈钢等轻质金属作为饰面材料，具有优雅、高贵、光泽度高、装饰效果丰富、强度高、硬度高、不易变形等特点。

(1) 金属幕墙的组成及结构体系

金属幕墙一般由金属面板、金属连接件、金属骨架、预埋件及密封材料等组成。

根据金属幕墙的传力方式，可将其分为附着式体系和骨架式体系两种。

①附着式体系：通过连接固定件，将金属薄板直接安装在主体结构上作为饰面。连接件一般使用角钢。

②骨架式体系：金属薄板与主体结构通过骨架等支撑体系连接固定。

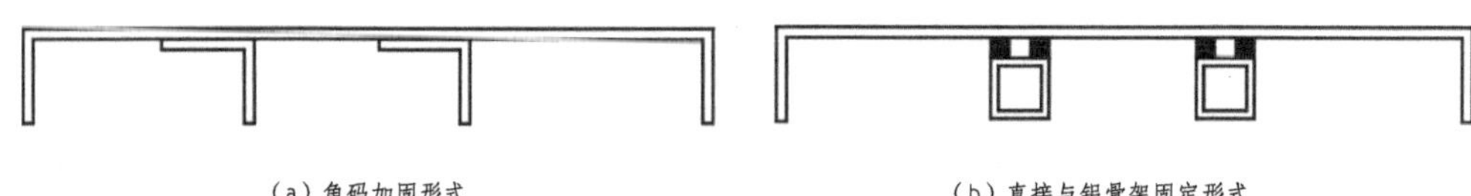

(a) 角码加固形式　　(b) 直接与铝骨架固定形式

↑单层饰面金属板的加固处理

(2) 金属幕墙的构造

在金属幕墙的两种结构体系中，骨架式是较为常见的做法。施工时，将幕墙骨架固定在主体结构的楼板、梁或柱等结构构件上，方法同玻璃幕墙，而后将金属薄板通过连接固定件固定在骨架上；也可以先将金属薄板固定在框格型材上，形成框板，再将框板固定在主骨架上。骨架式金属幕墙可以与隐框式玻璃幕墙组合，形成独特的效果，但需注意协调好玻璃和金属的色彩，并统一立面线型划分。

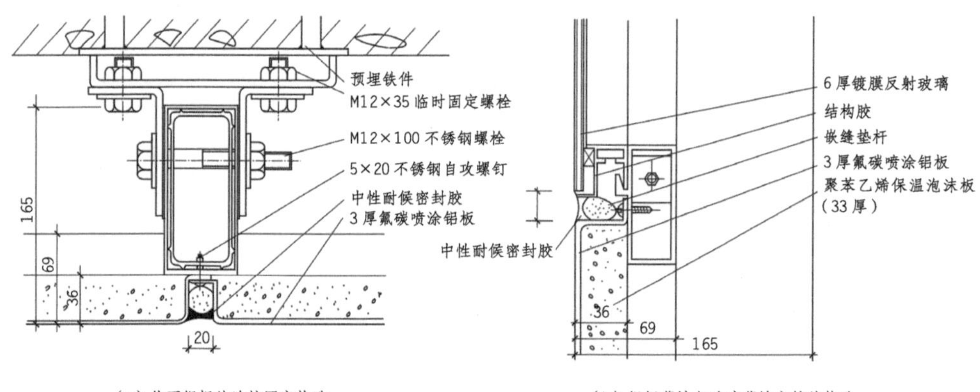

(a) 饰面铝板的连接固定构造　　(b) 铝板幕墙与玻璃幕墙交接的构造

↑金属幕墙节点示例

4 石材幕墙装饰构造

石材幕墙是以天然石材或人造石材为面层板，在基层构件基础上形成的幕墙构造。石材纹理天然，可以塑造出与玻璃幕墙截然不同的装饰效果。石材幕墙耐久性较好，但自重大。

（1）石材幕墙的组成及结构体系

石材幕墙主要由石材面板、不锈钢挂件、钢骨架、预埋件、连接件和石材拼缝嵌胶等组成。总体来说，石材墙板的安装可总结为有骨架体系和无骨架体系两种。

①有骨架体系：常在建筑主体结构上先做型钢骨架，再用连接固定件将墙板固定在型钢骨架上。适用于大面积墙体的安装。

②无骨架体系：墙板通过上下两端的预埋铁件直接与主体梁或楼板外口预埋铁件相连接。适用于小面积墙体的安装。

（2）石材幕墙的构造

根据石材连接方式的不同，石材幕墙可分为短槽式、钢销式和背栓式等类型。

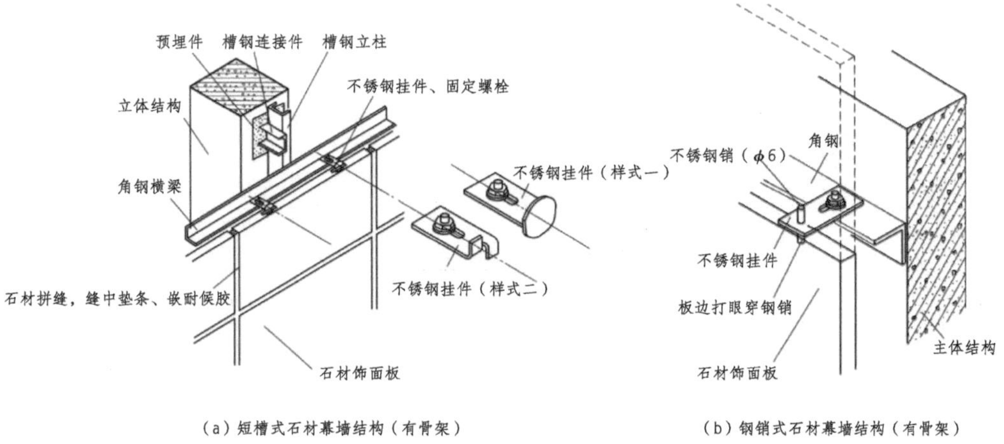

↑石材幕墙的构造示例

思考与巩固

1. 什么是幕墙？幕墙具有哪些特点？
2. 玻璃幕墙包括哪些类型？由哪些部分组成？
3. 玻璃幕墙的结构可分为几种体系？构造分别是什么？
4. 玻璃幕墙的骨架与骨架、骨架与主体结构之间分别应如何连接？
5. 金属幕墙和石材幕墙分别有几种结构体系？

十、不锈钢及包柱工艺装饰构造

学习目标	本小节重点讲解不锈钢及包柱工艺装饰构造。
学习重点	了解建筑装饰用的不锈钢厚度和品种，以及不锈钢的连接方式和不锈钢包柱的工艺构造。

1 建筑装饰用不锈钢

不锈钢具有一定的强度，耐腐性好、韧性较大，且具有良好的焊接功能。在建筑装饰中，常用作饰面，如包柱等。

（1）建筑装饰用不锈钢的厚度

建筑装饰使用的不锈钢主要是厚度小于或等于 4mm 的不锈钢板，其中，使用更多的是厚度在 2mm 以下的产品。

（2）建筑装饰用不锈钢的品种

建筑装饰用不锈钢主要包含的品种为 Cr18Ni8、0Cr17Ti 及 1Cr17Mo2Ti 等。

2 不锈钢板的连接

不锈钢板的连接有焊接和直接粘接两种方式。

（1）焊接

焊接的方法

焊接材料常用为不锈钢焊条，方法目前有以下几种。

焊接的操作方式

● 操作方式：焊接有对接和搭接两种操作方式，焊接不锈钢板时通常会采用对接方法。根据钢板厚度的不同，对接方法也有一些差异。通常来说，厚度< 1.2mm 的不锈钢板多采用平口焊接；厚度≥ 1.2mm 的不锈钢板，宜采用 V 形坡口焊接。

● 注意事项：首先应注意间隙的大小，间隙过小容易焊不透；间隙过大，则容易裂缝、夹渣。其次应注意焊接的次序，次序不合理会使焊接变形。最后应注意设计问题，应尽量避免将不锈钢板进行角向焊接，因为操作过于困难。

（2）粘接

粘接就是将不锈钢板直接用胶粘接在基层上的方法。胶黏剂多使用快干型胶合柔性胶。粘接前基层应清理干净，并处理为粗糙面，以保证粘接的牢固度。

3 不锈钢包柱工艺

不锈钢包柱具有优雅、高贵、光泽度高、装饰效果丰富、强度和硬度高、不易变形等优点，被广泛地应用于高档室内装饰中。总体来说，可将其分为不锈钢包圆柱和不锈钢包方柱两种类型。不锈钢包圆柱有整体施工法和接缝施工法，不锈钢包方柱有直接粘贴法和骨架固定法。

（1）不锈钢包圆柱

不锈钢包圆柱的整体施工流程如下。

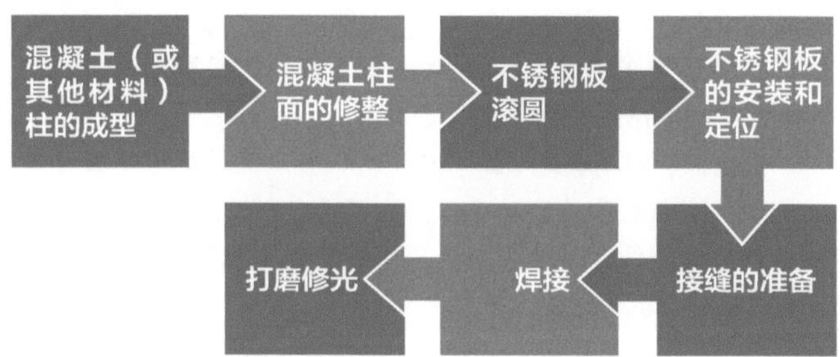

混凝土柱的成型

● 操作方式：在浇筑混凝土柱的同时，需要预埋铜或钢质的垫板，以便于后期进行饰面板的焊接。

● 垫板的位置：当使用的不锈钢板厚度≤ 0.75mm 时，可在混凝土柱的一侧埋设垫板；当不锈钢板的厚度> 0.75mm 时，需在混凝土柱的两侧埋设垫板。

● 垫板的类型：垫板可以使用中部有浅沟槽的专用垫板，也可以直接使用平钢板或平铜板。当饰面不锈钢板平垫板的厚度< 1.2mm 时，可使用宽度为 20 ～25mm、厚度为 1 ～1.2mm 的平垫板；当饰面不锈钢板的厚度≥ 1.2mm 时，可使用宽度相同，但厚度为 1.2 ～5mm 的平垫

板。当没有条件预埋垫板时，可通过抹灰层或其他方法将垫板固定在柱子上。另外需要注意的是，垫板的位置应尽量放在次要视线区域，可避免使接缝过于显眼。

柱面的修整

● 修整时间：柱子成型后，需要对柱面进行仔细修整。

● 修整原因：一是不锈钢的反光性极强，若柱子表面有任何缺陷都可能会引起板材的变形，而严重影响装饰效果；二是为了保证焊接时焊缝区的良好接触；三是为了避免焊接处出现间隙大小不一的问题。由此可以看出，柱面的修整是非常必要的。

不锈钢板的滚圆

滚圆就是将不锈钢板加工成可以包裹住柱子的圆柱体，常用的有手工滚圆和卷板机滚圆两种方式。

①手工滚圆：手工滚圆需要借助木榔头和钢管等工具，也常常借助于一些“米”字形、星形、鼠笼形的支架来做整形。此种方式虽然难以形成如卷板机加工得到的非常规则的圆柱体，但如果施工人员技术娴熟，也能得到很好的效果。当钢板的厚度≤ 0.75mm 时，采取此种方式滚圆即可满足安装需求，而无需使用卷板机。

②卷板机滚圆：最常用的卷板机是三轴式卷板机，它可以将各种厚度的不锈钢板按照需要的直径滚成规则的圆柱体。当板厚度 > 0.75mm 时，宜采用此种方式，且一般不滚成一个完整的圆柱体，而是滚成两个标准的半圆，然后焊接成一个完整的圆柱体。

不锈钢板的安装和定位

不锈钢板包覆至柱子上时，应注意三个方面的问题。

①对位：不锈钢板接缝的位置应与主体上预埋的垫板位置相对应。

②高度差：焊缝两侧的不锈钢板不应有高度差。

③焊缝间隙尺寸：应符合焊接规范（0 ~ 1.0mm），并应保持均匀一致。

为了达到上述要求，安装时应注意矫正板面的不平，并调整焊缝间隙，保证焊缝处能有良好的接触。当不锈钢板安装到位，并将焊缝区的面板矫正平直且焊缝间隙大小统一后，可以点固焊接的方式或其他方法将板的位置固定下来。

接缝的准备

焊接接缝前，应做好以下几方面的准备。

①坡口加工：厚度 < 1.2mm 的不锈钢板多采用平口焊缝，无需开坡口，但当钢板的厚度≥ 1.2mm 时，需采用 V 形坡口焊接，应提前开坡口。坡口加工一般采用机械切削的方式进行，除此之外，也可以采用气割、惰性气体保护电弧切割、等离子切割等方法进行。

②脱脂和清洁：为了保证焊接质量，焊接前应对焊缝进行彻底的脱脂和清洁。脱脂一般采用三氯乙烯、汽油、苯、中性洗涤剂或其他化学药品来完成；焊缝区的清洁通常采用不锈钢丝制成的细毛刷进行，必要时，还应采用砂轮机进行打磨，以使金属的表面暴露出来。

③固定压板：在焊缝的两侧固定铜质或钢质的压板。

焊接

在不锈钢包柱的施工过程中，焊接方法的选择是非常重要的，结合国内的实际情况和焊接技术水平来看，最适合选择手工电弧焊和气焊。但总体来看，手工焊接方式无法在氩气等惰性气体保护下自动焊接，因此都会存在一定的缺点，很难获得光洁、平直、均匀的焊缝，且焊缝容易变黑。想要获得高质量的、装饰效果更好的不锈钢包柱，就需要在工厂内将不锈钢筒体加工完毕，而后到施工现场在筒内浇筑混凝土柱，或者将此筒套在柱体外，在现场进行安装。

打磨修光

焊接完成后，焊缝表面会有凹凸和一些熔渣，必须清除残留的熔渣及飞溅物，并将焊缝表面加工至光滑平整。一般来说，当焊缝表面没有太大的凹痕及突出表面的粗大焊珠时，可以直接进行抛光；但当表面有突出的焊珠时，可以先用砂轮机磨光，而后换抛光轮进行抛光处理。

（2）不锈钢包方柱

不锈钢包方柱有直接粘贴法和骨架固定法两种施工方式。

直接粘贴法

直接粘贴法的施工流程如下。

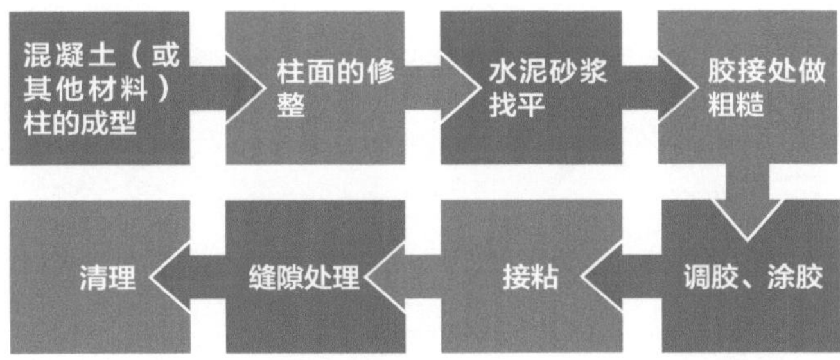

骨架固定法

骨架固定法的施工流程如下。

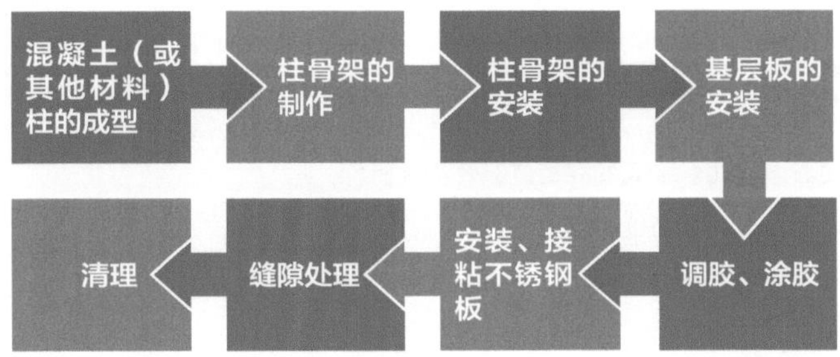

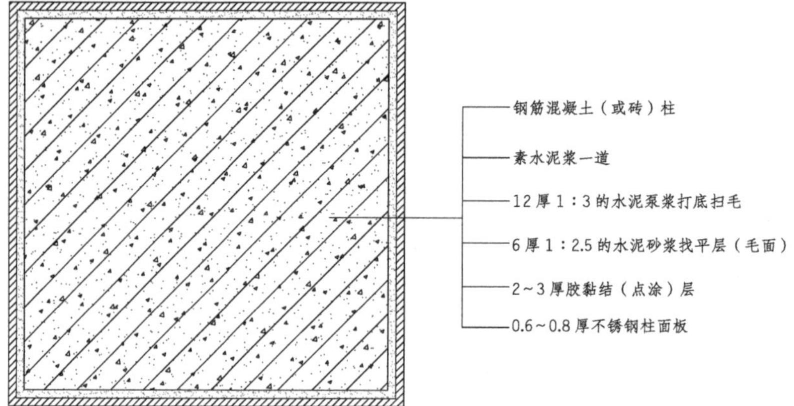

↑不锈钢直接粘贴法构造

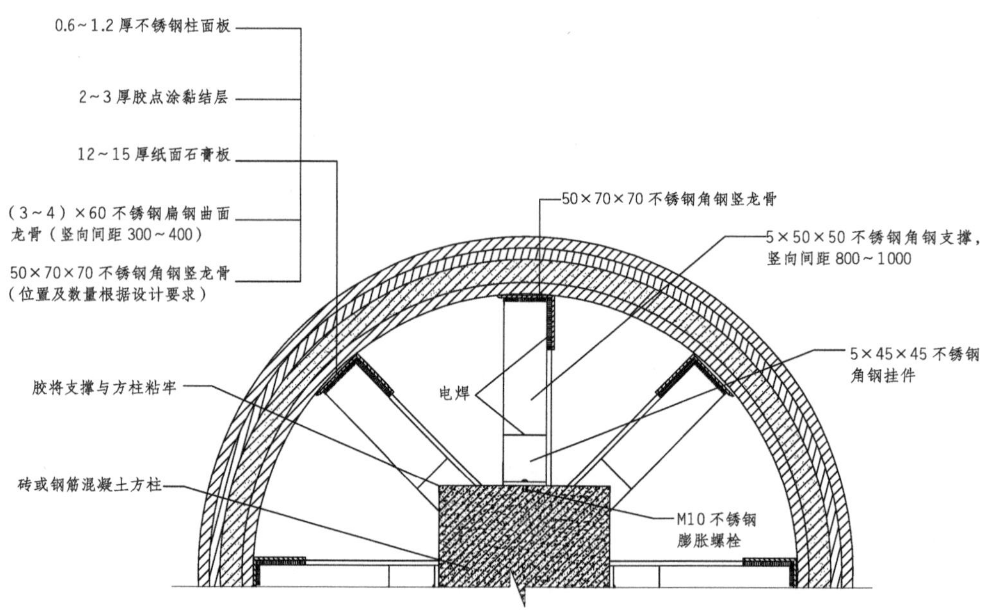

↑不锈钢骨架固定法构造

思考与巩固

1. 不锈钢连接共有几种方式？分别是如何操作的？
2. 为什么要对主体的表面进行修整？
3. 不锈钢包方柱有几种方式？操作流程分别是什么？

第四章 吊顶装饰构造

吊顶又称为顶棚、天棚、天花，是室内空间的重要组成部分。吊顶装饰构造就是采用各种材料及形式组合形成新的表面，来体现不同的风格和使用功能。吊顶是室内空间的视觉界面，要达到一定的装饰效果，需结合建筑内部的装饰要求、设备安装情况、经济条件、技术要求以及安全问题等方面来综合考虑。

扫码下载本章课件

一、吊顶装饰的功能与分类

学习目标	本小节重点讲解吊顶装饰的功能与分类。
学习重点	了解吊顶的装饰功能、装饰构造特点与设计要求及吊顶的装饰分类。

1 吊顶装饰的功能

改善环境条件，满足使用要求

吊顶装饰能够改善室内的光环境、热环境及声环境，提高室内的舒适度。如在房间内做吊顶，可以增加楼层的隔声能力；在吊顶空间敷设保温、隔热材料，或者利用吊顶形成通风层，可以改善室内的热工环境；吊顶的形状、质地能够调整光线反射，改善亮度环境

提高室内装饰效果

吊顶是室内平面较大、较为醒目的界面，其装饰对室内整体装饰效果具有较大的影响，恰当的吊顶装饰处理，能从空间、造型、色彩、光线等多方面给人耳目一新的感觉

调整室内空间体积和形状

当建筑本身的空间不理想时，可以通过吊顶的形状、高度、色彩等来调整室内空间的体积和形状

隐蔽设备管线和结构构件

现代建筑的功能越来越多，顶部需要安装的管线和设备也越来越多，如灯具管线、通风空调设备管线以及监控、音响、网络、消防等设备管线，吊顶装饰可以将它们隐蔽起来，使室内整体更整洁

2 吊顶装饰构造的特点与设计要求

（1）吊顶装饰构造的特点

吊顶是位于承重结构下部的装饰构件，位于房间的上方，而且其上布置有照明灯光、音响设备、空调及其他管线等，因此吊顶构造与承重结构的连接要求牢固、安全、稳定。吊顶的构造设计涉及声学、热工、光学、空气调节、防火安全等方面，吊顶装饰是技术要求比较复杂的装饰工程项目，应结合装饰效果的要求、经济条件、设备安装情况、建筑功能和技术要求以及安全问题等各方面来综合考虑。

(2) 吊顶装饰构造的设计要求

耐久性

吊顶装饰的耐久性具有两方面含义：一方面为使用上的耐久性，指抵御使用上的损伤、功能减退等；另一方面为装饰质量的耐久性，包括固定材料的牢固程度和材质特性等。吊顶装饰的耐久性会影响房屋的正常使用，因此吊顶装饰应从上述两个方面来提高其耐久性。

安全性

安全性包括吊顶面层与基层连接的牢固程度以及材料本身的强度和力学性能。吊顶位于上方，其装饰的安全性比墙面和地面更重要。因此，应恰当地选择材料的固定方法并尽量减轻材料的自重，必要时应进行结构验算，来保证安全性。

施工复杂性

吊顶装饰是装饰工程项目中技术较为复杂、施工难度较大的，因此，其施工方式应以安装方便、操作简单、省工省料为原则。

美观性

吊顶的形式、高度、色彩、质地设计，应与建筑室内空间的环境总体气氛相协调，形成特定的风格与效果。

3 吊顶装饰的分类

①按照构造方式可分为：直接式吊顶和悬吊式吊顶。
②按外观形式可分为：平滑式吊顶、井格式吊顶、悬浮式吊顶、分层式吊顶等。
③按施工方法可分为：抹灰刷浆类吊顶、裱糊类吊顶、贴面类吊顶、装配式板材吊顶等。
④按结构构造层的显露状况可分为：开敞式吊顶、隐蔽式吊顶等。
⑤按表面材料可分为：木质吊顶、石膏板吊顶、各种金属板吊顶、玻璃镜面吊顶等。

思考与巩固

1. 吊顶具有哪些装饰功能？
2. 吊顶装饰构造有何特点？具体包含哪些设计要求？
3. 吊顶装饰可以按照哪些方式分类？分别包括哪些类型？

二、直接式吊顶装饰构造

学习目标	本小节重点讲解直接式吊顶装饰构造。
学习重点	了解直接式吊顶的饰面特点、材料选择及基本构造。

1 饰面特点

直接式吊顶是在屋面板或楼板上直接抹灰，或固定格栅，然后再喷浆或贴壁纸等而达到装饰目的，包括直接抹灰吊顶、直接格栅吊顶、结构吊顶等类型。

直接式吊顶构造简单，构造层厚度小，可以充分利用空间；材料用量少，施工方便，造价较低，但这类顶棚不能提供隐藏管线、设备等的内部空间，小口径的管线应预埋在楼屋盖结构或构造层内，大口径的管道则无法隐蔽。因此，直接式吊顶适用于普通建筑及功能较为简单、空间尺度较小的场所。

2 材料选择

直接式吊顶的可选材料有以下几个种类。

①各类抹灰：纸筋灰抹灰、石灰砂浆抹灰、水泥砂浆抹灰等。

②涂刷材料：石灰浆、大白浆、色粉浆、彩色水泥浆、可赛银等。用于一般房间。

③壁纸等各类卷材：墙纸、墙布、其他织物等。用于装饰要求较高的房间。

④面砖等块材：常用釉面砖。用于有防潮、防腐、防霉或清洁要求较高的房间。

⑤各类板材：胶合板、石膏板、各种装饰面板等。用于装饰要求较高的房间。

⑥各类线脚：石膏线条、木线条、金属线条等。

3 基本构造

（1）直接抹灰吊顶的作用和基本构造

直接抹灰吊顶的作用

在上部屋面板或楼板的底面上直接抹灰的吊顶，称为“直接抹灰吊顶”。主要有纸筋灰抹灰、石灰砂浆抹灰、水泥砂浆抹灰等。普通抹灰用于一般建筑或简易建筑，甩毛等特种抹灰用于声学要求较高的建筑。

直接抹灰吊顶的基本构造

● 基层处理：为了增加层与基层的黏结力，需要对基层进行处理。先在顶棚的基层及楼板底面上刷一道纯水泥浆，目的是使抹灰层与基层很好地黏合；对要求较高的，可在底板增加一层钢板网，以提高抹灰的强度及基层和面层结合的牢固度。

● 底层：混合砂浆找平。

● 中间层及面层：做法与墙面装饰技术相同。

（2）喷刷类吊顶的作用和基本构造

喷刷类吊顶的作用

喷刷类吊顶是在上部屋面或楼板的底面上直接用浆料喷刷而成的。常用的材料有石灰浆、大白浆、色粉浆、彩色水泥浆、可赛银等。喷刷类吊顶主要用于一般办公室、宿舍等建筑。

喷刷类吊顶的基本构造

● 基层处理：在屋面板或楼板的底面上先做抹灰。

● 底层：混合砂浆或腻子找平。

● 中间层及面层：可参照涂刷类墙体饰面的构造。

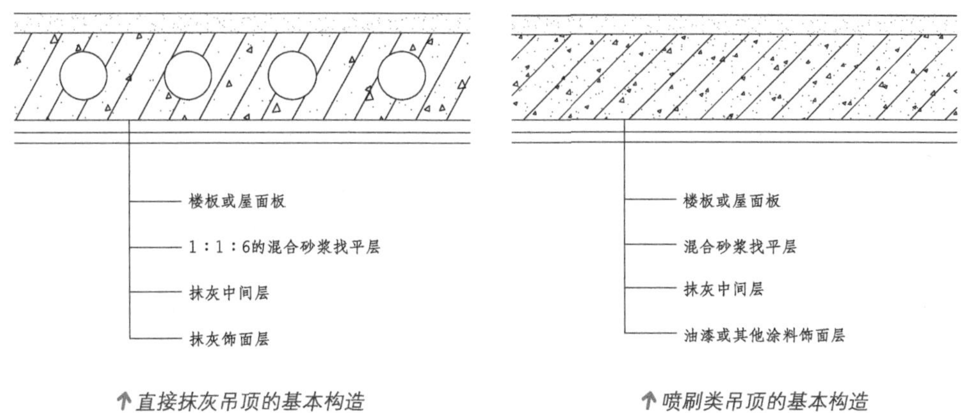

↑直接抹灰吊顶的基本构造　　↑喷刷类吊顶的基本构造

（3）裱糊类吊顶的作用和基本构造

裱糊类吊顶的作用

有些要求较高、面积较小的房间吊顶，也可采用直接贴壁纸、贴壁布及其他织物的饰面方法。这类吊顶主要用于装饰要求较高的建筑，如宾馆的客房、住宅的卧室等空间。

裱糊类吊顶的基本构造

● 基层处理：凡具有一定强度、表面平整光洁、不疏松掉粉的基层，如水泥砂浆、混合砂浆、石灰砂浆抹面、纸筋灰以及质量达到标准的现浇或预制混凝土基层，都可以作为裱糊类吊顶的基层。基层表面应垂直方正，平整度符合规定。

● 底层：用具有一定强度的腻子找平，如聚乙酸乙烯乳液滑石粉腻子、石膏油腻子等。

● 中间层及面层：胶黏剂及面材。

（4）直接式装饰板吊顶的作用和基本构造

直接式装饰板吊顶的作用

直接式装饰板吊顶是直接将装饰板粘贴在经抹灰找平处理的顶板上。常用的装饰板材有胶合板、石膏板等，主要用于装饰要求较高的建筑。

直接式装饰板吊顶的基本构造

● 基层处理：整洁、平整，无污物。

● 中间层：先固定主龙骨，方法有射钉固定、胀管螺栓固定及埋设木楔固定等方法，采用胀管螺栓或射钉将连接件固定在楼板上，龙骨与连接件连接。吊顶较轻时，采用冲击钻打孔，埋设锥形木楔的方法固定；而后固定次龙骨，将其钉在主龙骨上，间距按面板尺寸。

● 面层：面板钉接在次龙骨上。

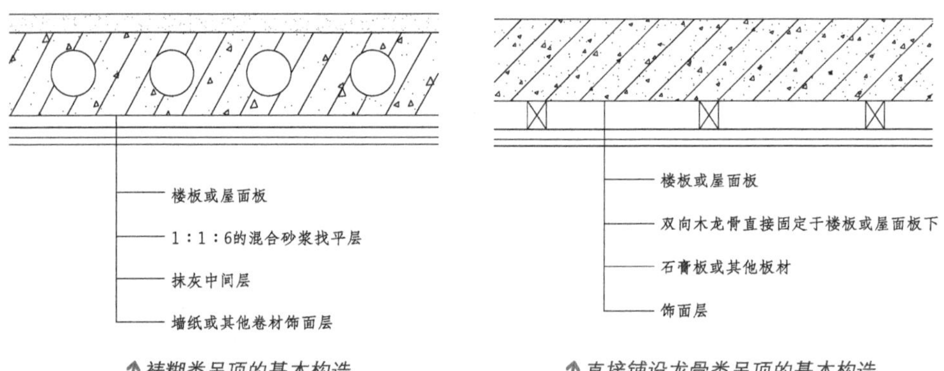

↑裱糊类吊顶的基本构造　　↑直接铺设龙骨类吊顶的基本构造

（5）直接贴面类吊顶的作用和基本构造

直接贴面类吊顶的作用

在上部屋面板或楼板的底面上，直接粘贴面砖等块材、石膏板或条，即为“直接贴面类吊顶”。这类吊顶主要用于装饰要求较高的建筑。

直接贴面类吊顶的基本构造

- 基层处理：方法同直接抹灰、喷刷类、裱糊类吊顶。
- 中间层：作用是保证必要的平整度。做法为采用 5 ~ 8 mm 厚水泥石灰砂浆。
- 面层：面砖同墙面装饰构造；石膏板或条需在基层上钻孔；埋木楔或塑料胀管；在板或条上钻孔，最后用木螺栓固定。

(6) 结构吊顶的作用和基本构造

结构吊顶的作用

结构吊顶就是利用楼层或屋顶的结构构件直接作为吊顶装饰的装饰手法。结构吊顶充分利用屋顶结构构件，并巧妙地组合照明、通风、防火、吸声等设备，形成和谐统一的空间景观。一般应用于体育馆、展览厅等大型公共性建筑中。

结构吊顶的基本构造

- 形式：网架结构、拱结构、悬索结构、井格式梁板结构等。
- 加强装饰手法：调节色彩、强调光照效果、改变构件材质、借助装饰品等。

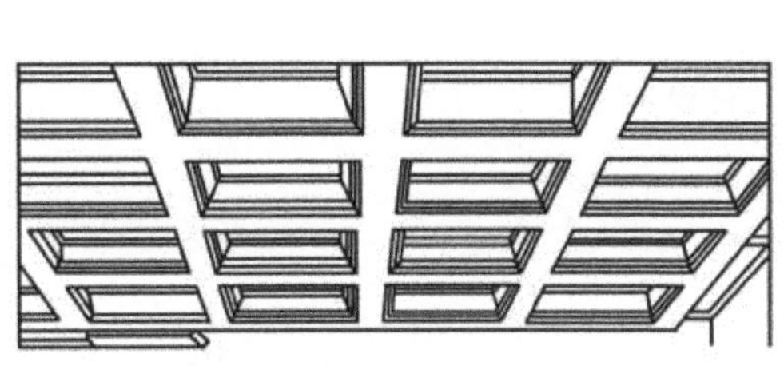

(a) 井格式梁板结构吊顶

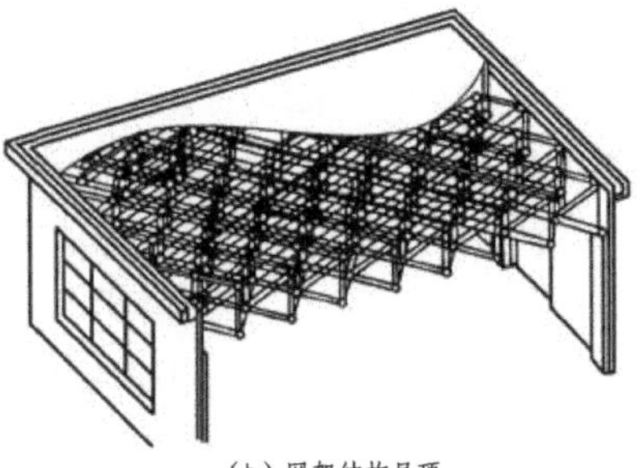

(b) 网架结构吊顶

↑结构式吊顶示例

思考与巩固

1. 直接式吊顶的饰面特点是什么？
2. 直接式吊顶可以选择的材料有哪些种类？
3. 直接式吊顶包含哪些类型？
4. 直接抹灰类、喷刷类及直接装饰板吊顶的构造和做法分别是什么？

三、悬吊式吊顶装饰构造

学习目标	本小节重点讲解悬吊式吊顶装饰构造。
学习重点	了解悬吊式吊顶的特点、构造组成、材料选择及装饰基本构造。

1 特点、构造组成与材料选择

悬吊式吊顶又称吊顶棚，它与结构底面有一定距离，通过悬挂物与主体结构连接在一起，包括整体式吊顶、板材吊顶和开敞式吊顶。

（1）悬吊式吊顶的特点

悬吊式吊顶类型多、构造复杂，施工技术要求较高，造价相对较高。其形式不必与结构层的形式相对应，但吊顶在空间高度上会产生变化，可形成一定的立体造型。

吊顶与上部屋面板或楼板的底面之间的空间，可埋设各种管线，可镶嵌灯具，可灵活调节顶棚高度，可丰富顶棚空间层次和形式。在没有功能要求时，悬吊式吊顶内部空间的高度不宜过大，以节约材料和造价；若利用其作为敷设管线设备的技术空间或有隔热通风需要，则可根据情况适当加大，必要时可铺设检修走道以免踩坏面层，保障安全。饰面应根据设计留出相应灯具、空调等设备安装检修孔及送风口、回风口位置。

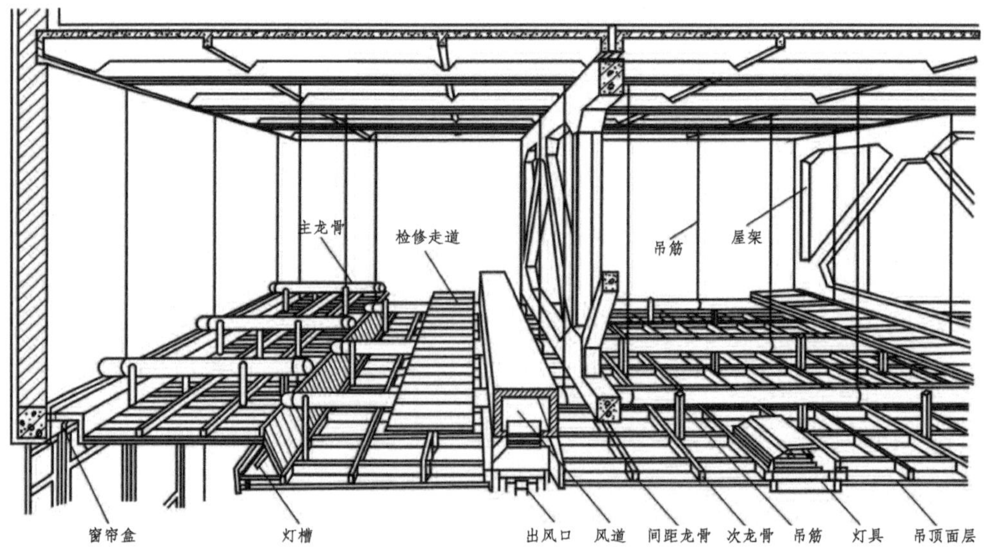

↑悬挂于楼板底的构造示意图

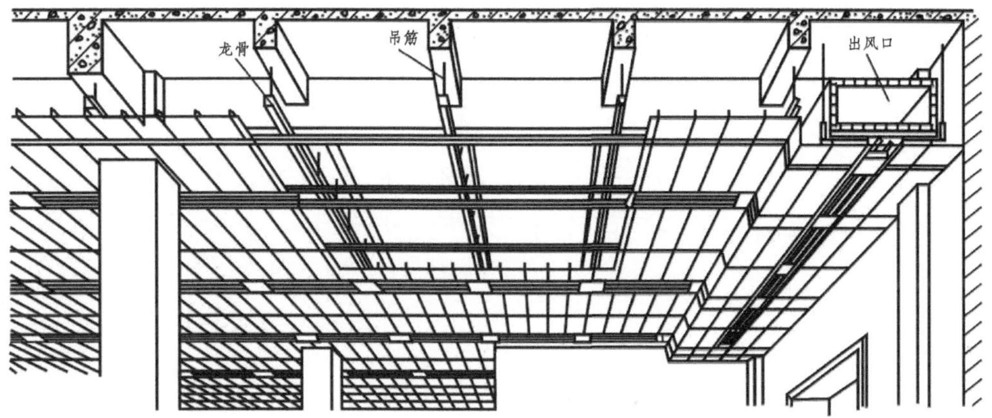

↑悬挂于屋面下的构造示意图

（2）悬吊式吊顶的构造组成与材料选择

悬吊式吊顶在构造上一般由吊筋、基层、面层三大基本部分组成。

吊筋

● 作用：吊筋是连接龙骨和承重结构的承重传力构件。吊筋的主要作用是承受吊顶的荷载，并将荷载传递给屋面板、楼板、屋顶梁、屋架等部位。通过吊筋还可以调整、确定悬吊式吊顶的空间高度，以适应不同场合和不同艺术处理上的需要。

● 选材：吊筋的形式和材料选用，与顶棚的自重及顶棚所承受的灯具等设备荷载的重量有关，也与龙骨的形式和材料及屋顶承重结构的形式和材料等有关。吊筋可采用钢筋、型钢、镀锌铅丝或方木等。钢筋吊筋用于一般吊顶，直径不小于 6mm；型钢吊筋用于重型吊顶或整体刚度要求特别高的吊顶；方木吊筋一般用于木基层吊顶，并采用铁制连接件加固，可用 50mm×50mm 截面，如荷载很大则需要计算确定吊筋截面。

基层

吊顶基层是一个由主龙骨、次龙骨（或称主格栅、次格栅）所形成的网格骨架体系。主要是承受吊顶的荷载，并通过吊筋将荷载传递给楼盖或屋顶的承重结构。常用的吊顶龙骨分为木龙骨和金属龙骨两种，龙骨断面视其材料的种类、是否上人和面板做法等因素而定。

①木基层：木基层由主龙骨、次龙骨、横撑龙骨三部分组成。其中，主龙骨为 50mm×（70～80）mm，主龙骨间距一般为 0.9～1.5m。次龙骨断面一般为 30mm×（30 ～50）mm，次龙骨间距依据次龙骨截面尺寸和板材规格而定，一般为 400～600mm。用 50mm×50mm 的方木吊筋钉牢在主龙骨的底部，并用 8 号镀锌铁丝绑扎。其中由龙骨组成的骨架可以是单层的，也可以是双层的，固定板材的次龙骨通常双向布置。

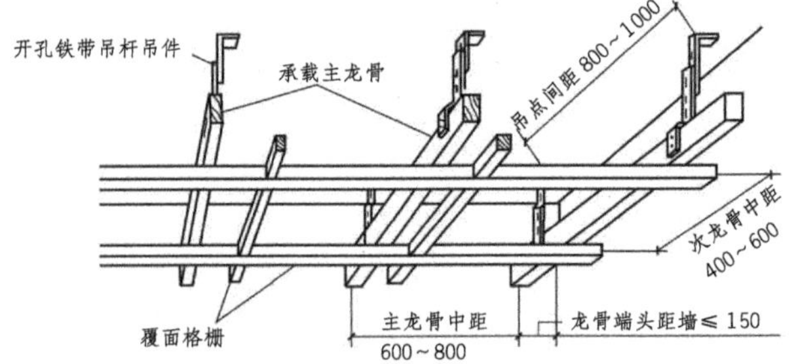

↑双层骨架构造

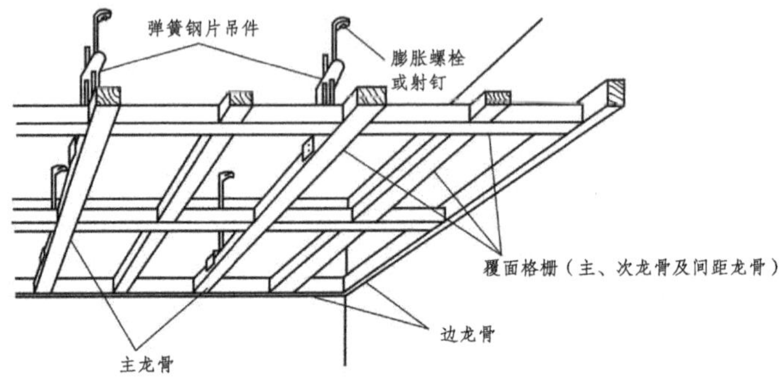

↑单层骨架构造

②金属基层：金属基层常见的有轻钢、铝合金和普通型钢等。

轻钢龙骨

· 一般用特制的型材，断面多为U形，故又称为U形龙骨系列
· U形龙骨系列由大龙骨、中龙骨、小龙骨、横撑龙骨及各种连接件组成
· 其中大龙骨，按其承载能力分为三级：轻型大龙骨不能承受上人荷载；中型大龙骨能承受偶然上人荷载，也可在其上铺设简易检修走道；重型大龙骨能承受上人的800N检修集中荷载，可在其上铺设永久性检修走道

铝合金龙骨

· 常用的有T型、U型、LT型及特制龙骨。应用最多的是LT型龙骨
· LT型龙骨主要由大龙骨、中龙骨、小龙骨、边龙骨及各种连接件组成
· 大龙骨也分为轻型系列、中型系列、重型系列。中部中龙骨的截面为倒T形，边部中龙骨的截面为L形，中龙骨的截面高度为32mm和35mm。小龙骨的截面为倒T形，截面高度为22mm和23mm

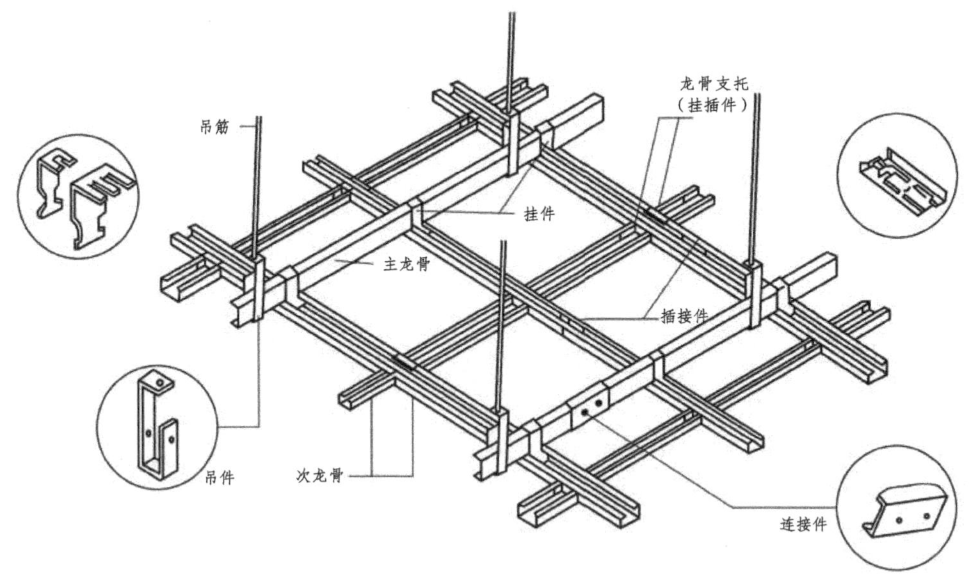

↑轻钢龙骨配件组合示意图

面层

吊顶面层的作用是装饰室内空间，一般还具有吸声、反射等一些特定功能。面层的构造设计通常要结合灯具和风口布置等一起进行。吊顶面层又分为抹灰类、板材类和格栅类，最常用的是板材类。

①木质板：胶合板、硬质纤维板、软质纤维板、装饰纤维板、装饰吸声板、木丝板及刨花板等。

②矿物板：纸面石膏板、石膏板及矿棉板等。

③金属板：铝塑板、铝合金板及彩钢板等。

2 悬吊式吊顶装饰的基本构造

（1）吊筋设置

吊筋与楼屋盖连接的节点称为吊点，吊点应均匀布置，一般为900～1200mm，主龙骨端部距第一个吊点不超过300mm。

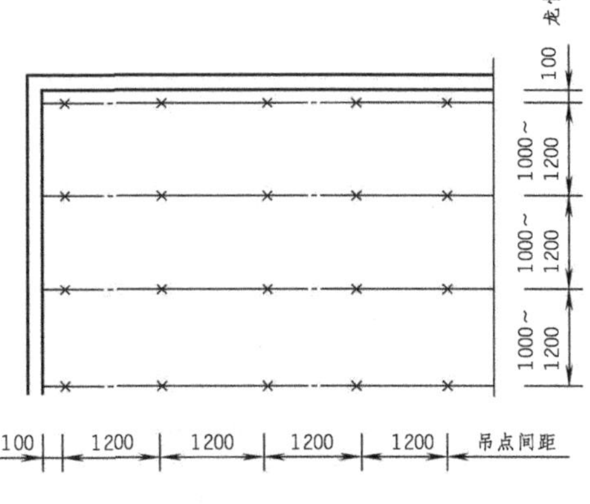

↑吊筋布置示意图

（2）吊筋与结构的固定

吊筋与结构的连接一般有以下几种构造方式：

①吊筋直接插入预制板的板缝，并用 C20 细石混凝土灌缝；

②将吊筋绕于钢筋混凝土梁板底预埋件焊接的半圆环上；

③吊筋与预埋钢筋焊接处理；

④通过连接件（钢筋、角钢）两端焊接，使吊筋与结构连接。

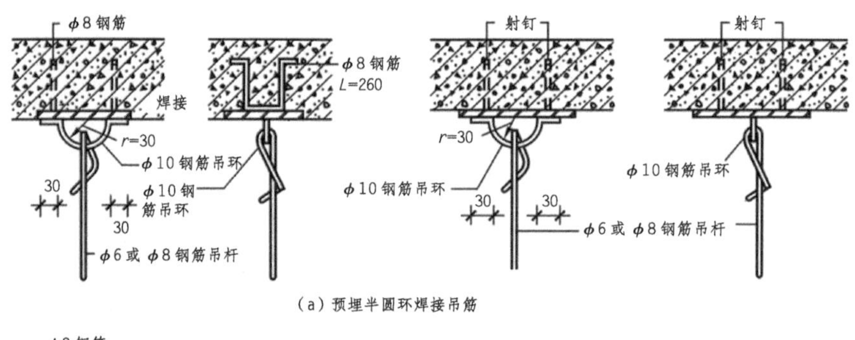

（a）预埋半圆环焊接吊筋

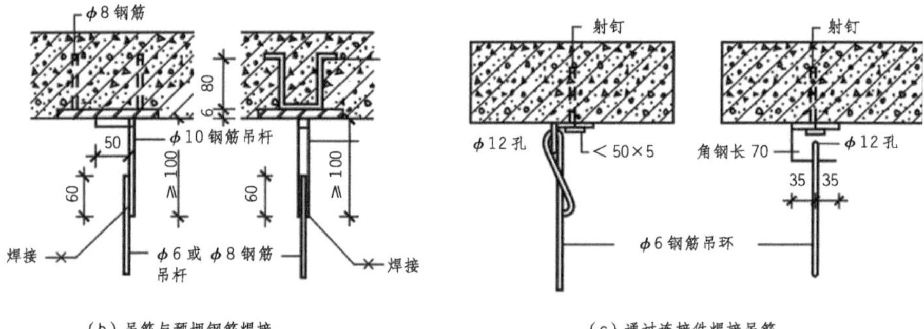

（b）吊筋与预埋钢筋焊接

（c）通过连接件焊接吊筋

↑吊筋与结构的连接

（3）吊筋与龙骨的连接

吊筋与龙骨的连接可分为以下三类。

①木吊筋与木龙骨：将主龙骨钉在木吊筋上。

②钢筋吊筋与木龙骨：将主龙骨用镀锌铁丝绑扎、钉接或螺栓连接。

③钢筋吊筋与金属龙骨：将主龙骨用连接件与吊筋钉接、吊钩或螺栓连接。

（4）面层与基层的连接

①抹灰类吊顶：抹灰类吊顶的抹灰层必须附着在木板条、钢丝网等材料上，因此首先应将这些材料固定在龙骨架上，然后再做抹灰层。

②板材类吊顶：板材类吊顶饰面板与龙骨之间的连接一般需要连接件、紧固件等连接材料，有钉、粘、卡、挂、搁等连接方式。

（5）面层接缝的构造处理

接缝是影响吊顶面层装饰效果的一个重要因素，一般有对缝、凹缝、盖缝等几种方式。

①对缝：是指板与板在龙骨处对接，多采用粘或钉的方法对面板进行固定。

②凹缝：是指在两块面板的接缝处，利用面板的形状等所做出的 V 形或矩形接缝。

③盖缝：是指板材间的接缝利用龙骨的宽度或专门的压条盖起来。

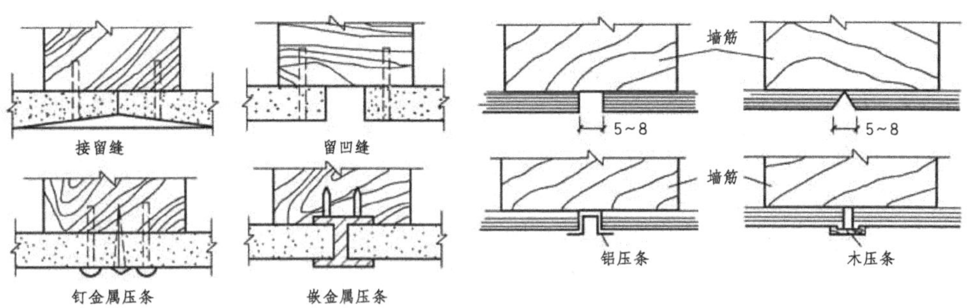

↑饰面板的接缝构造

3 常用悬吊式吊顶构造示例

（1）抹灰类悬吊式吊顶的装饰构造

抹灰类悬吊式吊顶表面平整光滑、整洁美观、整体性好。常用的有板条抹灰吊顶、板条钢板网抹灰吊顶及钢板网抹灰吊顶等。

板条抹灰吊顶

● 特点：板条抹灰是指采用木材作为木龙骨和木板条，在板条上抹灰，特点是构造简单、造价低，但易脱落、耐火性差。通常用于装饰要求不高的建筑中。

● 构造：在板、梁或屋架底预埋吊筋，其上采取拴接或钉接固定主龙骨，再将次龙骨钉接在主龙骨上；龙骨下钉毛板条，板条的间隙为 8 ~10mm，以便抹灰嵌入；板条上做底层、中层和面层抹灰。

● 构造要求：板条间留缝隙；板条两端均应固定在次龙骨上，不能悬挑；板条接头缝应错开。

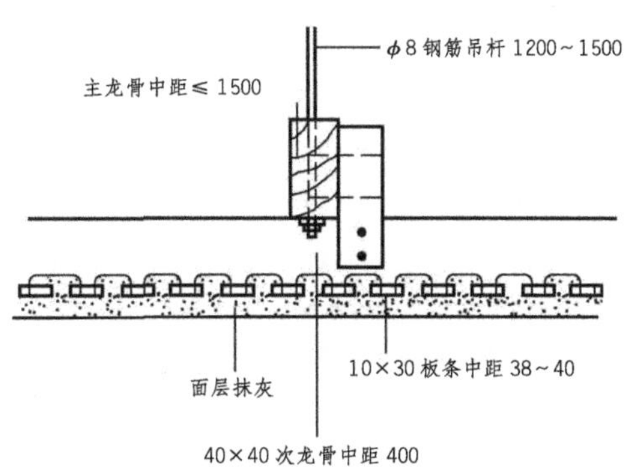

↑板条抹灰吊顶

板条钢板网抹灰吊顶

为了提高板条抹灰吊顶的耐火性，并使灰浆与基层结合的更好，可在板条上加钉一层钢丝网，即为板条钢板网抹灰吊顶。

钢丝网的网眼不可大于 10mm，板条的中距可由前者的 38～40mm 加大至 60mm。

钢板网抹灰吊顶

● 特点：钢板网抹灰吊顶的耐久性、防震性和耐火等级均较好，但造价较高，一般用于中、高档建筑中。钢板网抹灰顶棚采用金属制品作为吊顶的骨架和基层。

● 构造组成：金属龙骨、钢筋网架、钢板网、抹灰层。

● 构造：在板、梁或屋架底预埋吊筋，用螺栓将主龙骨与吊筋固定，主龙骨用槽钢，其型号由结构计算而定；次龙骨用等边角钢，中距为 400 ～700mm，次龙骨与主龙骨用卡子、螺栓或焊接固定；面层选用 1.2mm 厚的钢板网；网后衬垫一层 ϕ 6mm、中距为 200mm 的钢筋网架；在钢板网上进行抹灰。

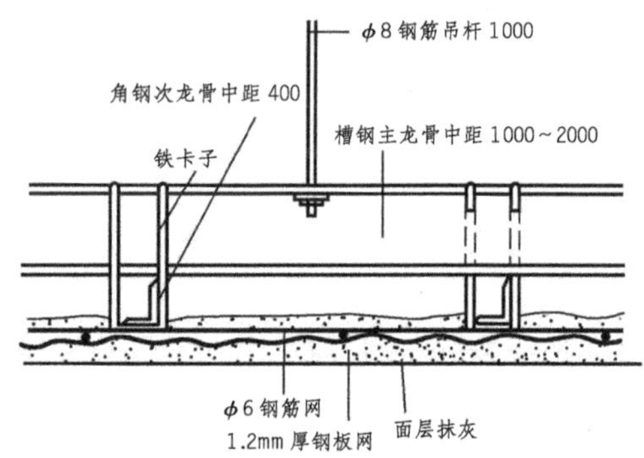

↑钢板网抹灰吊顶

（2）板材类吊顶的装饰构造

板材类吊顶便于施工，也易与灯具、通风口等结合布置，应用范围广。常用的面层材料有石膏板、矿棉纤维板、玻璃纤维板、金属板等。

此类吊顶的基本构造为：在结构层上用射钉等固定吊筋；将主龙骨固定在吊筋上；次龙骨固定在主龙骨上；再用钉接或搁置的方法固定面层板材。

石膏板吊顶

● 特点：石膏板吊顶具有自重轻、耐火性能好、抗震性能好、施工方便等特点。面板材料常用的有普通纸面石膏板、防火纸面石膏板、石膏装饰板、石膏吸声板等。

● 构造组成：轻钢龙骨、大块纸面石膏板、饰面层。

● 构造：纸面石膏板吊顶常采用薄壁轻钢作为龙骨，吊筋为直径不小于 6mm 的钢筋，用吊件和螺栓将吊筋及主龙骨进行连接，再用吊件把次龙骨固定在主龙骨上，板材固定在次龙骨上，常用固定方式有挂接方式、卡接方式和钉接方式三种。吊筋间距为 900 ～1200mm；主龙骨间距一般为 1500 ～2000mm；次龙骨间距需根据装饰板的规格来决定。石膏装饰板及石膏吸声板等无纸面石膏板，安装方法同纸面石膏板。

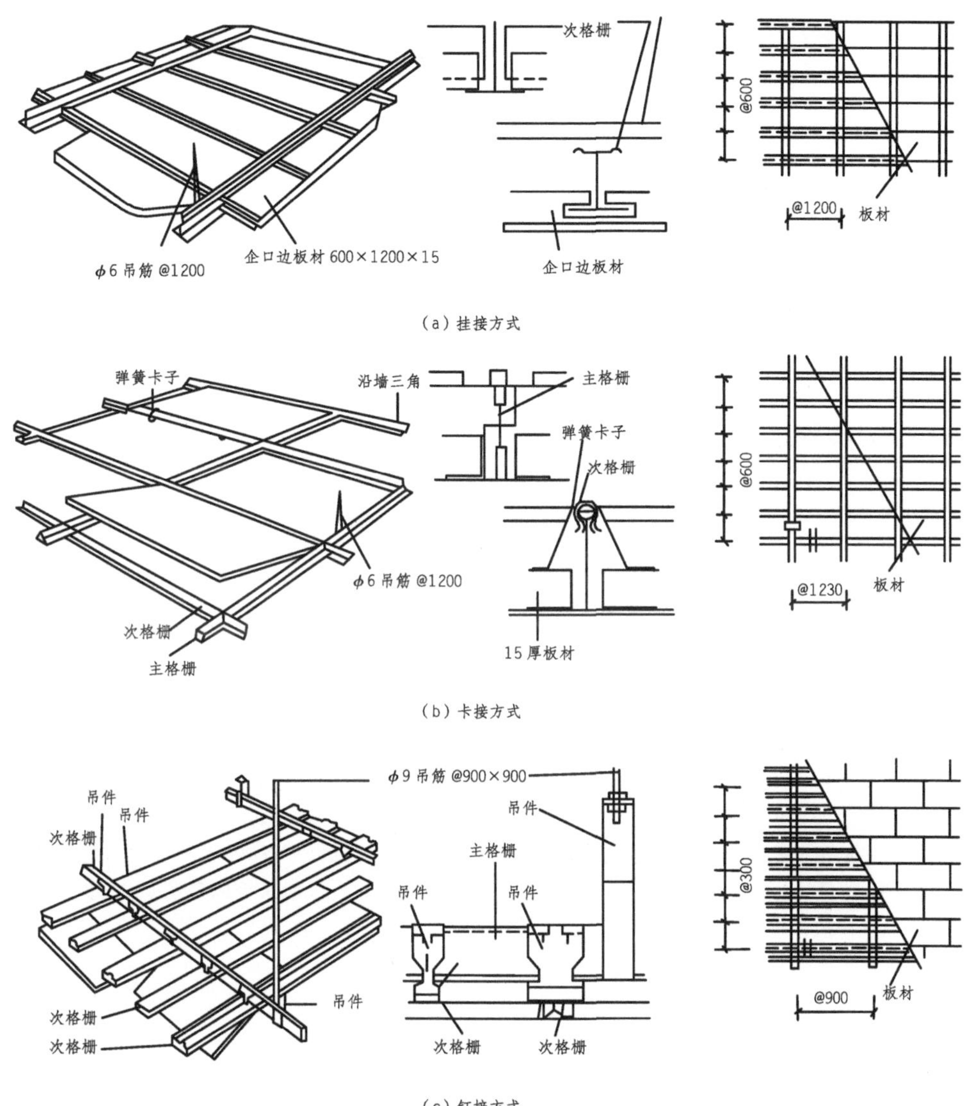

↑轻龙骨石膏板材吊顶构造

矿棉纤维板和玻璃纤维板吊顶

● 特点：这类吊顶具有质轻、保温、防火、耐高温、吸声的性能，适合有防火要求的吊顶。板材多为方形和矩形，一般直接安装在金属龙骨上。

● 构造方式：暴露骨架（明架）、部分暴露骨架（明暗架）和隐蔽骨架（暗架）。

● 构造：暴露骨架的构造是将方形或矩形纤维板直接搁置在倒 T 形龙骨的翼缘上；部分暴露骨架的构造是将板材两边做成卡口，卡入倒 T 形龙骨的翼缘中，另两边搁置在翼缘上；隐蔽式骨架是将板材的每边都做成卡口，卡入骨架的翼缘中。

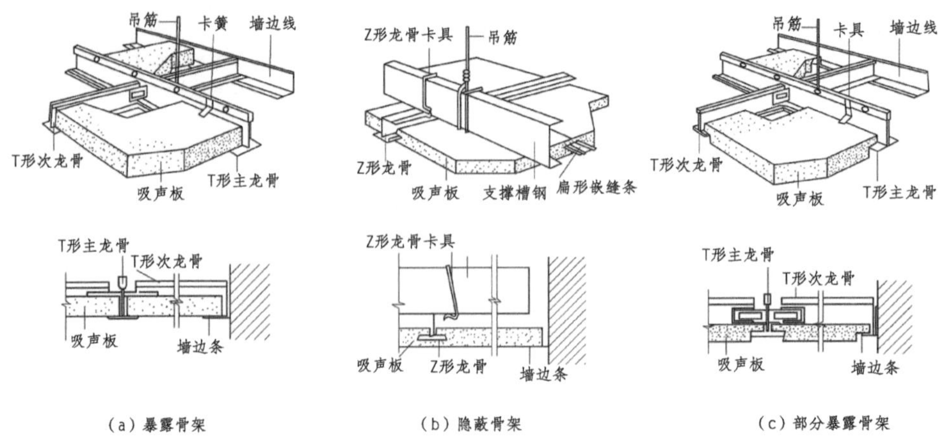

↑矿棉纤维板和玻璃纤维板吊顶构造

金属板吊顶

金属板吊顶是采用铝合金板和薄钢板等金属板材面层的吊顶。此类吊顶的特点是自重轻、色泽美观大方，具有独特的质感，平梃、线条刚劲明快，且构造简单、安装方便、耐火、耐久。金属板有打孔和不打孔的条形、矩形等形材。

①金属条板吊顶：金属条板吊顶以各种造型不同的条形板以及一套特殊的专用龙骨系统构成。条板与条板相接处的板缝处理分为开放型和封闭型两种类型。开放型条板吊顶离缝间无填充物，便于通风；封闭型条板吊顶在离缝间另加嵌缝条或条板，单边有翼盖，没有离缝。如果是保温吸声吊顶，可在上部加矿棉或玻璃棉垫，还可用穿孔条板，以加强吸声效果。金属条板吊顶属于轻型不上人的吊顶，当吊顶上承受重物或上人检修时，一般采用以角钢（或圆钢）代替轻便吊筋，并增加一层 U 形（或 C 形）主龙骨（双层主龙骨）的方法。

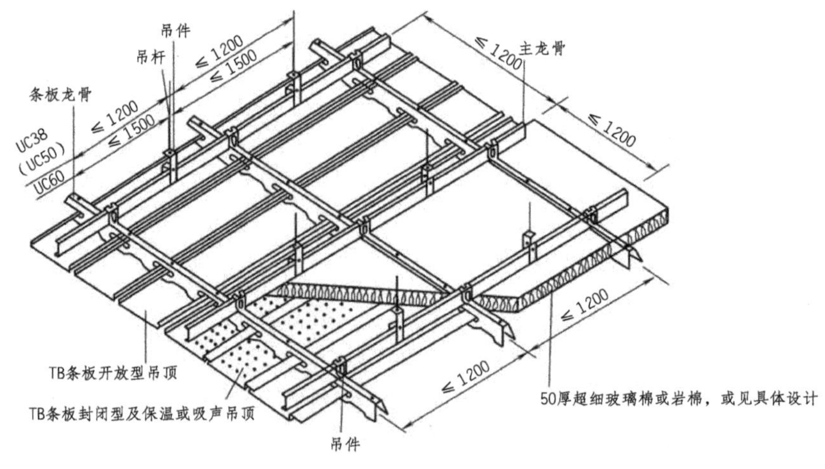

↑铝合金条板吊顶构造

②金属方板吊顶：金属方板吊顶以各种造型不同的方形板以及一套特殊的专用龙骨系统构成。它在装饰效果上别具一格，在吊顶表面设置的灯具、风口、喇叭等易于与方板协调一致，使整个吊顶表面组成有机的整体；另外，采用方板吊顶时，与柱、墙边的处理较为方便合理。方板还可与条板结合设计，取得形状各异、组合灵活的效果。除此之外，其表面还可压成各种纹饰，组成不同的图案。金属方板安装的构造有龙骨式和卡入式两种。龙骨式多为 T 形龙骨、方板四边带翼缘，搁置后形成格子形离缝；卡入式的金属方板卷边向上，形如有缺口的盒子，一般边上轧出凸出的卡口，卡入有夹簧的龙骨中。金属方板吊顶靠墙边的尺寸不符合方板规格时，可用条板或纸面石膏板处理。方板可以打孔，上面衬纸，再放置矿棉或玻璃棉的吸声垫，即可形成吸声吊顶。

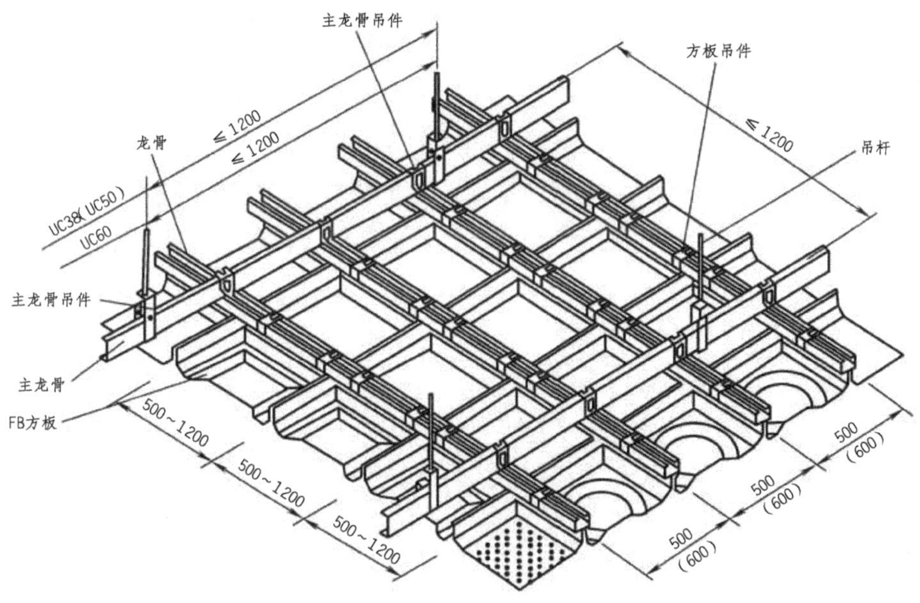

↑铝合金方板吊顶构造

思考与巩固

1. 什么是悬吊式吊顶？它具有哪些特点？
2. 悬吊式吊顶由几部分组成？每一部分的作用分别是什么？可选择的材料有哪些？
3. 吊筋与结构的固定有几种方式？
4. 抹灰类悬吊式吊顶有几种类型？构造分别是什么？
5. 板材类吊顶有几种类型？构造分别是什么？

四、吊顶特殊部位构造

学习目标	本小节重点讲解吊顶特殊部位构造。
学习重点	了解吊顶与墙面、窗帘盒、灯具、通风口、检修口，以及不同高度、不同材质吊顶连接部位的构造。

1 吊顶与墙面连接

吊顶与墙面的固定方式随吊顶形式和类型的不同而不同，通常采用在墙内预埋铁件或螺栓、预埋木砖，通过射钉连接和龙骨端部伸入墙体等构造方法。

吊顶边缘可做凹入或凸出的方式处理。交接处的边缘线条一般还需另加木制或金属装饰压条处理，可与龙骨相连，也可与墙内预埋件连接。

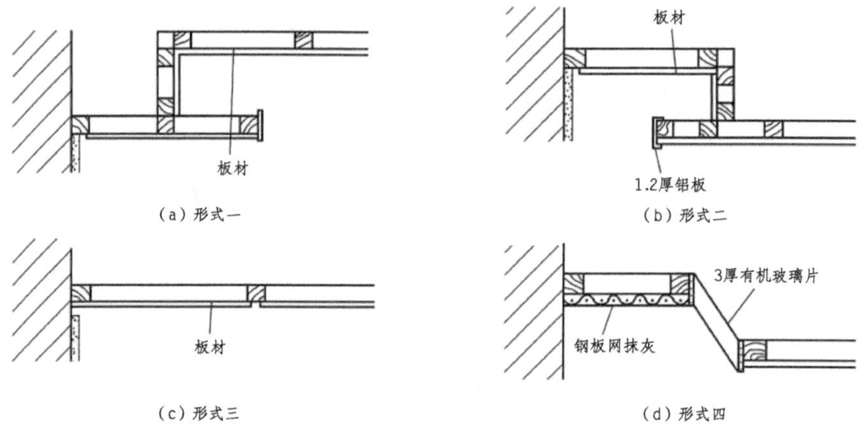

↑吊顶与墙体交接处理形式

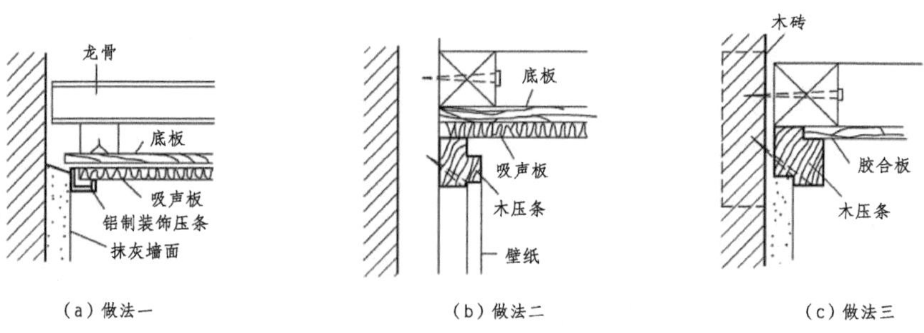

↑吊顶边缘装饰压条做法

2 吊顶与窗帘盒连接

吊顶中的窗帘盒常见做法有三种方式：一是只在窗口部位有，长度一般比窗口的宽度长200～300mm；二是在窗口所在的墙上连续布置，不间断；三是无论有无窗口，在房间所有的墙面上均设窗帘盒。

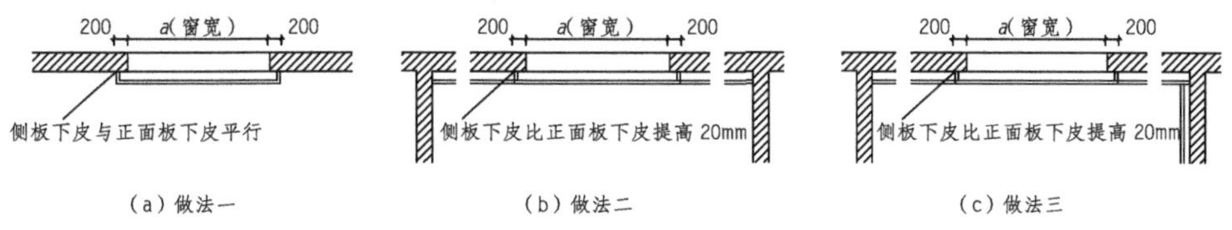

↑吊顶与窗帘盒连接做法

3 吊顶与灯具连接

吊顶上安装的灯具，有两种类型：与吊顶直接结合（如吸顶灯等）和与吊顶不直接结合（如吊灯等）。灯具安装的基本构造方式应与灯具的种类相适应。

①吊灯：吊灯是通过吊杆或吊索悬挂在吊顶下面，吊灯可安装在结构层上、次龙骨上或补强龙骨上。若为吊顶棚，可在安装吊顶的同时安装吊灯。

②吸顶灯：小型吸顶灯可直接连接在吊顶龙骨上；大型吸顶灯则要从结构层单设吊筋，在楼板施工时就需预埋吊筋，埋设方法同吊顶埋筋方法。根据吸顶灯的大小用小龙骨围合成矩形边框，此边框为灯具提供连接点，大型吸顶灯可在局部补强部位加斜撑做成圆形开口或方形开口。

③嵌入式灯具：嵌入式灯具安装时需镶嵌在吊顶内，灯具面与吊顶面平齐或略有突出。安装此类灯具时，应在需要安装灯具的位置，用龙骨按灯具的外形尺寸围合成孔洞边框，此边框既作为灯具安装的连接点，也作为灯具安装部位局部补强龙骨。

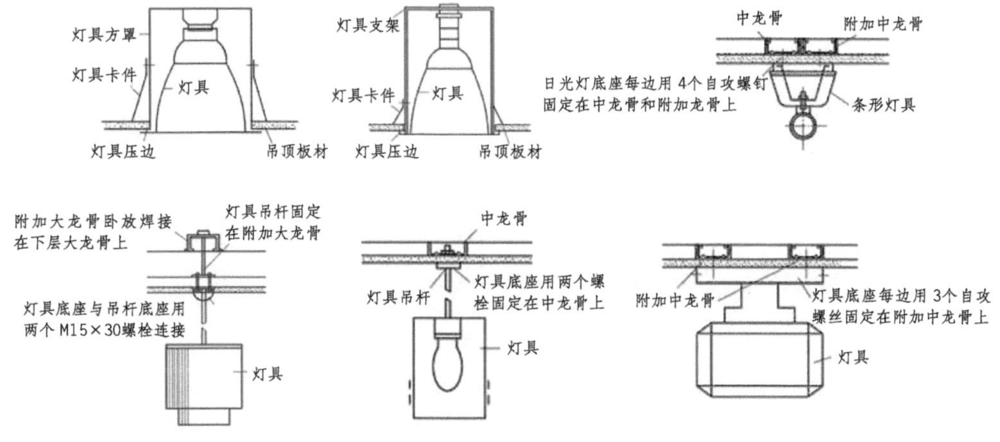

↑几种灯具与吊顶的连接构造

4 吊顶与通风口连接

通风口安装在吊顶的表面或侧立面上，通常安装在附加龙骨边框上，边框规格不小于次龙骨规格，并用橡胶垫做降噪处理。通风口有单个的定型产品，一般用铝片、塑料片或薄木片做成。

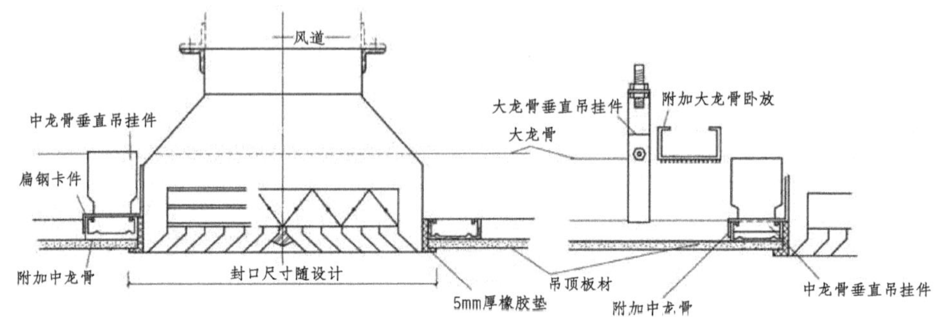

↑通风口与吊顶的连接构造

5 吊顶与检修孔连接

检修孔的设置与构造，既要考虑检修吊顶及吊顶内的各类设备的方便，又要尽量隐蔽，以保持吊顶的完整性。一般采用活动板作吊顶进人孔，进人孔的尺寸一般不小于600mm×600mm。

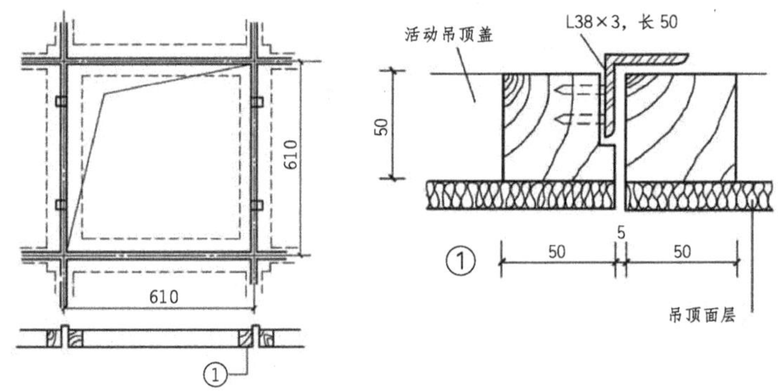

↑活动板进人孔

6 自动消防设备安装构造

消防给水管道在吊顶上的安装，应按照安装位置使用膨胀螺栓固定支架，放置消防给水管道，然后安装吊顶龙骨和吊顶面板，留置自动喷淋头和烟感器安装口。自动喷淋头和烟感器必须安装在吊顶平面上。自动喷淋头必须通过吊顶平面与自动喷淋系统的水管相接，喷淋头周围不能有遮挡物，与灯具之间的距离应 > 800mm。

7 不同高度吊顶连接

吊顶往往都要通过高低差变化来达到限定空间、丰富造型、满足音响及照明设备的安置等其他特殊要求的目的，因此，高低差的处理，也就成为现代建筑吊顶中一个十分重要的问题。

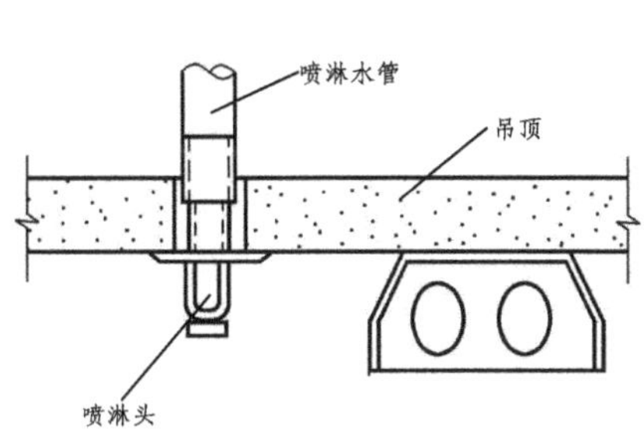

↑自动喷淋头构造

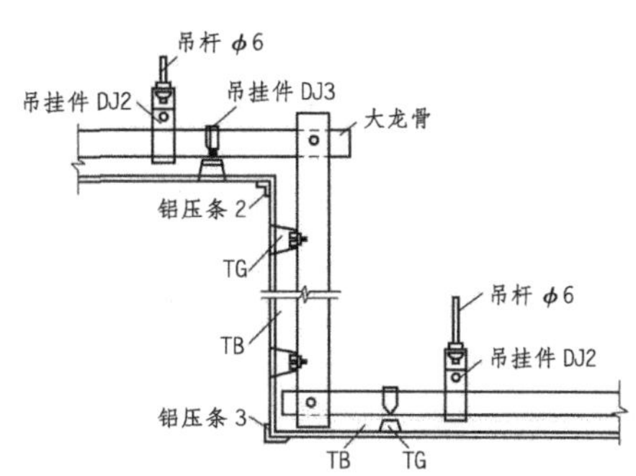

↑铝合金吊顶高低差做法构造

8 不同材质吊顶交接处理

同一吊顶上采用不同材质装饰材料的交接处收口构造做法有两种：压条过渡收口和高低差过渡处理法。

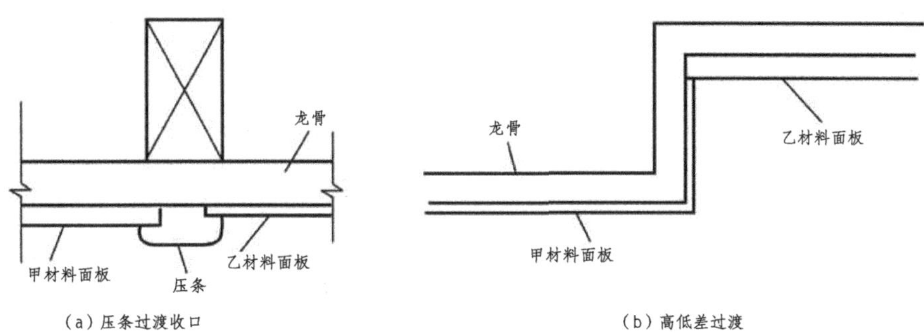

↑不同材质吊顶交接收口构造做法

思考与巩固

1. 吊顶是如何与墙面连接的?
2. 不同类型的灯具是如何安装在吊顶上的?
3. 不同材质的吊顶应如何过渡?

五、特殊吊顶构造

学习目标	本小节重点讲解特殊吊顶构造。
学习重点	了解格栅吊顶、透光材料吊顶、装饰网架吊顶及织物装饰吊顶的特点及构造。

1 格栅吊顶

（1）格栅吊顶的特点

格栅吊顶又称开敞式吊顶，是在藻井式吊顶的基础上发展形成的一种独立的体系，表面开口，既有遮又有透的感觉，减少了吊顶的压抑感；格栅吊顶与照明布置的关系较为密切，常将单体构件与照明灯具的布置结合起来，增加了吊顶构件和灯具的艺术功能，格栅吊顶也可作自然采光用；格栅吊顶具有其他形式吊顶所不具备的韵律感和通透感，近年来在各种类型的建筑中应用较多。

（2）格栅吊顶的构造

格栅吊顶是通过一定的单体构件组合而成的，单体构件的类型很多，从制作材料看，有木材构件、金属构件、灯饰构件及塑料构件等。预拼安装的单体构件是通过插接、挂接或榫接的方法连接在一起的。

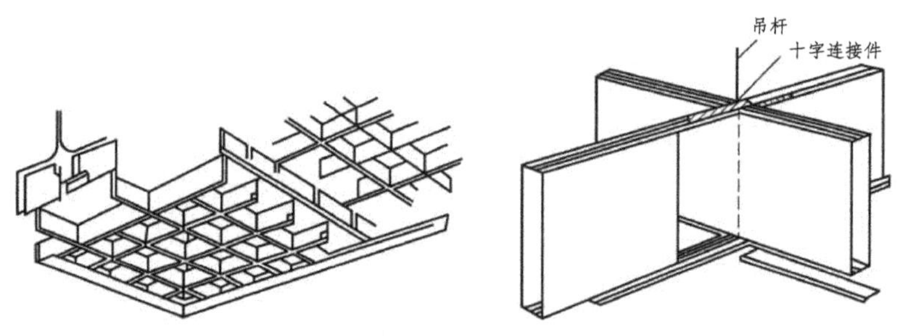

↑单体构件连接构造

格栅吊顶的安装构造可分为两种类型：一种是直接固定法，将单体构件固定在可靠的骨架上，然后将骨架用吊筋与结构相连；另一种是间接固定法，对于用轻质、高强材料制成的单体构件，不用骨架支持，而直接用吊筋与结构相连，这种预拼装的标准构件的安装简单。在实际工程中，为了减少吊筋的数量，通常先将单体构件用卡具连成整体，再通过通长的钢管与吊筋相连。

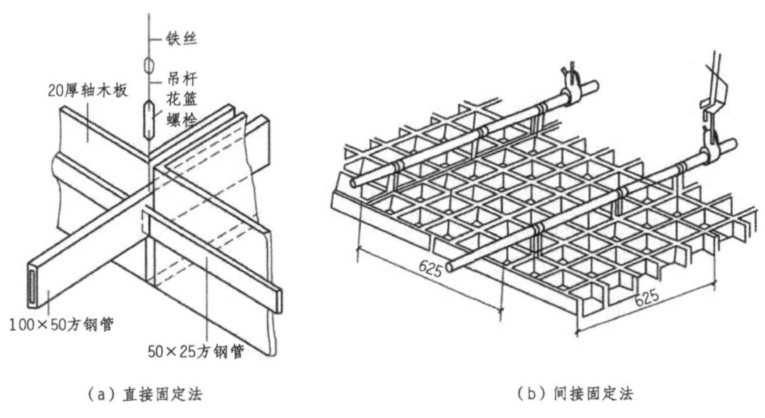

↑格栅吊顶的安装构造

木格栅吊顶装饰构造

用木板、胶合板加工成单体构件组成的格栅吊顶，为木格栅吊顶。木结构单体构件形式可归为以下三种类型。

①单板方框式：通常是用宽度为 120～200mm，厚度为 9～15mm 的木胶合板拼接而成，板条之间采用凹槽插接。

②骨架单板方框式：这种构件是用方木做成框骨架，然后将按设计要求加工成的厚木胶合板与木骨架固定。

③单条板式：这种构件是用实木或厚木胶合板加工成木条板。

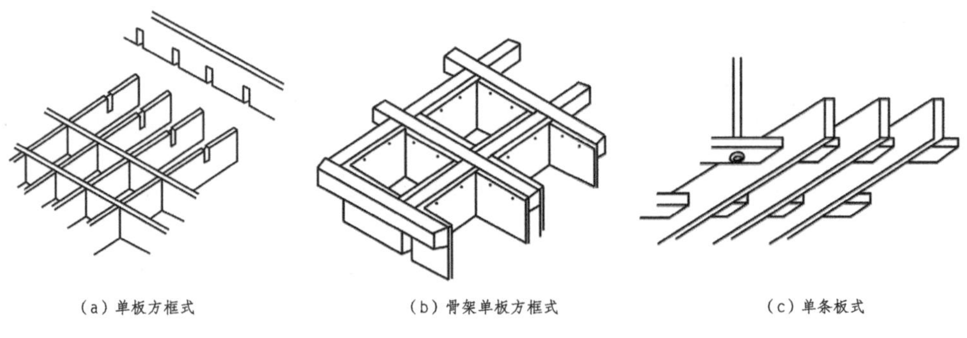

↑木结构单体构件形式

金属格栅吊顶装饰构造

金属格栅吊顶是由金属条板等距离排列成条式或格子式而形成的，为照明、吸声和通风创造良好的条件：在格条上面设置灯具，可以在一定角度下，减少对人的眩光；在格条上设风口可提高进风的均匀度。在金属格栅吊顶中应用最多的是铝合金单体构件，其造型多种多样，有方块型铝合金单体、方筒形铝合金单体、圆筒形铝合金单体、花片形铝合金单体等。

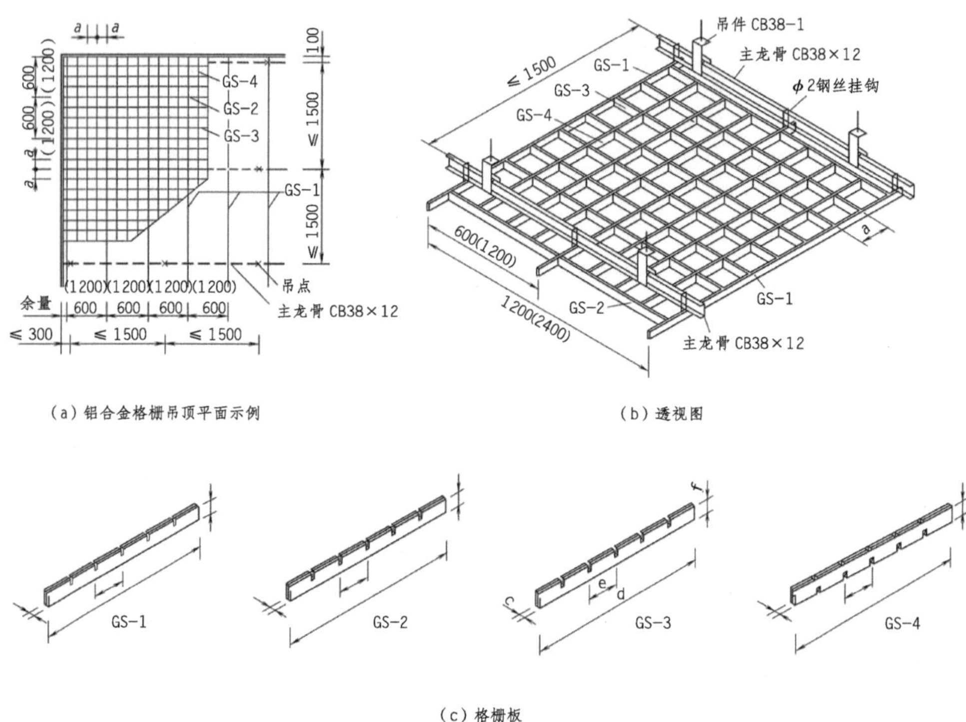

(a) 铝合金格栅吊顶平面示例

(b) 透视图

(c) 格栅板

↑方块形铝合金格栅吊顶构造

灯饰格栅吊顶装饰构造

格栅吊顶的单体构件，也有同室内的灯光布置结合起来的，有的甚至全部用灯具组成吊顶。这样将照明与吊顶造型统一考虑的形式，一般也属于格栅吊顶。灯具的布置有以下几种形式。

①内藏式：将灯具布置在吊顶的上部，并与吊顶表面保持一定距离。

②悬吊式：将灯具用吊件悬吊在吊顶平面以下。

③吸顶式：将灯具固定在吊顶平面上。

④嵌入式：将灯具嵌入单体构件的网格内。

(a) 内藏式

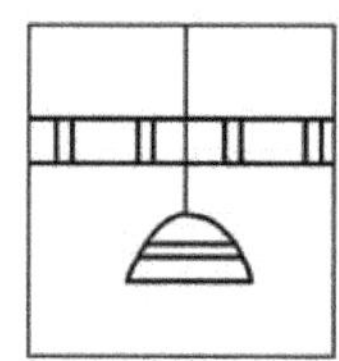

(b) 悬吊式

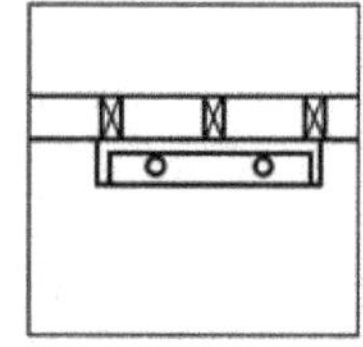

(c) 吸顶式

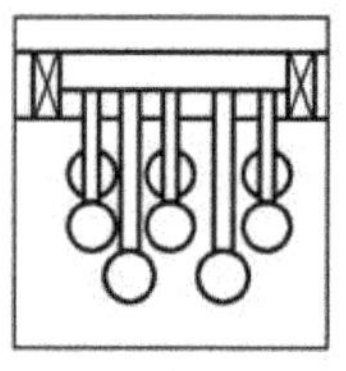

(d) 嵌入式（一）

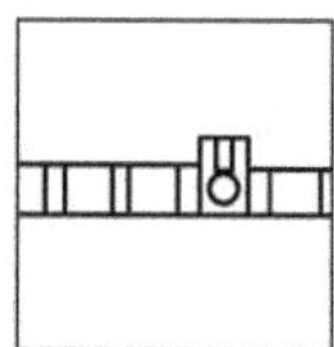

(e) 嵌入式（二）

↑木结构单体构件形式

2 透光材料吊顶

透光材料吊顶是指吊顶饰面板采用彩绘玻璃、磨砂玻璃、有机玻璃片等透光材料的吊顶。透光材料吊顶整体透亮、光线均匀、减少了室内空间的压抑感，装饰效果好。

透光材料吊顶的构造与一般吊顶构造的不同之处在于其吊顶骨架需支撑灯座和透光面层两部分，因此需设置双层骨架，上层骨架通过吊杆连接到主体结构上，上下之间通过吊杆连接。面层透光板一般采用搁置方式与龙骨连接，也可采用粘贴方式并用螺钉加固。

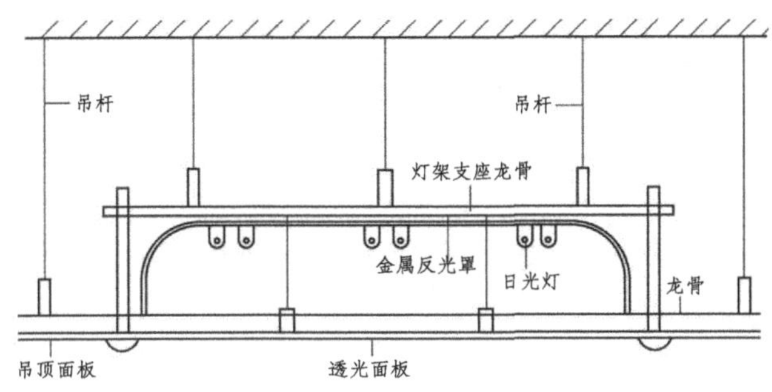

↑透光材料吊顶构造

3 装饰网架吊顶

在以网架结构为屋面承重结构的房屋中，一般使杆件外露形成结构吊顶，因为构成网架的杆件本身排列很有规律，这种结构的材料通常由不锈钢球形节点组成，有结构本身的表现力，充分利用这一特点，可获得优美的韵律感。这种吊顶多用在体育建筑及展厅建筑中。

4 织物装饰吊顶

织物装饰吊顶指用绢纱、布幔等织物悬挂在室内顶部的做法，又称软体吊顶。此类吊顶装饰效果丰富，吸声效果好。其构造做法可利用钢丝、钢管作为骨架衬托，设计成各种曲线造型。

思考与巩固

1. 格栅吊顶具有哪些特点？其安装构造有几种类型？
2. 木格栅吊顶和金属格栅吊顶的构造做法分别是什么？
3. 灯饰格栅吊顶的布置有几种形式？

六、吊顶装饰构造的特殊问题

学习目标	本小节重点讲解吊顶装饰构造的特殊问题。
学习重点	了解室内界面的范围、功能特点及设计和施工要求等知识。

1 吊顶内部的管线敷设和检修通道

（1）吊顶内部的管线敷设

可以先在吊顶内部敷设管线，管线敷设也可与吊顶安装同时进行，其构造做法如下。

①先确定吊顶吊杆位置，放安装线。

②而后用膨胀螺栓固定支架，将线槽管线敷设在位置上。

③最后安装吊顶龙骨和吊顶面板，预留好灯具、送风口、自动喷淋头和烟感器等安装口。

（2）检修通道

检修通道也称“马道”，为吊顶内的韧性通道，主要用于吊顶中各类设备、管线、灯具、通风口安装及维修，做法分为简易马道和普通马道两类，这两类马道的宽度均不宜过大，一般以一人能通过为宜。

简易马道

简易马道为不常上人的马道。采用 30mm×60mm 的 U 形龙骨 2 根，槽口朝下固定于吊顶的主龙骨，吊杆直径为 8mm，并在吊杆上焊 30mm×30mm×3mm 的角钢做水平栏杆扶手，高度为 600mm。

普通马道

普通马道为常上人马道。采用 30mm×60mm 的 U 形龙骨 4 根，槽口朝下固定于吊顶的主龙骨上，设立杆和扶手，立杆中距 1000mm，扶手高 600mm。或者采用 8mm 圆钢按中距 60mm 做踏面材料，圆钢焊于两端 50mm×5mm 的角钢上，设立杆和扶手，立杆中距 800mm，扶手高 600mm。

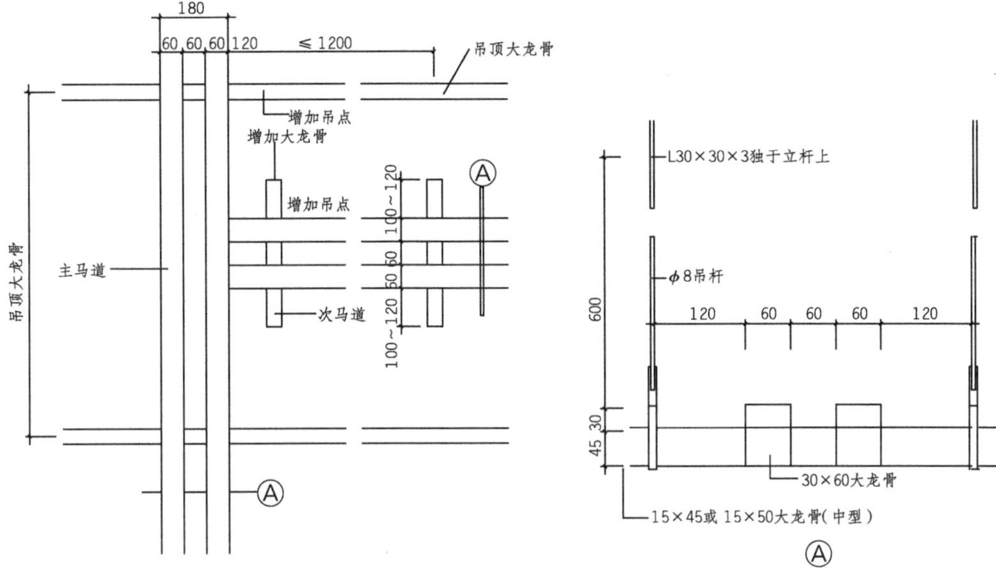

(a) 简易马道

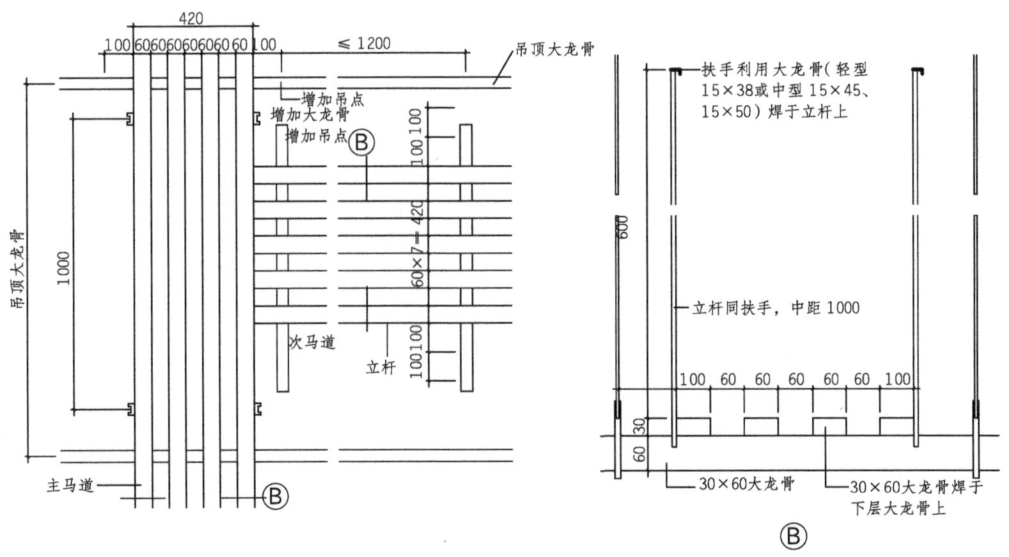

(b) 上人马道（一）

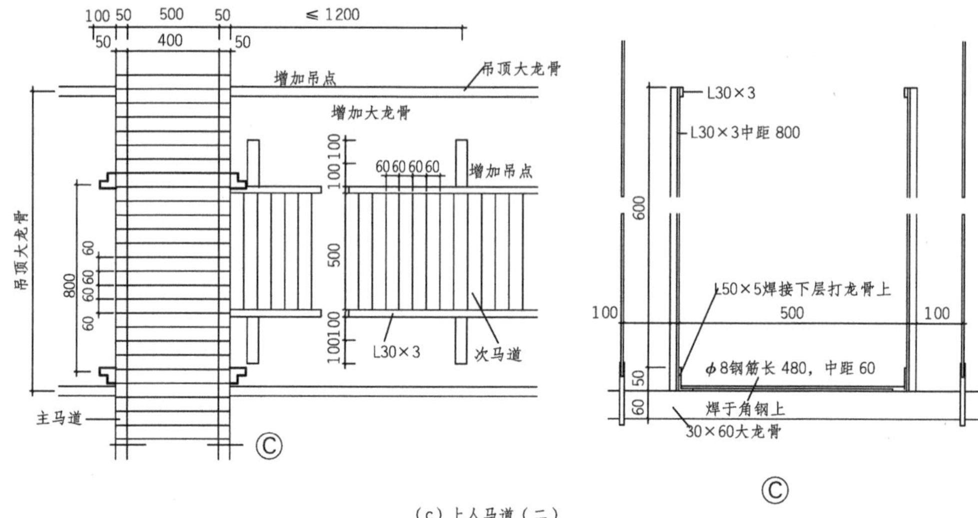

（c）上人马道（二）

↑ 吊顶内检修通道构造

2 吊顶吸声、反射与隔声

（1）吊顶吸声构造原理

吊顶吸声是在吊顶面层装置吸声材料，使噪声源发出的噪声遇到这些材料时被部分吸收，从而达到降噪目的。吊顶面层材料的吸声系数越大，对声音的吸收能力越强；反之，对声音的反射能力就越大。吸声系数大的吊顶材料有超细玻璃棉板、矿棉板、木丝板、穿孔板材等。

（2）吊顶隔声构造做法

吊顶隔声的有效途径是使吊顶与结构层分离，也就是在楼板下加设吊顶，这样对隔绝撞击声和空气声都具有一定的作用。但由于固体声存在侧向间接穿透的特性，部分声音能通过吊杆传至吊顶面层，进而通过四周刚性连接的墙体传至楼下，所以，要处理好吊顶隔声，必须与楼板隔声同时进行，如在两者之间架设弹性垫层等。

思考与巩固

1. 吊顶内的电管线敷设的构造做法是什么？
2. 检修通道分为几种类型？构造做法分别是什么？
3. 吊顶隔声的有效途径是什么？

第五章 门窗装饰构造

门窗是建筑围护构件中的重要构件，也是建筑装饰装修工程的重要组成部分，具有使用和美化的双重功能，此外，门窗的形式、尺寸、色彩、线形、质地等也对建筑装饰产生极大的影响，因此被纳入建筑立面设计的范围之内。

扫码下载本章课件

一、门窗的分类

学习目标	本小节重点门窗的分类。
学习重点	了解室内门窗及门窗五金件的类型。

1 门窗的分类

门窗的分类方式有很多，如按开启方式、按所用材料、按使用功能要求分类等。

①按开启方式分：门可分为平开门（单开、双开）、弹簧门（单扇、双扇）、推拉门（单边推拉、两边推拉）、折叠门（单边折叠、两边折叠）、旋转门、自动门、旋转自动组合门等；窗可分为固定窗、平开窗、上悬窗、中悬窗、下悬窗、立转窗、左右推拉窗、百叶窗等。

②按所用材料分：木门窗、钢门窗、铝合金门窗、塑料门窗（塑钢门窗）等。

③按功能要求分：保温门窗、隔声门窗、防火门窗、防盗门窗、特殊门窗等。

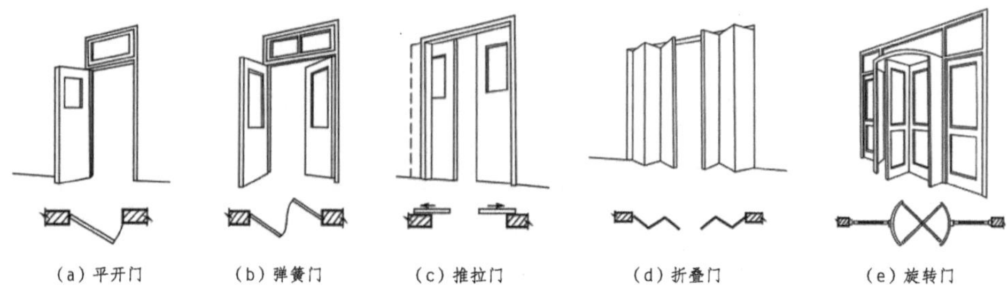

↑门的开启方式

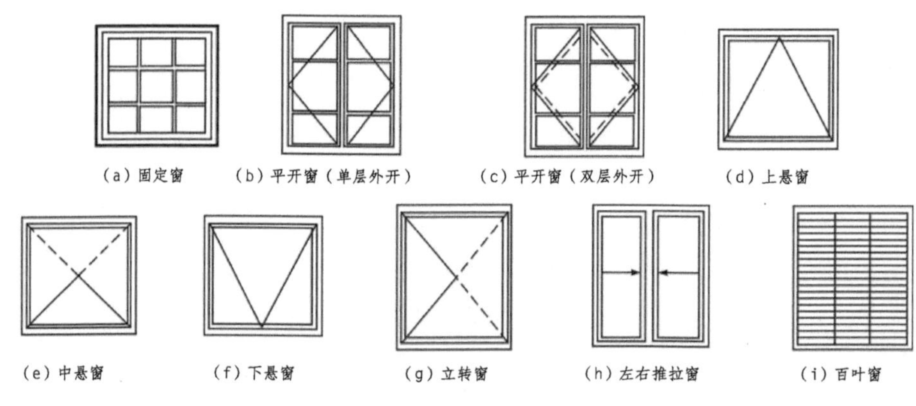

↑窗的开启方式

2 门窗五金件

门窗五金件通常来说可分为拉手、合页、门窗锁、自动闭门器、门窗定位器、插销、滑轮、滑轨、防拆卸装置等。

(1)拉手

拉手有普通拉手、底板拉手、管子拉手、铜管拉手、不锈钢双管拉手、方形大门拉手、双排(三排、四排)铝合金拉手、铝合金推板拉手等类型。款式多样，可根据设计效果和需要选择。

门锁使用的为执手，一般是用执手配相应的锁具，并用执手开关门窗。

(2)合页

合页有普通合页、插芯合页、轻质薄合页、方合页、抽心合页、单(双)管式弹簧合页、H形合页、斜面脱卸合页、蝴蝶合页、单旗合页、轴承合页、双轴合页、尼龙垫圈无声合页、纱门弹簧合页、扇形合页及钢门窗合页等类型。

(3)门窗锁

门窗锁可分为插锁、弹子锁、球形门锁和专业门锁等。若对保密性需求高，还有组合门锁和电子卡片门锁等产品。

(4)自动闭门器

自动闭门器按照安装位置的不同，可分为地弹簧、门顶弹簧、门底弹簧和弹簧门弓等类型。

①地弹簧：安装在门下地面内，将顶轴套于门扇顶部的一种液压式自动闭门器，当门扇向内或向外开启角度不到90°时，它能使门扇自动关闭；当门扇开启到90°时，可保持开启状态。

②门顶弹簧：又称为门顶弹弓，是装在门顶上的一种液压式自动闭门器。

③门底弹簧和弹簧门弓：是装在门下部的弹簧自动闭门器。

(5)门窗定位器

门窗定位器一般安装在门窗扇的中部或下部，作用为固定门窗扇。常用的品种有风钩、橡胶头门钩、门轧头、脚踏门挚和瓷粒定门器等。

思考与巩固

1. 门窗可按照哪些方式进行分类？每种类型中分别包含哪些产品？
2. 门窗包括哪些常用的五金件？
3. 自动闭门器分为哪些类型？分别安装在什么位置？

二、木门窗装饰构造

学习目标	本小节重点讲解木门窗装饰构造。
学习重点	了解造型夹板门、造型实木门、半玻门、推拉门及自由门的装饰构造。

1 造型夹板门

造型夹板门也称贴板门或胶合板门，是用断面较小的方木（35mm×50mm）做成骨架，在骨架的两面铺钉面板而成。门扇面板可用胶合板、塑料面板或硬质纤维板，面板和骨架形成一个整体，共同抵抗变形。通过在面层上进行装饰可达到丰富的立面效果。造型夹板门多为全夹板门，也有局部安装玻璃或百叶的夹板门。

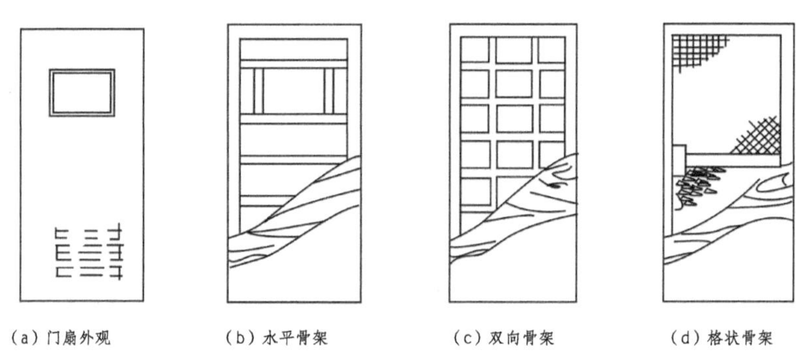

↑造型夹板门的构造

2 造型实木门

造型实木门一般可分为原木镶板门和实木嵌板门两种类型。原木镶板门由天然木质制成门扇框，装嵌原木板制成；实木嵌板门多用木工板、高密度板等人造木材，与原木饰面拼合而成。造型实木门可通过框架的造型变化或压条的线型处理，制作出丰富的造型。

3 半玻门

半玻门以木质、金属或其他材质为门框，通过与玻璃的组合，制成不同样式和不同开启方式的门扇。此类门的门扇形式多变，光线通透性好。

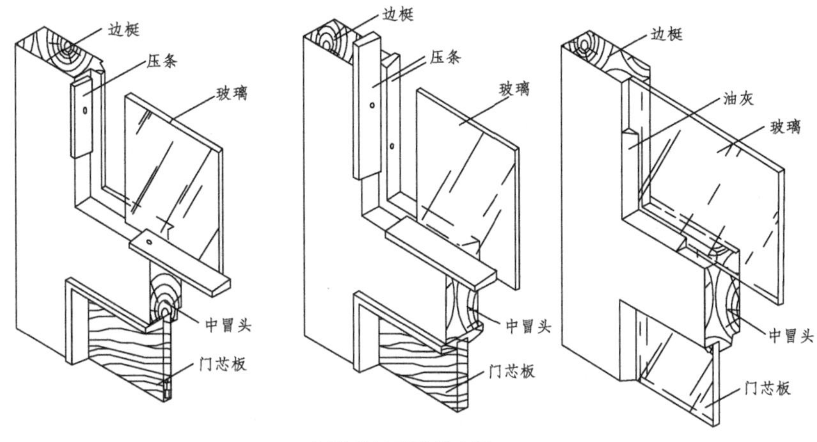

↑半玻门玻璃的安装

4 推拉门

推拉门以推、拉方式进行门的开启和关闭，门扇可以是夹板门或实木门等类型。此类门占据空间小，可灵活地分隔空间。安装推拉门需安装轨道，轨道有吊轨和地轨等结构形式。

5 自由门

自由门可通过门扇间弹簧铰链的作用，使其可在180°范围内自由旋转。门扇类型多样。

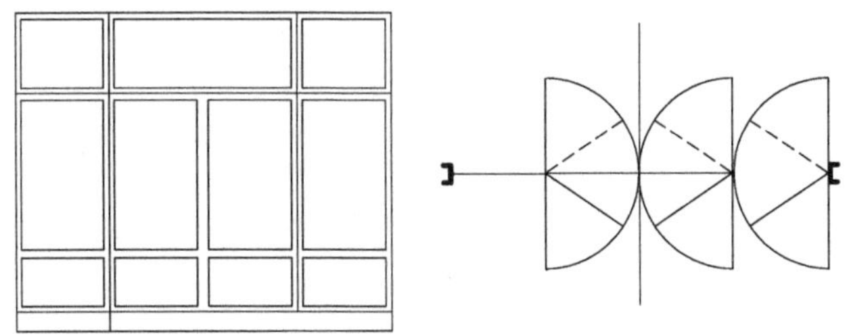
↑自由门的样式

思考与巩固

1. 什么是夹板门？其构造做法是什么？
2. 实木门和半玻门的构造做法分别是什么？
3. 推拉门有哪些特点？其门扇有哪些类型？

三、全玻门窗构造

学习目标	本小节重点讲解全玻门窗构造。
学习重点	了解无框全玻门、感应自动推拉门、金属转门及中空玻璃密闭窗的构造。

1 无框全玻门

直接用大玻璃做门扇而没有扇框的玻璃门即为无框全玻门，它以地弹簧固定连接门扇并控制门扇的开启。玻璃的厚度一般在 12mm 以上，具体厚度需依照门扇的尺寸来决定。地弹簧和门上下一般依靠门夹来连接，门夹的饰面有木质、铝制、钛金、不锈钢等。

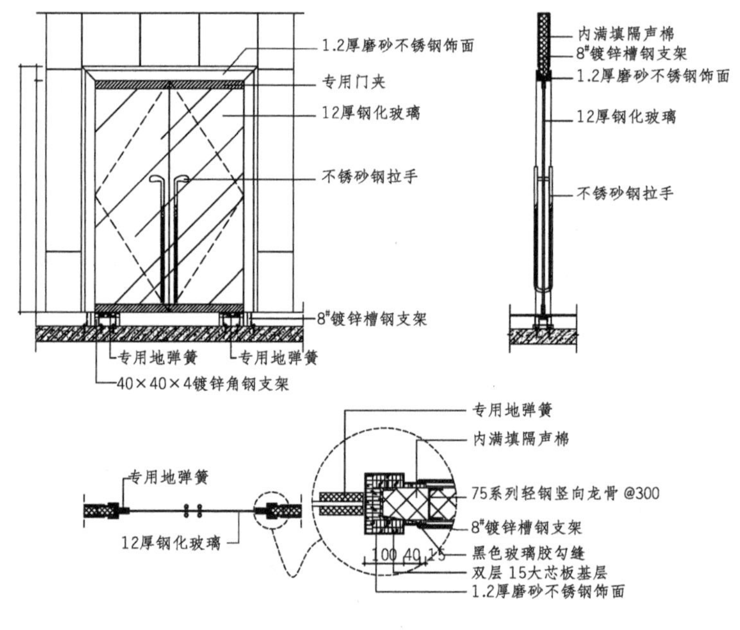

↑无框全玻门构造

2 感应自动推拉门

（1）感应自动推拉门的组成

感应自动推拉门的门扇可以是无框的全玻门，也可以用铝合金或不锈钢做外框。其控制系统采用微波感应系统或超声波、红外线传感器进行开启控制。感应自动推拉门一般由机箱、控制电路、门扇及轨道组成。

(2)感应自动推拉门的构造

感应自动推拉门的地面构造上装有导向性下轨。进行地面施工时，应在相应的位置预埋50mm×75mm的方木，长度为开启门宽的2倍。安装门体前，将方木条撬出地面，而后在原方木条的位置安装下轨道。自动门上部需要安装机箱，用18号槽钢作为支撑横梁，横梁两端与墙体内的预埋钢板焊接牢固。

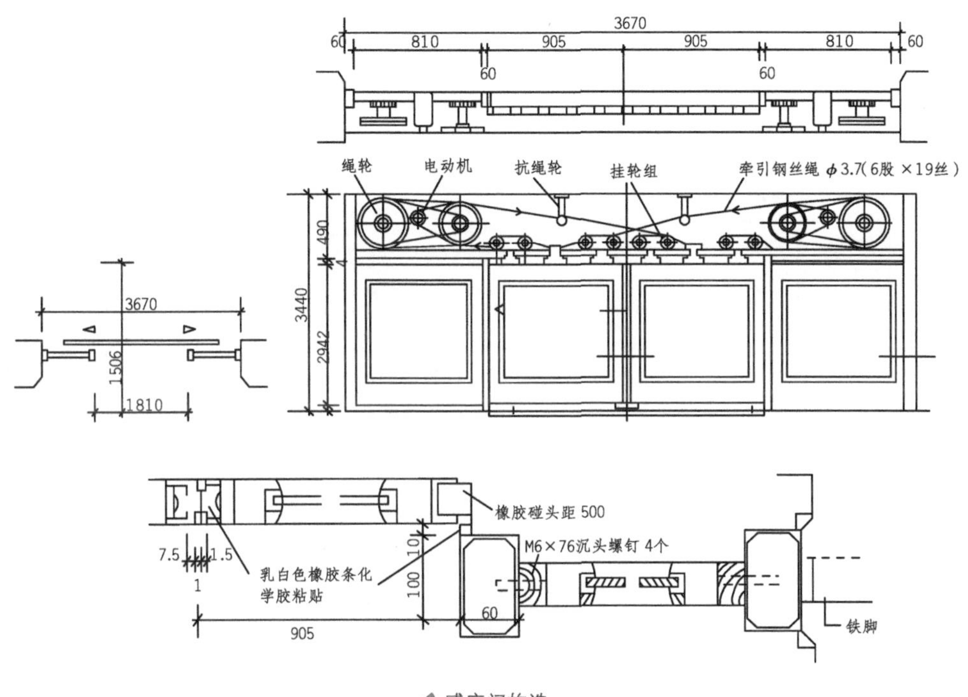

↑感应门构造

3 金属转门

(1)金属转门的类型

金属转门可减小室内温度的散失量，控制进出人数，多用于中、高级建筑中。其分类方式有以下几种。

①按照材质分：铝质和钢质。

②按金属转门的转壁分：双层金属装饰板和单层弧形玻璃。

③按金属转门的扇形分：单体和多扇形组合体。

(2)金属转门的构造

转门玻璃一般厚为5～6mm，活扇与转壁之间采用毛条密封，门扇多向逆时针方向旋转，门扇的旋转主轴下部有可调节阻尼装置，来保证门扇旋转的平稳。

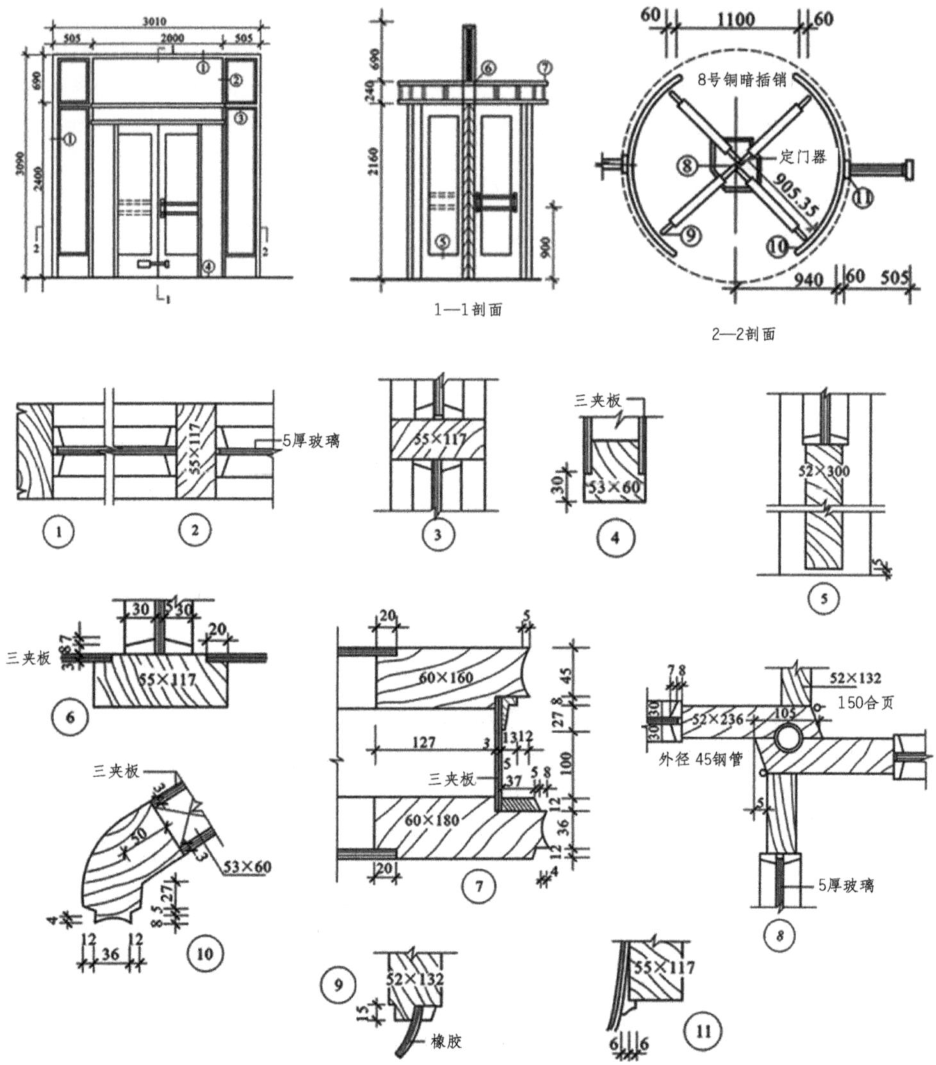

1—1剖面

8号铜暗插销
定门器
2—2剖面

5厚玻璃
三夹板
150合页
外径45钢管
橡胶

↑旋转门构造

4 中空玻璃密闭窗

（1）中空玻璃密闭窗构造注意事项

密闭窗适用于对防尘、保温、隔声等要求较高的房间。在构造上应注意尽量减少墙与窗框之间、窗框与窗扇之间、窗扇与玻璃之间的缝隙，对缝隙做好密闭填塞，并选用适当的窗扇及玻璃的层数、间距、厚度等，以保证密闭效果。

（2）窗扇与窗框的密闭处理

窗扇与窗框的密闭处理，通常有以下三种方式。

①贴缝式：铝密闭条附在窗框的外沿，嵌入小槽钢内或用扁钢固定，此种方式安装较为简便，但当开启扇尺寸较大或小槽钢的固定件间距较大时，小槽钢易翘曲而影响密闭质量。

②内嵌式：双密闭条安装在框、扇之间的空腔内，堵住窗缝。此种方式构造简单，不受窗扇开启形式的影响，不妨碍安装窗纱。但不易检查质量，对制作安装的精度要求较高。

③嵌缝式：密闭条安装在框、扇的接触位置，或嵌入窗料的小槽中，或用特制胶粘贴于窗料上。此种方式构造简单，密闭效果好，但交工精度要求高。

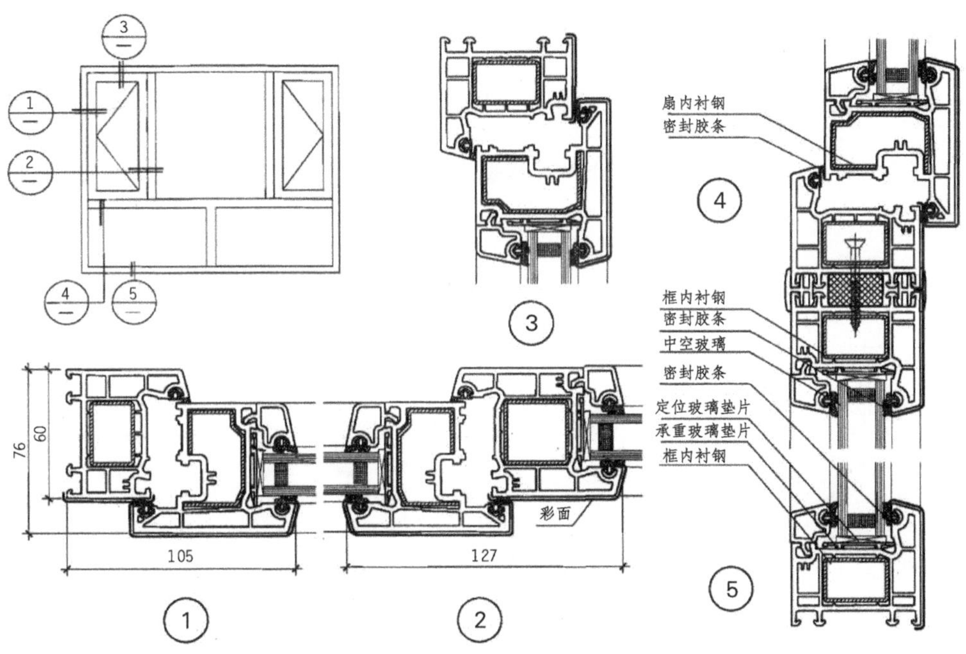

↑中空玻璃保温窗实例

（3）玻璃与窗扇间的密闭处理

玻璃与窗扇间的密闭可用各种防水油膏、压条、卡条、油灰等进行处理。

思考与巩固

1. 无框全玻门的门扇是如何与地面固定的？
2. 感应自动推拉门是由哪些部分组成的？
3. 中空玻璃密闭窗的窗扇与窗框、玻璃与窗扇间分别如何进行密闭处理？

四、铝合金门窗

学习目标	本小节重点讲解铝合金门窗。
学习重点	了解铝合金门、铝合金窗及断桥铝合金门窗的构造。

1 铝合金门

铝合金门系列名称是以门框厚度构造尺寸命名的，如 50 系列的铝合金平开门，指的是平开门的门框厚度为 50mm。铝合金门有平开门、推拉门、有框地弹簧门、无框地弹簧门四种类型。铝合金门由门框、门扇、五金零件及连接件组成，门框一般由上槛、下槛及两侧边框组成。

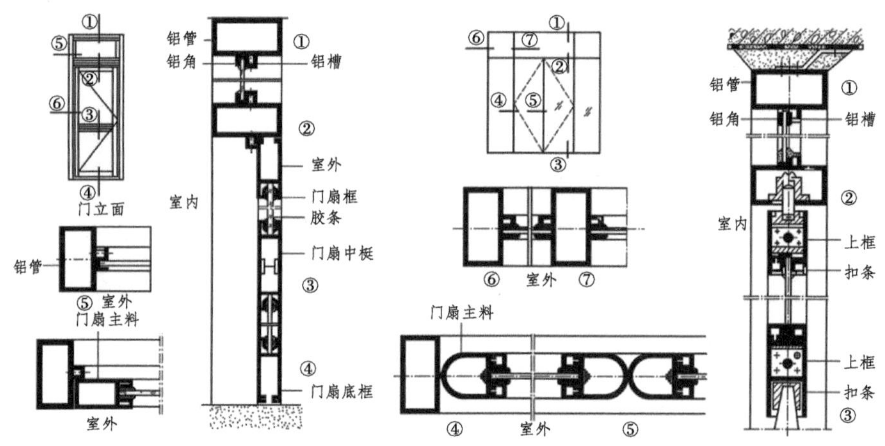

↑铝合金平开门、弹簧门构造

2 铝合金窗

铝合金窗的名称及组成部分与铝合金门相同。其框料的安装一般采用塞口法。连接件可采用焊接、预留洞连接、膨胀螺栓、射钉等方法固定，每边至少 2 个固定点，间距不大于 500mm，各转角与固定点的距离不大于 200mm。窗框固定好后，应按设计进行填缝。常用的做法有两种：一是缝隙采用软质保温材料如泡沫塑料条、泡沫聚氨酯条、矿棉毡条或玻璃丝毡条等分层填实，外表留 5~8mm 深的槽口用密封膏密封；二是在与铝合金接触面做防腐处理后，用 1 ： 2 的水泥砂浆将洞口与框之间的缝隙分层填实。铝合金窗的常见形式有固定窗、平开窗、推拉窗、立轴窗和悬窗等，一般多采用平开窗或水平推拉窗。

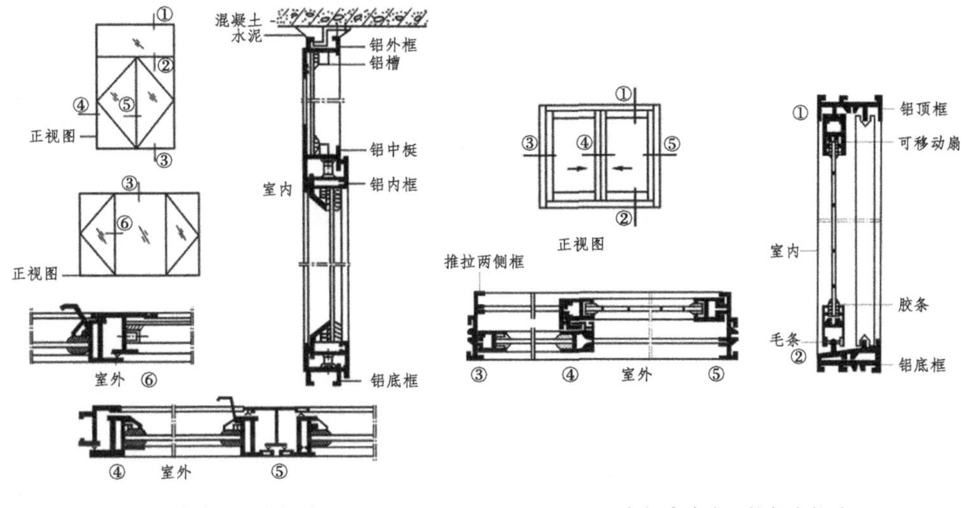

↑铝合金平开窗构造　　↑铝合金水平推拉窗构造

3 断桥铝合金门窗

断桥铝合金门窗的型材是由外部铝合金框、中间部分连接内外的“穿条”以及内部铝合金框三部分组成的，中间的穿条又叫作“断桥”，具有阻隔热传递的作用。穿条的形式将铝合金型材分成 3 个或多个腔体，使热量在传递过程中形成空气传导，进而起到节能保温的效果。

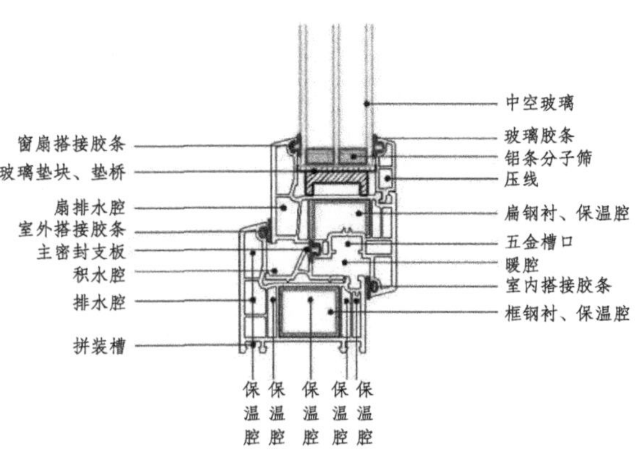

↑断桥铝的断面结构

思考与巩固

1. 铝合金门窗是由哪些部分组成的？
2. 铝合金窗的窗框与墙体之间的缝隙应如何处理？
3. 断桥铝合金门窗共有几个组成部分？

五、彩板门窗

学习目标	本小节重点讲解彩板门窗的安装构造。
学习重点	了解彩板门和彩板窗的型材类型、组合方式及构造节点。

1 彩板门

(1)彩板门的型材

彩板门型材的断面都是由开口或咬口的管材挤压成型的。型材分为框料、扇料、中梃、横梃、门芯板等类型，各类型材又按系列进行组合，如 SP 系列 /SG 系列等。彩板门框的拼装采用直插式或 45°斜接式连接；门扇的四框拼装采用 45°斜接式连接。插接件为硬质 PVC 塑料，两端有倒刺，其断面和彩板异型材内腔断面相配套。另一种插接件为角钢连接件，紧固件为自攻螺钉和拉铆钉。

(2)彩板门的安装固定

门框每侧最少需要四个固定点。固定点不应设计在所有的组角及设有横档的部位，且最近的固定点与框边沿的距离不应小于 180mm，其余部分可按照所需连接件的数量等分配置。

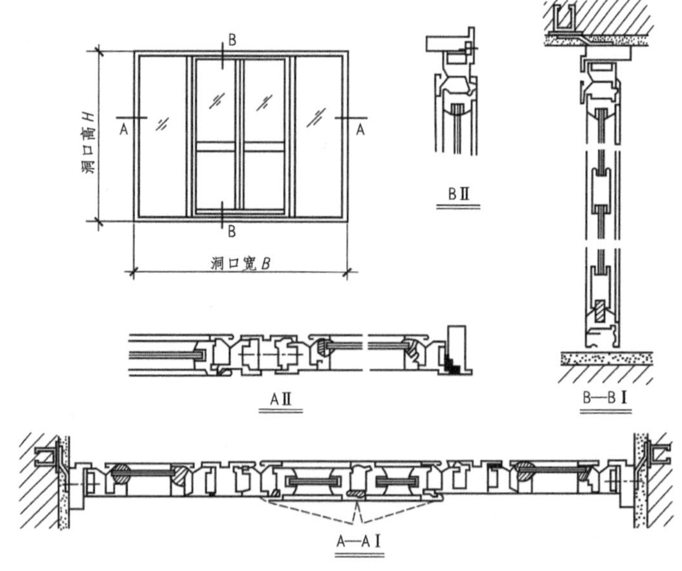

↑彩板门（平开、固定组合门）构造节点

2 彩板窗

（1）彩板窗的安装固定

彩板窗的型材类型及组装方式与彩板门相同。彩板窗的固定点，可根据窗框的尺寸来确定：当窗框尺寸 < 1200mm 时，每侧最少需要两个固定点；当窗框的尺寸为 1500 ~ 1890mm 时，每侧最少需要三个固定点；当窗框尺寸 > 2100mm 时，每侧最少需要四个固定点。

（2）彩板平开窗的构造

常用的彩板窗为平开窗和推拉窗，这里以平开窗为例来说明彩板窗的连接构造节点。平开窗的安装可分为带副框和不带副框两种方法。

①带副框：铝采用副框、通过连接件进行固定，窗与内墙平齐。

②不带副框：不使用副框，直接用膨胀螺栓将窗框固定在洞口处的墙体上。

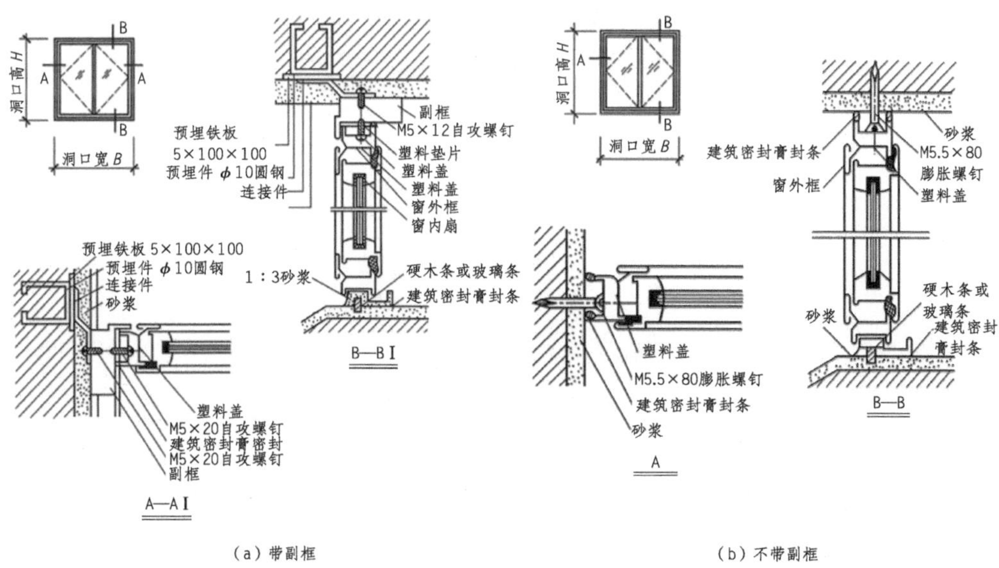

↑彩板钢平开窗的构造节点

思考与巩固

1. 彩板门窗的型材包括哪些种类？
2. 彩板门窗的门框和门扇分别是采用何种方式进行拼装的？
3. 彩板门框和彩板窗框分别应设置多少个固定点？

六、塑钢门窗

学习目标	本小节重点讲解塑钢门窗的构造。
学习重点	了解塑钢门窗的组成、构造组成以及安装方式。

1 塑钢门窗的组成

①塑钢框：框料断面为 L 形，扇料断面为 Z 形，横档、竖梃为 T 形断面，玻璃压条为直角异型材断面。

②玻璃：通常采用杂质少且更透亮的浮法玻璃，厚度为 4mm。

③五金件：包括滑轮、合页、门窗锁等五金件。

④纱窗：包括尼龙网和不锈钢网两种类型。

2 塑钢门窗的构造

塑钢门窗由门窗框料、扇料、门边料、分格料和门芯料等组成。

3 塑钢门窗的安装

将塑钢门窗框的连接件（铁脚）与洞口墙体连接，其连接固定方法有连接件法、直接固定法和假框法三种。

①连接件法：是用一种专门制作的铁件把门窗框与墙体连接一起，做法是将固定在门窗框型材靠墙一面的锚固铁件用螺钉或膨胀螺钉固定在墙上。

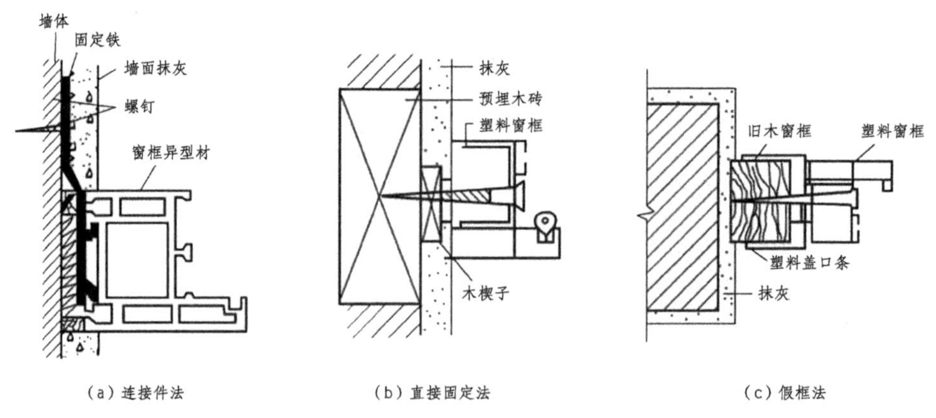

↑门窗框与墙体的连接固定构造

②直接固定法：是砌筑墙体时，先将木砖预埋于门窗洞口设计位置处。

③假框法：是在门窗洞口内安装一个与塑料门窗框配套的镀锌铁皮金属框，或者当木门窗换成塑料门窗时保留原来木门窗框，将塑料门窗框直接固定在原来框上，最后再用盖口条对接缝及边缘部分进行装饰。

塑钢门窗与墙体之间必须是弹性连接，以确保塑钢门窗热胀冷缩时留有余地，一般采用在门窗框与墙体之间的缝隙处分层填入油毡卷或泡沫塑料，再用 1 ： 2 的水泥砂浆或麻刀白灰嵌实，用嵌缝膏进行密封处理。

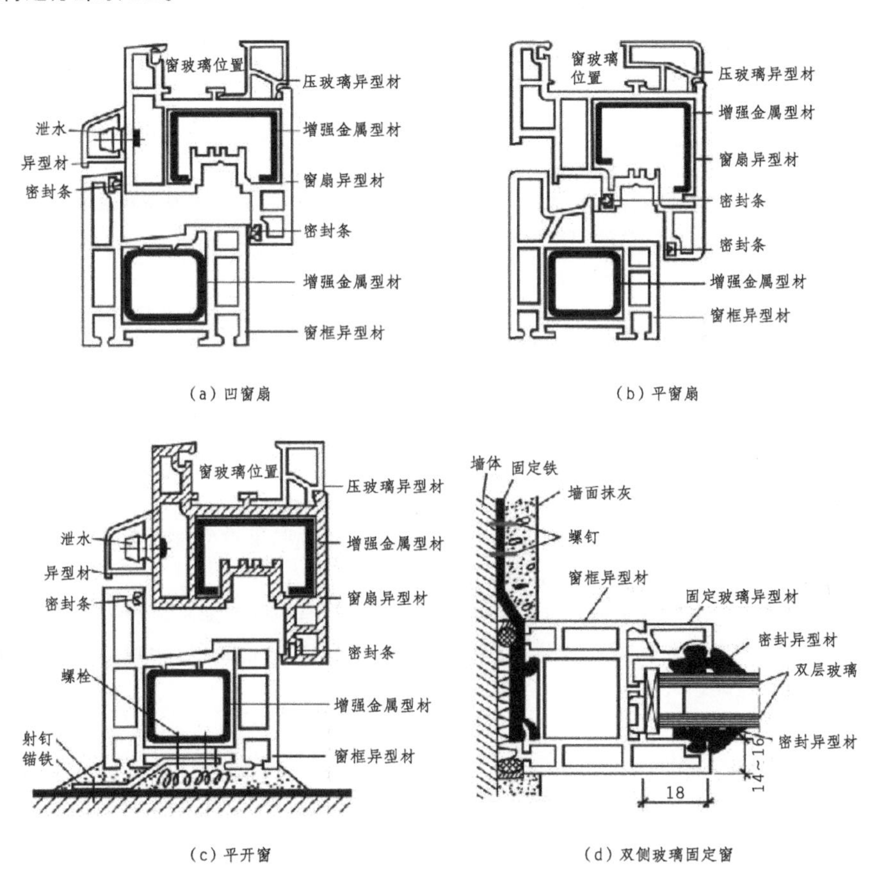

↑塑钢窗安装节点构造

思考与巩固

1. 塑钢门窗由哪些部分组成?
2. 塑钢门窗框与墙体的连接有几种方式?
3. 塑钢门窗框与墙体之间的缝隙应如何处理?

七、玻璃钢门窗

学习目标	本小节重点讲解玻璃钢门窗的构造。
学习重点	了解玻璃钢门窗的特点和构造。

1 玻璃钢门窗的特点

玻璃钢型材是以玻璃纤维及其制品为增强材料，以不饱和聚酯树脂为基体的玻璃肋纤维增强复合材料。通过拉挤工艺生产出空腹型材，装配以毛条、橡胶条及五金件即可制成门窗。此类门窗具有以下特点。

①强度高、不易变形：玻璃钢型材的密度约为铝合金的 2/3，其拉伸强度和弯曲强度约为铝合金的 2 倍，是塑钢的 4～5 倍，且弥补了塑钢型材强度低、易变形的缺点。

②保温、隔热效果好：玻璃钢型材热导率低且为空腹结构，具有空气隔热层，因此保温效果非常好。优质的玻璃钢门窗保温性能优于国家标准 GB 8484—1987 保温性能一级指标；玻璃钢型材热变形温度较高（约为 200℃），即使长时间处于烈日下也不会变形；其线膨胀系数与建筑物和玻璃相当，在冷热温差变化较大的环境下，不易与建筑物和玻璃之间产生缝隙，可以大大提高玻璃钢门窗的密封性能；玻璃钢的树脂与玻璃纤维复合结构的振动阻尼很高，对声音的阻隔可达到 26～30dB。

③寿命长：玻璃钢门窗对无机酸、碱、盐、大部分有机物、海水及潮湿环境均有较好的抵抗力，对于微生物也有抵抗作用，因此使用寿命很长。除了适用于干燥地区外，也适用于多雨、潮湿的地区。

2 玻璃钢门窗的构造

玻璃钢型材为多腔设计，设有欧式连接槽，可选用多种连接件，制作平开、悬开、平开和悬开复合开启及悬开和推拉复合开启等多种形式的窗。可安装单玻璃、中空玻璃、防弹玻璃等多种类型的玻璃。门窗的固定方式同塑钢门窗，可参考该部分的内容。

思考与巩固

1. 玻璃钢门窗具有哪些特点？
2. 玻璃钢型材可制成哪些形式的窗？
3. 玻璃钢门窗框与墙体的连接有几种方式？

第六章 楼梯装饰构造

楼梯是垂直的交通设施，供人们上下楼层和紧急疏散之用。设有电梯和自动扶梯的建筑物中，也需要同时设置楼梯。楼梯的设计应坚固耐久，安全、防火；有足够的通行宽度和疏散能力；同时要有美观的造型，和良好的装饰效果；还应保证楼梯有足够的宽度、合适的坡度，且选材正确、施工方便。

扫码下载本章课件

一、楼梯的分类和组成

学习目标	本小节重点讲解楼梯的分类和组成。
学习重点	了解楼梯的分类、楼梯的组成和楼梯的设计要求。

1 楼梯的分类

楼梯形式的选择取决于所处位置、楼梯间的平面形状与大小、楼层高低与层数、人流多少与缓急等因素。其分类方式有以下几种。

①按材料分：钢筋混凝土楼梯、木楼梯、铝合金楼梯、钢楼梯及复合材料楼梯等。钢筋混凝土楼梯应用最广；铝合金、木楼梯和复合材料楼梯形式灵活，在家庭居室、小别墅中常使用；钢楼梯轻巧，连接跨度大，在一些特殊场所使用较多。

②按使用性质分：主要楼梯、辅助楼梯、疏散楼梯及消防楼梯。

③按平面布置形式分类：直行单跑楼梯、直行多跑楼梯、平行双跑楼梯、平行双分双合楼梯、折行多跑楼梯、剪刀楼梯（交叉楼梯）、螺旋楼梯及弧形楼梯等。直行单跑楼梯中途不改变方向，仅用于层高不大的建筑；直行多跑楼梯则适用于层高较大的建筑；平行双跑楼梯比直跑楼梯节约交通面积并缩短行走距离，是最常用的楼梯形式之一；折行双跑楼梯常用于上一层楼为影剧院、体育馆等建筑的门厅中，折行三跑楼梯常用于层高较大的公共建筑中；剪刀楼梯（交叉楼梯）是由两个直行单跑楼梯交叉而成的，适合层高小的建筑。

2 楼梯的组成

楼梯一般由梯段、平台及栏杆和扶手三部分组成。

梯段

梯段为楼梯的主要使用和承重部分。它由若干个踏步组成。为减少人们上下楼梯时的疲劳和适应人行走习惯，一个楼梯段的踏步数要求最多不超过 18 级，最少不少于 3 级。

平台

平台为两楼梯段之间的水平板，有楼层平台、中间平台之分。其主要作用在于缓解疲劳，让人们在连续上楼时可在平台上稍加休息，故又称为休息平台。同时，平台还是梯段之间转换方向的连接。

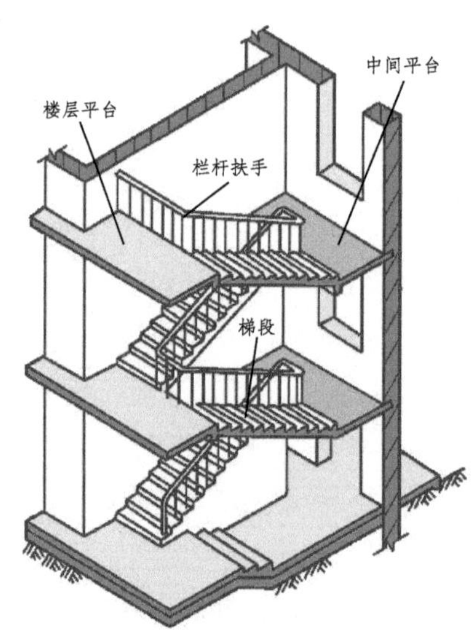

↑楼梯的组成

栏杆（栏板）和扶手

梯段的安全设施，一般设置在梯段的边缘和平台临空的一边，要求必须坚固可靠，并保证有足够的安全高度。栏杆有实心栏杆和镂空栏杆之分。实心栏杆又称为栏板。栏杆上部供人们倚扶的配件称为扶手。

3 楼梯的设计要求

梯段的宽度

梯段的宽度应根据通行人数的多少和建筑防火要求来确定。通常情况下，作为主要通行用的楼梯，其楼梯宽度应至少满足两个人并行通过（即不小于两股人流）时的宽度。在计算通行量时每股人流按 [0.55+(0～0.15)]m 计算，其中 0.55m 为单股人流所占据的宽度，0～0.15m 为人在行进当中的摆幅。住宅的梯段宽度一般大于等于 1.1m，公共建筑一般大于等于 1.3 m。

平台的宽度

平台的宽度是指从墙面到转角扶手中心线之间的距离。为使楼梯平台处不致形成瓶颈，梯段改变方向时，扶手转向端处的平台最小宽度不应小于梯段宽度，并不得小于 1.2m，当有搬运大型物件需要时应适量加宽。

平台及梯段净高

楼梯平台上部及下部过道处的净高不应 < 2m，梯段净高（从踏步前缘量至上方突出物下缘间的垂直高度）不宜 < 2.2m。

扶手的设置

楼梯应至少于一侧设扶手，梯段净宽达三股人流时应两侧设扶手，达四股人流时，中间应加设扶手。楼梯栏杆应采取不易攀登的构造，当采取垂直杆件做栏杆时，其杆间距离不应 > 0.11m。

思考与巩固

1. 楼梯可以按照哪些方式分类？分别包含哪些类型？
2. 楼梯由几部分组成？每部分分别具有什么作用？
3. 楼梯梯段的宽度应如何设计？
4. 什么是平台的宽度？应如何设计其尺寸？

二、楼梯部件的装饰构造

学习目标	本小节重点讲解楼梯部件的装饰构造。
学习重点	了解楼梯踏步、栏杆（板）及扶手的装饰构造。

1 楼梯踏步的装饰构造

（1）整体装饰面踏步的装饰构造

踏步板与梯段整体浇筑在一起，形成整体踏步，包括水泥砂浆踏步和水磨石踏步两种类型。

水泥砂浆踏步饰面构造

在原混凝土楼梯踏步上先用10～12mm厚1：3的水泥砂浆找平，再抹5～7mm厚1：1.5的水泥砂浆面层。为了防止踏口处被破坏，可在踏口处预埋角钢或圆钢。

水磨石踏步饰面构造

在原钢筋混凝土踏步面上刷素水泥一道，抹20mm厚1：3的水泥砂浆找平，养护后刷掺入107胶的素水泥一道，做水磨石面层。当石子为小八厘时，面层为8～10mm厚1：（1.5～2）的水泥石粒浆；当石子为大八厘时，面层为10～15mm厚1：1.25的水泥石子浆。

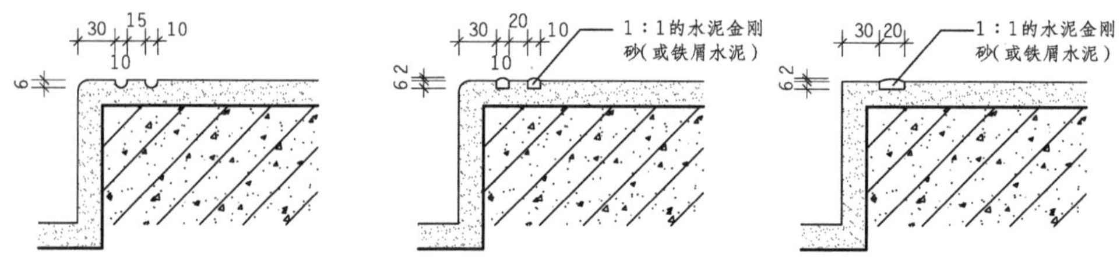

↑水泥砂浆踏步的装饰构造

↑水磨石踏步的装饰构造

（2）铺贴类装饰面踏步的装饰构造

贴面类装饰踏步所使用的材料为块状材料，如瓷砖、地砖、水磨石板、花岗岩板、大理石板、青石板等。此类材料一般采用水泥砂浆做结合层，使其与原踏步面固定。

地砖（瓷砖）踏步的装饰构造

在原钢筋混凝土踏步面上刷素水泥一道（可掺入107胶），用1：3的干硬性水泥砂浆做找平、结合层，在地砖背面抹2mm厚素水泥进行铺贴，1d后用白色或同色水泥浆勾缝。

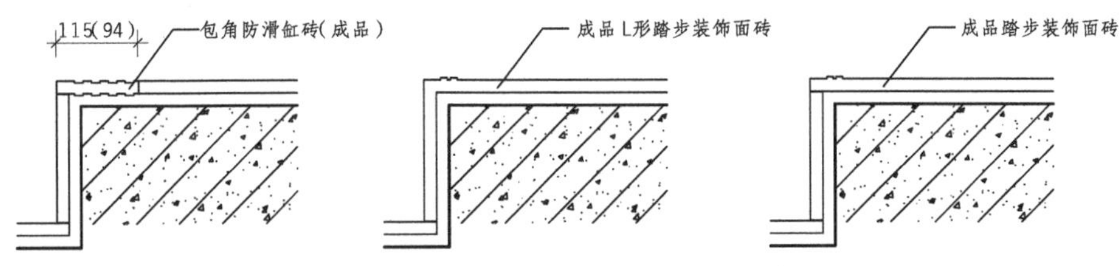

↑地砖（瓷砖）踏步的装饰构造

花岗岩板（水磨石板、大理石板、青石板）踏步的装饰构造

此类踏步施工时先做素水泥浆一道，而后将20～30mm厚1：2的干硬性水泥砂浆摊平，接着预铺装饰板材，正位后在装饰板材背后抹2～3mm厚的素水泥浆，放入板材摆平轻敲振实。养护2d左右后，用同色水泥砂浆灌缝。铺贴时从下往上进行，先铺踏板面，再铺踢板面。

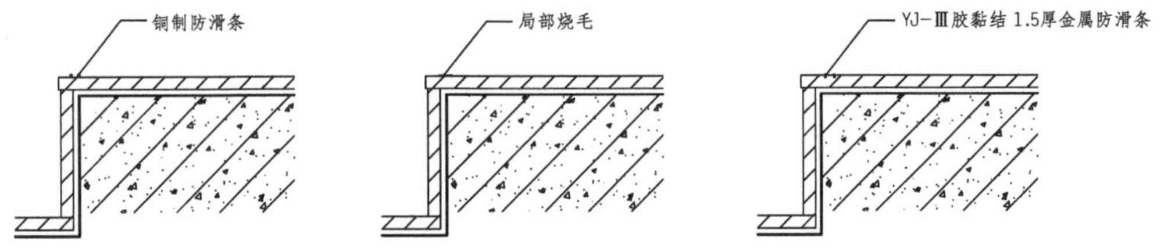

↑花岗岩踏步的装饰构造

（3）地毯踏步的装饰构造

在踏步上铺设地毯时要固定牢固，不能有卷边、翻起现象，其表面要平整，视线范围内不能有明显的拼接缝隙。踏步铺设地毯有直接黏结固定和倒刺板固定两种方式。

直接黏结固定的装饰构造

适用于不加设垫层的情况。铺设前将地毯的绒毛理顺，找出绒毛最为光滑的方向，以绒毛的走向朝下为准进行铺设。铺设时，将胶黏剂涂抹在踏面和踢面上，而后粘贴地毯。每阶踢、踏板的转角处可用不锈钢螺钉拧紧铝角防滑条。

倒刺板固定的装饰构造

适用于加设垫层的情况。将衬垫用地板木条分别钉在楼梯阴角两边，两木条之间留15mm左右的间隙。在踏面和踢面的转角安装倒刺板，将地毯和衬垫固定在倒刺板上。

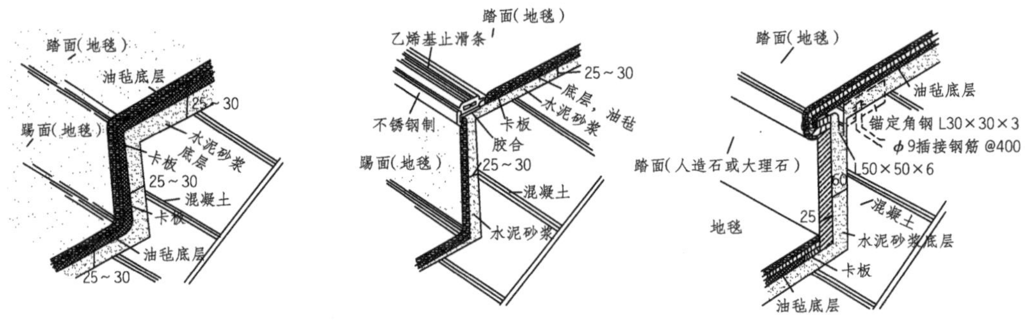

↑*地毯踏步的装饰构造*

（4）木踏步的装饰构造

木踏步的踏步面为实木或复合木质材料，木材应满足防火要求。木踏步楼梯的梁除了可以使用钢筋混凝土外，还可以采用型钢或实木。

钢筋混凝土楼梯踏步的木踏步装饰构造

此类踏步饰面方式为在混凝土楼梯踏步上安装木踏步，有直接粘贴和木质基层加木踏步两种类型。

①直接粘贴：钢在混凝土楼梯踏面和踢面上抹1：3的水泥砂浆找平，水泥砂浆凝固后，用胶黏剂粘贴木踏板。

②木质基层加木踏步：需先在混凝土楼梯踏面和踢面固定基层板或固定木骨架，固定方式为在踏面打孔，塞入胀塞或木楔，用螺钉或铁钉固定基层板或木骨架。而后用铁钉加胶的方式来铺设木踏步。

组合式楼梯的木踏步装饰构造

此类木踏步是在钢制楼梯梁上通过紧固螺栓固定木踏步，或木制梁上通过细木工制作固定木踏步。有时木踏步只有踏面而没有踢面。

（5）其他材质踏步

除以上材质外，踏步还可以采用玻璃踏步、塑胶踏步及金属踏步等，不同的材料安装工艺不同，这里不再详细介绍。

2 栏杆（板）的装饰构造

（1）金属栏杆的装饰构造

金属栏杆有普通钢制栏杆，铜、不锈钢（钛金）栏杆，以及铸、锻铁栏杆等类型。

普通钢制栏杆的装饰构造

普通钢制栏杆安装时一般与踏步的预埋件进行焊接，预埋件采用钢板，钢板一面焊呈U形的钢筋，埋入原结构内。栏杆立柱与地面的交接处用装饰盖收口。铸、锻铁栏杆采用同样的方式固定。

铜、不锈钢（钛金）栏杆的装饰构造

铜、不锈钢（钛金）栏杆的种类较多，除了可采用与预埋件焊接的方法外，不锈钢栏杆还可用膨胀螺栓与栏杆上的法兰座，直接将栏杆立柱固定在地面上。

（2）玻璃栏板的装饰构造

玻璃栏板有全玻式和半玻式两种类型。

全玻式栏板的装饰构造

全玻式栏板全部用玻璃制作，栏板上部采用木质、不锈钢或黄铜扶手。

扶手与栏板的连接有三种方式：一是在木扶手或金属扶手下部开槽，将玻璃栏板插入槽内，以玻璃胶封口固定；二是在金属扶手下部安装卡槽，将玻璃栏板嵌装在卡槽内以玻璃胶封口固定；三是用玻璃胶将玻璃栏板与金属扶手黏结在一起；四是采用配件与扶手连接。

栏板下方与楼梯的连接方式有两种：一是用角钢将玻璃板夹住，而后打玻璃胶固定玻璃并封缝；二是使用整体装饰面或石材饰面楼梯时，在安装玻璃栏板的位置留槽，槽底加垫橡胶垫块，将玻璃栏板放在槽内，用玻璃胶封闭。

半玻式栏板的装饰构造

半玻式栏板一般由金属做支撑，其固定方式有三种：一是用金属卡槽将玻璃栏板固定在金属立柱间，而后用玻璃胶黏结；二是在栏板立柱上开槽，将玻璃栏板嵌装在立柱上，并用玻璃胶固定；三是用玻璃连接件与金属支撑连接。

（3）木栏杆的装饰构造

木栏杆与木扶手一般采用榫接加胶固定。与木踏步面固定方式为：在踏面的底部预埋钢板，用4mm厚的扁钢做成套筒，套筒与预埋件焊接。将栏杆的榫头插入套筒，而后用木螺栓固定。

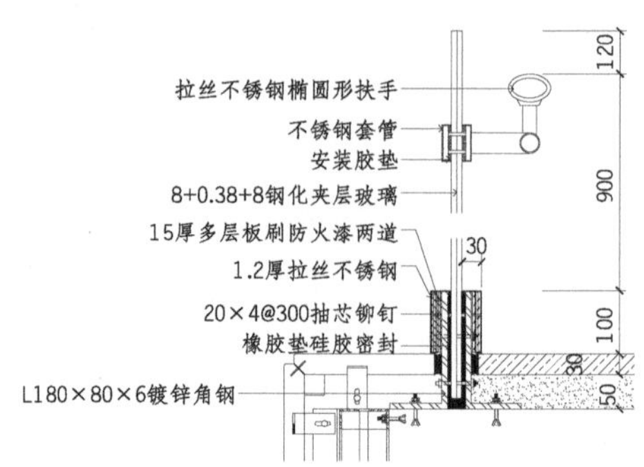

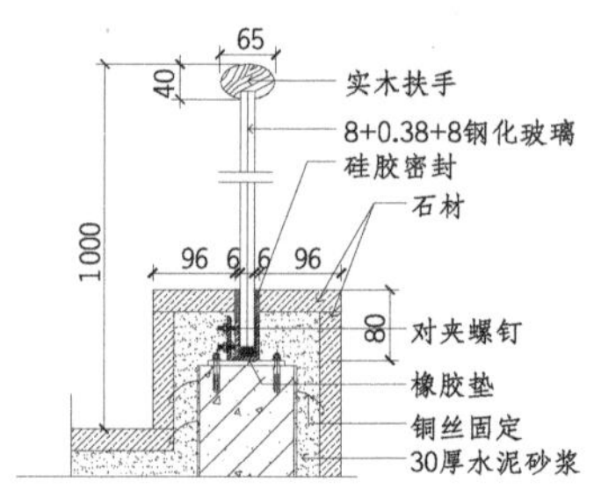

↑玻璃栏板剖面构造

3 扶手的装饰构造

(1)金属扶手的装饰构造

金属扶手的装饰构造与栏杆(板)的材质有关。一般可采用焊接、黏结、螺栓连接、配件连接等方式。

(2)木扶手的装饰构造

木扶手与木栏杆一般采用榫接加胶固定；与钢制栏杆一般用螺钉连接；与玻璃栏板采用黏结连接或用玻璃连接件连接。

(3)其他材料扶手的装饰构造

扶手还可以采用硬塑料、水泥砂浆、水磨石、大理石和人造石等材料制作。它们与栏杆(板)的连接方式需视材料的性质而定，可与金属扶手、木扶手的方式相同，也可另做处理。

(4)靠墙扶手的装饰构造

楼梯栏杆扶手有时须固定在混凝土柱或砖墙上。栏杆扶手与混凝土柱连接时一般在柱上预埋铁件与扶手铁件焊接，也可用膨胀螺栓连接。与砖墙连接时一般在砖墙上预留120mm×120mm×120mm 的孔洞，将栏杆铁件伸入洞内，然后用细石混凝土填实。

思考与巩固

1. 楼梯踏步有哪些类型？装饰构造分别是什么？
2. 金属栏杆、玻璃栏板和木栏杆各采取什么方式进行固定？
3. 扶手包括哪些类型？分别是如何固定连接的？